U0238971

论生命行为管理

李玲　著

山东大学出版社

◎本研究获得江苏省高校“青蓝工程”资助

◎本研究获得江苏省教育厅高校哲学社会科学基金项目“大数据背景下全面两孩政策落实的政策支持系统研究(2017SJB0028)”资助

◎本研究获得江苏警官学院高层次引进人才科研启动费资助(JSPI18GKZR402)

前　言

生命行为管理是公共管理的一个新的重要领域。随着生命科学与生物技术的进步、人类社会对生命价值认知的深化以及对生命权利意识的觉醒，人们对诸如生育、性行为、代孕、器官交易、同性婚姻、安乐死、人的克隆等生命行为及其管理现状的认知日益清晰，社会对既往与当下生命行为管理的观念与政策开始了新的思考，推进与优化生命行为管理的紧迫性日益凸显。

然而，由于知识、能力与可利用资源的限制等原因，社会管理者或是没有意识到，或是无力应对个体生命行为选择造成的诸多复杂问题，从而使生命行为管理在理论上和实践上都陷入了难以自拔的困境。在此背景下，对人的生命行为及生命行为管理进行深入研究并探求有效对策之重要性与紧迫性日益彰显。

生命行为管理，是以公权力为主导的社会多元主体，基于对生命行为的自主权利、限度及生命行为与社会之间关系的认知，以消解生命行为产生的矛盾和冲突，协调理顺生命行为所影响的社会利益关系，从而保障和促进社会的生物性与社会性生产与再生产的良性运行为宗旨，通过依法推进制度建构、政策设计和实施介入干预等举措来规范、引导与约束社会成员的生命行为的管理活动。

生命行为管理的内在张力集中体现为生命个体的生命权诉求与生命共同体优化群体利益的需求之张力。在个体的生命权诉求与群体的优化社会总福利需求之间，过度强调任何一者都会导致生命行为管理的失衡。过度彰显个体的生命行为的自由权利，则有可能侵犯他人与社会的权益，造成社会整体利益受损；另一方面，社会管理者过度干预个体的生命行为选择，或苛求个体生命行为的规范性与一致性，就有可能削弱个体生命行为的差异性，甚至使个体生命行为的多样性丧失。

基于生命行为管理内部存在的巨大张力，个体的生命行为选择与群体的生命行为管理两者均须确定边界。调和个体生命权诉求与群体优化社会总福利的需求之间的张力，需要明确生命行为的限度及判断标准：其一，个体的生命行为是否侵犯其他人的自由与权利；其二，个体的生命行为是否会造成社会整体福祉的减少；其三，个体的生命行为是否符合正义的价值。

从生命行为管理的不同地域看，在较少尊重与保障人权的国家与地区，生命行为管理仍沿袭相对传统与狭隘的执行方式；从立法和实践层面均尊重与保障人权的国家或地区，生命行为管理运行机制则体现了更多的宽容和理性。从生命行为管理的不同领域看，在一些生命行为领域中能够实现较高层次的生命行为管理，而在某些生命行为领域中还存在不同程度的价值偏移、管理错位、规则失范、运行低效的现象。其中的主要原因是生命行为管理对工具理性的过度依赖、生命行为管理赖以施行的技术官僚政治的僵化以及科学管理主义的扩张。

当下生命行为管理的缺位、越位或者错位，具体表现为公权力的掌控者不能及时或有效地回应社会成员的生命权诉求、社会群体过多地入侵社会个体的生命行为领域，或者公权力错误地介入人的生命行为领域。究其根本，生命行为管理陷入困境反映出不同国家、不同领域内的生命行为管理在不同程度上依循错误的核心理念，错置生命行为管理的人本原则、正义原则与生物多样性原则等。

虽然生命行为管理在不同国家与不同领域中呈现不同的态势，但从优化与推进生命行为管理的总体方略来看，生命行为管理的可行路径仍然有迹可循。

在观念与价值层面，政府应当转换观念，推进社会成员对生命权与生命权利的认知，尊重与承认社会成员的生命价值的多元实现方式，积极回应人的生命权诉求。在制度建设层面，政府应当确认生命权入宪的合法性，积极推动生命权入宪；应当在建构和完善生命行为管理的法律保障、组织建设等方面锲而不舍地作出努力。事实上，面对生命行为管理这一极具挑战性的任务，任何单一的社会主体都不能够有效地回应与治理生命行为问题。从社会多中心治理的维度来看，为破解生命行为管理的政府失灵，除政府主体的生命行为管理外，还需要其他社会组织与公民以多维管理方式介入与干预人的生命行为。生命行为管理应实现社会多元主体间的合作共治，构建政府主导下的生命行为管理之多元主体合作共治模式。

李玲

2019 年 3 月

目　录

导 论

人的生命行为贯穿其生命历程的始终。在人的生命历程中,为了满足生命个体或者生命群体的需求,人们主动或被动地进行生命行为选择。个体利益或者群体利益是促成生命行为选择的基本动力。生命行为管理的内在张力就在于两种动力之间的矛盾关系:指向个体的生命权诉求与群体为了优化社会利益而限制个体权利的需求之间的矛盾关系。

时至今日,人们关于堕胎、代孕、同性婚姻、安乐死、人的克隆等生命行为的新的思考,给公共事务治理提出了新的挑战。随着生命科学与生物技术的进步、人类社会对生命价值认知的深化以及社会非群体化趋势的呈现,社会治理主体对生命行为及其管理的认知愈来愈清晰。反思当下与既往社会的生命行为管理之观念与政策,探索推进和优化生命行为管理之路向,是改善国家治理、促进社会和谐的一个重要任务。提出并论析人的生命行为权利与生命行为之限度,思考当下社会中诸多极富争议的生命行为及其衍生的问题,探索当下生命行为管理困境的破解之道,即本书的主旨。

第一节　研究缘起与研究价值

生命行为管理研究是在生命科学与生物技术进步、社会成员对生命价值的认知水平提高、生命行为管理的问题亟待解决等背景下提出的,这就决定了生命行为管理研究必须具备问题导向,能够解决实际问题。事实上,生命行为管理研究为公共管理提出了一个新的议题,具有重要的研究价值。

一、研究缘起

(一)问题的提出:个体生命权诉求与群体优化社会整体利益需求的张力

人的生命活动是在身体这一载体中进行的。在应然状态下,国家、社会或他人能够在一定程度上影响个人的生命行为选择，却不能代替个人作出相应的生命行为。人的生命的专属性决定了在应然层面上个人拥有生命资源配置与生命行为选择的自主权，国家、社会或他人均不应限制个人的生命权利，不得干预基于个人意愿与自主选择而进行的生命行为。然而人的生命行为除了具备生物性特征之外，还具备社会性的特征。作为社会动物的个人不可避免地面临人与人之间、人与社会之间的关系问题。世界上没有两片完全相同的树叶，每个人所拥有的自然禀赋与生物特征不同。一方面，作为独一无二的个体，人的生命行为必须依托于一个个独立的生命载体而实现，人的生物性决定了生命行为的生物性；另一方面，无数个体的生命构成人类生命的共同体，个体的生命行为直接或者间接地影响他人，甚至可能影响人类生命共同体的发展。为了维系社会秩序的一致性，公权力主体必须对个人的生命行为予以规范。有时为了增进群体共同利益，不利于生命群体发展的个体生命行为就会受限。

当生命行为的生物性与生命行为的社会性之间矛盾凸显，当个人的生命权利与社会的整体利益发生冲突时，公权力主体必须思考如下几个问题：第一，个体的生命权利与社会的整体利益谁更优先？第二，人的生命权与生命行为是否有限度？第三，人是否在任何时候都拥有配置自身的生命资源、选择自身的生命行为的自由权利？第四，若个体的生命权与生命行为存在限度，确定这一限度的依据或者尺度是什么？对这些问题的思考即是本研究问题提出的源头。公权力主体及其他社会治理主体对人的生命行为实施必要的干预就是本研究所指称的生命行为管理。生命行为管理研究应基于社会主体对生命行为的限度及生命行为与社会之间关系的认知，要解决人们应当在何种限度上尊重个体的生命权与如何调节生命行为的自主选择与公共管理之冲突的问题。

（二）问题的背景：关于生命行为的新认知与新思维拷问现代社会的进步观

在历史发展的长河中，生命行为中的矛盾与冲突，即个体的生命权诉求与群体优化社会利益的需求两者之间的张力一直存在。在前工业社会与工业社会时期，由于技术水平、价值观念等诸多因素的限制，在生命行为的某些类别与领域，人们对于生命行为的认知存在误区或者人们对于生命行为的认知还较为模糊。进入后工业社会以来，随着生命科学技术的进步、生命价值观日益深入人心，人们对生命行为的认知日益清晰。新型智能技术的发展使此前只出现在文学作品中的幻想情境变为现实，人的生命行为选择与生命行为表现方式呈现多元化与多样化的趋势，现实生活中出现了诸如堕胎、代孕、人体组织或器官买卖、安乐死等颇具道德争议的生命行为。乐观的人们甚至预测，随着价值藩篱的打破，在未来社会中可能会出现人的克隆等生命行为。

现代文明的进步观的核心内容是强调自然科学进步及人类理性的重要作用。生命行为的发展演变则揭示了自然科学与人类理性的局限性。生命行为的新发展在一定程度上质疑甚至拷问现代社会的进步观，并对公共管理发起严峻挑战。

自然科学的局限性指向科技进步带给人类社会的影响具有不可逆与不确定性。生命科学与生物技术的研发与应用能够加速人类社会的进化，但也有可能将人类社会引向错误的进化方向。基于新型智能技术发展的基础之上的一些生命行为，一方面能够优化个人的身体机能，但另一方面又可能导致许多潜在的社会问题。

人类理性的局限性指向人类能力的局限性和直接表征人类能力的知识的不完善性。在实然层面，人类本身的身体机能和道德水准层面不能呈现完美状态，基于新型智能技术的未来的"人造人"是否"完美"也是值得商榷的问题。

人们发现：生命科学技术是一把"双刃剑"，一旦操作不当，人类就有可能打开"潘多拉的盒子"，产生不可挽回、不可逆的负面影响。生命科学技术恰如人类进化过程中所使用的武器，它能够帮助人们更完美、更快地进化，也有可能反噬人类本身，将人类引向错误的进化方向。在这个意义上，自然科学及人类理性都有可能将人类社会引向进步的反面。关于生命行为的新认知和新思维对现代文明的进步观发起挑战，对当下社会治理提出新的诉求，回应生命行为对现代进步观的拷问、治理生命行为潜在的负面后果并且确认生命行为的限度以寻求自由与秩序的中间点，是政府公共管理的职责所在。

（三）问题的关键：生命行为的限度与确认生命行为限度的标准

关于人的生命行为的讨论不能回避道德哲学维度的考量。在理论层面，任何涉及人的生命、生命权及生命价值的问题都要在道德哲学中寻求答案。在实践层面，堕胎、代孕、安乐死等生命行为极富伦理争论性，是社会关注的焦点问题。虽然伦理与管理具有同质性，但以公共管理的研究路径回应与治理社会中的生命伦理问题却无迹可寻。政府与国家无权干预个人的伦理选择，也无法干预人的伦理选择。因此，在进行生命行为管理研究之际，首先面临的困难就是确定研究的核心概念，从而寻找到研究的"抓手"。

正如前文所述，生命行为必须依托特定的生命主体来实现。人的生命具有专属性，人的生命活动和生命行为不能由他人或社会来代替完成；人的生命具有独特性，人的生理差异性决定了个体生命行为的差异性。另一方面，人作为社会动物必须遵守相应的社会规范和秩序，这一现实导致群体中生命行为的趋同性。个体的生命行为的差异性与生命群体的生命行为的趋同性，反映了人的生物性特征与社会性特征之间的矛盾关系。由于个体与群体之间的诉求不同，个体的生命权诉求可能与群体优化社会利益的需求发生冲突。为了调和两种需求之间的张力，以公权力为主导的社会主体需要对个体的生命权与生命行为加以限制。

这样就产生了关键的问题：生命权与生命行为的限度如何确认？考量现实生活中社会治理主体对个体生命权与生命行为的限制可以发现，公权力对生命行为的干预常常与个人的生命行为选择发生冲突。20 世纪中叶，德国纳粹政权以国家利益、民族利益至上为名而发动的所谓“种族卫生运动”，已向人们警示公权力错误地入侵个人生命行为领域的严重后果。在当下社会，用金钱交易人体、激励节育等市场行为入侵生命行为领域的现象愈发频繁，市场价值过多地介入个人生命行为领域。人们意识到，无论是政府机制还是市场机制，都有可能过度介入个体的生命行为领域，造成不良后果。

政府与市场过度或者错误地侵入个人生命行为领域，令社会主体评价人的生命行为与评估人的生命价值的方式发生异化，在一定程度上使人的尊严与人性大打折扣。上述由于社会主体对个体生命权与生命行为的限度认知偏差，导致的诸多负面的社会影响，是生命行为管理必须回应与治理的重要与关键问题。本研究的关键问题就在于确定个体的生命权与生命行为的限度，并且明确判断人的生命权与生命行为限度的标准。唯有如此，才有可能消解生命行为的矛盾和冲突、协调理顺生命行为所影响的社会利益关系，从而保障社会的生物性与社会性生产与再生产的良性运行。

二、界定核心概念

（一）生命行为

生命行为可分为广义上的生命行为与狭义上的生命行为。

广义上的生命行为是指满足人们进行生命的生产及再生产（繁衍）需求所进行的一切有意识或者潜意识的活动，例如摄食行为、求偶行为、育嗣行为、抚幼行为、防御行为与攻击行为等等。其指向人的生物性行为与社会性行为两类，其中人的生物性行为与其他动物的“动物冲动”或动物本能相似。

狭义上的生命行为指人的生物性行为之外的其他生命行为，指向人的有意识的、具有意向性的生命行为，不包括诸如穿衣、吃饭、睡觉、电脑打字等一些潜意识下的目标明确的生命行为。本研究所指向的生命行为是狭义上的生命行为，具体可分为生育行为、人体交易行为、性与婚姻行为、终止生命行为与定制生命行为五种类型。

将本研究所指向的狭义生命行为区分为上述五种类型的主要依据为人的生命周期与生命历程。通常来说，生命个体要经历出生、生长发育、繁殖和消亡的生命周期与生命历程。在无数生命个体的更替中，作为生命共同体的生命族群得到延续并且发生进化。然而，并非所有的生命个体都能完整地度过生、老、病、死的生命历程。有的个体未经历生长发育或繁殖阶段就因意外直接迈入死亡环节，甚至有胎儿尚未出生就死于母亲体内。不同生命主体的生命历程有可能会交叉或者重叠，例如孕妇分娩胎儿时，作为母亲的生命个体的繁殖与作为胎儿的生命个体的出生同时段发生。

为具体、深入地探讨五类生命行为的发生机制、生命行为对生命个体与生命群体的影响等问题，本研究依据生命行为的主体、生命行为的目标与结果以及生命行为所涉及的生命权利等标准区分人的生命行为，考量母亲孕育胎儿的生命行为属于何种类别。第一种情况：母亲孕育胎儿是为了繁衍后代与传递基因，胎儿出生后监护权属于母亲本人，母亲行使自己的生育权利，这类生命行为隶属于生育行为。第二种情况：母亲孕育胎儿是为了将胎儿无偿或者有偿地转移给他人，胎儿出生后监护权归属于第三者，母亲行使支配子宫的权利，这类生命行为隶属人体交易行为。

此外，与“生命行为”相关的一些概念还包括“生命现象”“生命节律”“生命特征”等等。人的“生命现象”指人的生命所表现出来的外部形态，包括人的新陈代谢、生长发育、应激性、遗传变异等现象。人的“生命节律”指自人诞生至人的死亡，由人体内部的生物钟自发调节人的行为和活动，从而引起人自身的体力、智力、情绪等因素的规律性变化。人的“生命特征”指生命活动或者生命现象的特征，最基本的生命特征包括新陈代谢、兴奋性、适应性等等。此类概念较易与“生命行为”概念区分开来，囿于篇幅的限制，在此不再赘述。

（二）生命价值

价值泛指事物本身的有益性，正面价值指向积极与正向的意义与效用，负面价值指向消极与负向的意义与效应。在不同的领域中存在不同种类的价值，譬如政治价值、市场价值、社会价值、文化价值等。人的生命价值指向生命行为领域，人的生命对于个人自身、他人以及社会所具有的意义和效应。人的生命价值具有延续性，当生命价值的主体消亡后，生命价值不一定随之消逝。

在一切人的价值中，人的生命价值无疑是最可贵、最复杂的价值。依据德沃金的观念，人的生命同时具备工具价值、主观价值（或个人价值）与内在价值。其中，生命的工具价值以人的生命能为他人提供多少利益作为衡量标准；生命的主观价值或个人价值以人的生命对促进个人活跃的程度作为衡量标准；生命的内在价值指任何人类有机体无论是否具有工具价值或个人价值，人都具有的内在价值。德沃金认为，当政府肯定并主张人们具有生存权，并且认为人们具有基本的重要性时，政府所致力保护的是人的生命的主观价值或个人价值。[①] 德沃金对人的生命价值的分类论述有一定借鉴之处，但是亦存在不足之处。他所界定的生命的工具价值与生命的主观价值其实属于同一种类型，都以人的生命能够为客体（他人或者自身）提供多少利益为判断标准。

本研究认为，生命价值包括两个层面：生命的工具性价值与生命的内在性价值。第一类：生命的工具性价值即考量个体生命的作用与功效，或者说个体的生命能够为自身、他人与社会提供的利益。生命的工具性价值包括积极价值与消极价值。按照生命的工具性价值标准来衡量人的生命价值，只有那些能够增进自己、他人或者社会利益的生命行为才是有价值的，不能够增进个人本身、他人或者群体利益的生命行为被认为不具备价值。第二类：生命的内在性价值指排除了人的阶层、种族、地位与权势等一切外在因素与外在条件之后，人依然保留的内在的生命价值。生命的内在性价值一般意义上呈现正向的积极价值。按照生命的内在性价值标准来衡量人的生命价值，无论个体对自己、他人与社会的作用与功效大小，每个个体都具有内在性的生命价值，人的生命内在性价值不因外在条件而消减。

生命的工具性价值与生命的内在性价值存在辩证关系。人在任何时候都拥有内在性的生命价值，但不必然拥有工具性的生命价值。人的生命内在性价值应当优先于工具性价值。在应然层面，生命工具性价值的获取不得以贬低人的生命内在性价值为前提；但在实然层面，常常发生生命的工具性价值对生命的内

---

① 参见[美]罗纳德·德沃金：《生命的自主权——堕胎、安乐死和个人自由的辩论》，郭贞伶、陈雅汝译，北京：中国政法大学出版社，2013 年，第 90、91 页。

在性价值的僭越。

此外,“生命价值”相关概念包括“生命价值观”与“生命伦理”等。生命价值观指人们对于人的生命价值的认知,以及对于实现人的生命价值的方式与选择的认知。具体包括判断人的生命是否具有价值、人的生命具有何种价值以及人的生命内在性价值与工具性价值的优先程度等观念。生命伦理[①]指为了满足个体与群体的生命需求及维系个体与群体的共同发展,社会主体间约定俗成的约束个体生命行为的规范与准则。

(三)生命权

权利与义务相对应。在法律意义上,生命权指在法律规定的范围内个体作出或者不作出某种生命行为的许可,以及个体要求他人与社会群体作出或者不作出某种生命行为的保障。随着社会的进步与发展,人们的生命行为选择方式日趋多元化,生命权的内涵随之扩展并被确认。总体而言,生命权指人采取或者不采取上述生命行为的权利,以及自由决定生命行为的选择与方式的权利。本书研究的生命权可分为五个具体领域中的生命权利,即人的生育权利、人体交易与人体处置权利、人的性权利与缔结婚姻的权利、人终止生命的权利与定制生命的权利。

生命权具有专属性,这意味着在应然层面生命权只属于特定的生命主体,而不能让渡给其他人、社会或者国家,生命权具有不可让渡性。然而生命权不可让渡,不等于生命权具有绝对的优先性或者说生命权绝无限度。当个体生命权的行使侵犯到他人的生命权,或者个体生命权的行使不利于社会整体利益的优化时,以公权力为主导、政府为核心的社会主体应当限制与制约个体的生命权。目前关于生命权的限度存在争议,一个典型的案例争论为是否允许身高仅为50厘米的侏儒生育后代。如果允许其生育后代,那么基因的传递作用有可能将其基因复制到后代中,生育出同样存在身高缺陷的个体;这不仅会影响胎儿以后的正常生活,也使得社会的整体福利受损。如果不允许其生育后代,则泯灭了侏儒作为一个神圣的人类生命体繁育子嗣后代的生物本能,不仅有违人道主义精神,也在实质上限制了侏儒的生育权。

---

① “生命伦理”(可译为 ethic of life)概念区别于“生物伦理”(译为 bioethics)概念。许多学者将“bioethics”译为“生命伦理”或者“生命伦理学”,指向生命科学与生物技术领域内的人的生命行为准则。其实严格按照词源来翻译,应当将“bioethics”译为“生物伦理”或者“生物伦理学”。两个概念指向的内容并不相同。

(四)生命行为管理

生命行为管理可分为广义与狭义两种定义。广义上的生命行为管理是对广义上的生命行为,包括人的摄食行为、求偶行为、育嗣行为、抚幼行为、防御行为与攻击行为等等进行管理。狭义上的生命行为管理是对狭义上的生命行为,即生物性行为之外的其他生命行为进行管理。本研究指向狭义上的生命行为管理,即排除了类似于动物本能的人的摄食、休憩等人的本能行为。

简言之,生命行为管理即社会治理主体介入个体的生命行为选择,规范与约束个体的生命行为的活动。生命行为管理的实践早已有之,在不同的历史发展阶段和不同的国度中具有不同表现。例如古代中国的乱伦禁忌、近亲结婚禁忌等生育禁忌;古希腊斯巴达城邦的由元老院或者长老决定丢弃体弱的新生儿、视儿童为国家资产等优生优育的理念与实践;近代欧美等国家实施人口控制政策并在较长的一段时期内禁止自杀等等。

现代社会以来,社会主体对个体生命行为的介入及干预实际上已经不同程度地触及生命行为管理的实质甚至内核,甚至在某些生命行为的具体领域实现了较高层次的生命行为管理。但因知识、能力与可利用资源的限制等,社会管理者没有意识到或者无力应对个体生命行为选择造成的诸多复杂问题。第一,因知识的有限性、社会管理者的能力不足以及社会管理的价值观念相对落后,生命行为管理在不同国度、不同领域存在侵犯人权的现实。这一现实在当下社会中仍然存在,在前工业社会与工业社会中表现得更加严重。第二,一些社会管理者在评估相关政策时,对公共政策的负外部性(这里指的是公共政策不符合生命价值的非预期后果)有所觉察,但他们往往简单地将政策失灵归咎于政策制定与执行过程中的不当措施,仅采取调整政策的方式构建相应补偿机制而没有质疑政策本身的合理、合法与正当性。

随着知识的发展与传播、技术的进步及社会成员生命价值观的嬗变,个人的生命权利与社会利益之间的张力愈发凸显。社会文明的发展进步要求公权力主体制定积极政策与采取有效措施,确认人的生命权与生命行为的限度,并在此基础上引导、规范与约束个体的生命行为。社会的有序运行亟须构建一套生命行为管理体系,政府与公权力主体应致力于相关法规制度建设,促进引导多元主体参与生命行为管理。

综上所述,生命行为管理是社会治理主体基于对生命行为的限度及生命行为与社会之间关系的认知,以消解生命行为的矛盾和冲突,协调理顺生命行为所影响的社会利益关系，从而保障与促进社会的生物性与社会性生产与再生产的良性运行为宗旨，通过依法推进制度建构、政策设计和实施介入干预等举措来规范、引导与约束社会成员的生命行为的管理活动。

生命行为管理的研究范畴主要有三方面。其一，生命行为管理的研究对象，即人的生命行为；其二，生命行为管理的研究内容，即人的生命权与生命行为的限度，以及确认生命权与生命行为限度的标准；其三，生命行为管理的研究领域，即以公共管理学的视域为主导，探究以公权力为主导、以政府为核心的社会多元主体对人的生命行为的引导、规范与约束。

三、研究价值

《世界人权宣言》强调："人人有权享有生命、自由和人身安全。"人的尊严与人的生命权是人类享有的最基本、最根本的权利，这是现代文明的核心理念之一。政府要致力于尊重和保障人的生命权的观点已成为现代政治文明建设的基本共识。然而，关于什么是生命权以及如何尊重和保障人的生命权，却一直存在争议。20 世纪五六十年代起，随着生命科学技术的进步，辅助生殖、医疗助死、人的克隆等生物技术的推进与传统的生命权保障观念发生冲突，越来越多的社会成员开始关注安乐死、基因诊断、人的克隆等行为的合法性与可操作性，关于新的智能技术的公共讨论促使人们更深入地探究包括生命权、健康权和身体权在内的人权问题。知识的发展与传播、技术的进步与社会成员认知的深化使得生命权价值遭遇前所未有的挑战，并引发公权力与社会对既往与当下生命行为管理实践的重新思考。

然而，由于知识、能力与可利用资源的限制，社会管理者或是没有意识到生命行为管理的重要性与必要性，或是无力应对不恰当的生命行为选择引发的诸多复杂问题。在此背景下，对人的生命行为及生命行为管理的研究就显得更为紧迫与重要。从公共管理的视域重新审视与思考生命行为问题，回应生命行为对当代公共管理的严峻挑战，具有非常重要的理论意义与现实意义。

（一）理论意义

生命行为管理是人类社会公共事务管理的一个重要领域。生命行为管理以生命行为作为研究对象，这一研究对象的提出进一步打破了社会科学各学科之间以及社会科学与生命科学之间的界限。由于人的生命系统极为复杂，人的体力与精力、智力与能力诸多因素均有可能影响人的生命行为抉择，因此单一某个学科的研究方法难以从宏观上把握生命行为，统合诸多学科的研究理论与研究维度极为必要。

其一，生命行为管理研究是对公共管理研究的进一步补充与完善。

公共管理运行的根本目标就在于维护社会的公平正义，推进经济繁荣、民主法治、稳定协调与生态平衡共存的和谐社会的建设。个体的生命权与生命行为的限度这一问题的提出，使各种理论和学科都受到前所未有的挑战，首当其冲的便是公共管理学。公共管理学的公共性、服务性、合作共治性的深刻内涵以及它对实践需求的回应性与应用性，要求它必须回应并治理社会生活中的生命行为问题，从公共管理学的视域进行生命行为管理研究是公共管理研究不可或缺的重要组成部分。甚至可以说，生命行为管理研究在学界引入"生命行为管理"这一研究主题，为公共管理研究提出一个新的重要课题。

其二，生命行为管理研究能够为社会管理者的政策创新提供理论支持。

人文社会科学研究不仅要明确研究课题的重要价值，还必须找出治理社会问题的药方，生命行为管理研究同样如此。由于在不同国度与不同领域，社会管理者不同程度地存在漠视生命个体的生命权诉求或者误判个体生命行为的限度，或者仅将生命行为问题视为一般的社会问题而忽视其特性的问题，致使生命行为管理缺位、越位或者错位，在一定程度上使得生命行为问题愈发凸显，令生命行为管理陷入价值偏移、管理低效、规则失范的困境。生命行为管理出现缺失或不足甚至错误，这一现实困境亟待解决。生命行为管理研究寻求生命行为管理困境的破解之道，探索优化生命行为管理之可行路径，从而为社会管理者制定相关政策提供理论支撑和政策借鉴。

（二）现实意义

当代生命行为管理的总体趋势为：生命行为管理承认与尊重人的生命行为选择自由，更趋宽容与理性。然而在不同国度与不同领域，生命行为管理仍呈现不同态势。从生命行为管理的不同领域看，在一些生命行为领域中已实现了较高层次的生命行为管理，而在一些生命行为领域中还存在不同程度的价值偏移、管理低效与规则失范的现象。在实践中，普遍化、形式化与僵化的社会管理机制不能有效回应与治理生命行为管理的困境与问题，生命行为管理困境表现为生命行为管理的缺位、越位或者错位。公权力的掌控者不能及时或者有效回应社会成员的生命权诉求，致使社会群体过多地入侵社会个体的生命行为领域，并导致公权力错误或过度介入人的生命行为领域。本书探索破解当代生命行为管理现实困境的对策,探寻优化生命行为管理的路径,在现实层面具有时代性与紧迫性。

其一,生命行为管理研究是关涉人类社会存续发展的重大课题。综观历史发展,随着社会治理模式的嬗变,即前工业时期的统治型社会治理模式、工业社会的管理型社会治理模式到后工业社会的服务型社会治理模式,人们的生命价值观念经历了一个从无到有、由有到优的过程,但亘古至今唯一不变的是人们对生命的获得、生命的维持与生命质量的提高的诉求,而人们的生命需求也繁荣了保障生命权利的实现及其资源配置的政策市场,成为生命行为管理的重要推动力。尤其是现代科学技术飞速发展的今天,新的智能技术(包括生命科学技术在内)成为社会发展和社会管理的“双刃剑”,极大威胁着社会的有序运行及人类社会的存续发展。

其二,当代社会生命行为管理的法治不足、制度缺失、社会管理者的能力欠缺以及社会成员对生命行为的认知不足也人为地增加了生命行为管理的风险,亟须引导与规范生命行为管理。生命行为管理研究在比较与借鉴若干国家或地区不同领域的生命行为管理实践的基础上,检视不同国家不同领域生命行为管理的主要措施,审视现行生命行为管理的进步之处,并剖析现行生命行为管理政策存在的问题。生命行为管理研究有利于帮助社会相关主体回应与应对复杂的生命行为问题,从宏观看,对保护人类赖以生存的生物多样性与实现人类社会的可持续发展具有重要意义。

第二节 研究现状与文献综述

目前,国内外学界尚未提出“生命行为管理”(Life Behavior Management)的概念,但在梳理相关文献时发现,某些学者所进行的相关研究在事实上已经触及生命行为管理研究的某些关键甚至核心问题。考量生命行为管理的研究现状,首先要抽丝剥茧,从既有研究中挑拣出本研究的相关内容,汇总已有的研究成果。具体来说,已有的研究包括生命行为管理的总体研究与生命行为管理的分类研究。总体研究主要指学界对生命权与生命行为的认知、生命行为问题的争论焦点、生命行为管理的重要意义等关键问题的研究;分类研究则是按照人的生命周期的五个阶段,将生命行为管理研究分类为:生育行为管理研究、人体交易行为管理研究、性行为管理研究、生命终止行为管理研究、定制生命行为管理研究。

一、国外研究概况与文献述评

国外学者对生命行为管理的研究集中于:生命权与生命行为认知的研究,权利的冲突与限制研究,生命价值与生命伦理研究以及具体生命行为领域的研究。

(一)国外学者关于生命行为管理的总体研究

国外学者对生命权与生命行为认知的研究集中在法学、行为学、生物学等领域。在宪法学的视域下,国外学者将生命权视为第一人权,并认为人的生命权是宪法价值的基础。他们对生命权的研究与讨论包括生命权的来源、生命权的规定、生命权的内涵、生命权的宪法主体、生命权的救济等方面。国外学者对生命价值、生命文化及生命伦理的研究成果极为丰硕;他们对生命行为的认知与研究主要集中在伦理与道德层面,譬如德沃金、桑德尔等将堕胎、同性恋等生命行为定义为当代社会最具张力的道德问题。对这些研究内容的综述在以下的具体研究中讨论。

1. 生命行为管理的现实困境研究

生命行为管理的现实困境研究,是国外学者对生命行为管理失灵这一问题作出的研究。他们认为"生命伦理"和"生命行为"所涉问题极为复杂,需进行多维度讨论,归纳出的现实困境包括政治因素、社会因素与文化因素,等等。

第一种观点认为,现代文明社会发展的悖论及科技发展潜在的技术风险,令现有的科学技术发展的监管手段受到质疑。索尔特和琼斯着重探讨生命伦理监管的政治合法性及其发展前景。他们认为,生命伦理学可以被视为对合法性问题的社会认知能力,对生命伦理学的监管涉及"谁获得什么"的决定,因而生命伦理学的发展不能避免政治争议。随着 BSE 疫情在英国的爆发,欧洲、亚洲民众对转基因作物的抗议,人们对科学自我管理的信任程度普遍下降并开始质疑从"技术官僚途径"进行监管的有效性。在伦理层面上,人类基因研究可接受的形式及遗传学研究的发展和工业应用存在严重分歧,如何协调科技与工业的监管需求与公民社会关注的社会、文化、伦理问题已成为全球关注的热点。索尔特和琼斯指出,生命科技知识的创新和工业应用涉及公民社会、科学、企业等多元主体的政治利益，这些利益相互交叠，有的时候甚至是不相容的。在政策制定过程和社会治理中（欧洲各国、欧盟以及国际层面的各级监管机构）本身就面临着一系列冲突，可以说，监管过程的合法性本身就是受到质疑的。[①] 这一观点指出生命伦理无法避开政治争论的原因及其具体表现（人们对技术监管手段的质疑）以及根本原因（多元主体之间的利益冲突与矛盾）。

第二种观点认为，难以统一人们的生命行为或人们关于生命行为的抉择（例如能否堕胎、代孕、安乐死等），原因在于不同的社会情境中发生的"文化战争"。"文化战争"指的是公共空间中似乎根本没有办法达成共识或妥协的有关道德的争议。伊尔迪斯从基督文化的视角进一步阐释生命伦理的多元文化情境并深入分析了文化战争的内涵。她认为基督教生命伦理学嵌套在道德和对形而上学的理解之上，因此与占主导地位的世俗文化不可避免地形成碰撞。[②] 类似研究主要集中于生命伦理学领域，例如恩格尔哈特、托马斯·香农、许加伟（加拿大）等学者关于生命伦理与社会文化的相关性的研究。

第三种观点指出，在与生命行为相关的社会管理中存在资源配置不均衡的问题。卡希尔发现，随着生物技术越来越向富裕消费者倾斜，资金不断被投向基因技术、胚胎干细胞研究等最富有前景的生物科学技术领域，而对于肺炎、腹泻、结核和疟疾等占据全球疾病负担 20%的研究，仅受到少于 1%的公共和私人卫生研究基金的资助。卡希尔认为解决这一问题的对策在于借助宗教与神学的作用配置医疗卫生资源：宗教与神学有必要促成"优惠穷人的选择"，而不必关注抽象的社会规范的冲突。[③] 此类观念指出相关管理措施及公共政策的缺失与不足，认为生物技术发展的资助结构不均等，现有的政策实践难以实现资源配置的最优化。

第四种观念进一步指出，相关政策无法有效实施，而导致这一现实的原因与社会文化、传统习俗相关。普瑞通过对美国的印度移民进行胎儿性别选择的定性分析，认为虽然印度已分别于 1994 年、2003 年通过禁止非医学目的的产前性别鉴定和禁止性别选择性流产的立法，在美国的印度妇女在进行生殖选择时依

---

① Brian Salter, Mavis Jones(2002), "Human Genetic Technologies, European Governance and the Politics of Bioethics," *Nature Reviews Genetics*, Vol. 3, Issue 10, pp. 808-814.

② Ana Iltis(2011), "Bioethics and the Culture Wars," *Christian Bioethics*, Vol. 17, Issue 1, pp. 9-24.

③ Lisa Cahill(2003), "Bioethics, Theology, and Social Change," *Journal of Religious Ethics*, Vol. 31, Issue 3, pp. 363-398.

然受到压力。印度妇女对男性胎儿的偏好和性别选择与印度重男轻女的社会文化根源相关。尽管得益于美国的医疗技术与良好的社会条件，印度移民妇女能够拥有生育选择权，但在生育的过程中生殖胁迫和家庭暴力依然存在，40%的受访妇女曾经有过终止胎儿妊娠的经历，89%的受访妇女将女性胎儿堕胎。[①] 夏尔马指出印度国内性别选择流产的产前诊断技术的滥用及其后果。[②] 其他还有许多学者针对不同文化传统分析相关政策的制定、执行与后果。相关内容将在生命行为管理的具体领域（分类研究）中详细阐述，在此不赘述。

2. 生命行为问题的对策建设研究

生命行为问题的对策研究主要基于伦理学尤其是生命伦理学的研究视角，也有部分学者从政治学与社会学的视角来研究。他们的对策建议包括成立各层级的生命伦理委员会、加强政策制定之时的伦理审查、促进社会多元主体的合作共治等。

第一类研究是关于生命伦理委员会的职责、目标以及形式。联合国教育科学及文化组织科学与技术伦理司关于建立生命伦理委员会的指南中明确指出，“生命伦理委员会”的职责是有系统地并持续解决健康科学、生命科学、创新性卫生政策这三个层面的道德伦理问题。不同层级的生命伦理委员会中的主要目标和形式包括：国家在实施科学政策时保持道德上的敏感性，以增进科学和技术带来的公共益处；改善所有医疗机构以患者为中心的保健服务；保护那些参与生物学、生物医学、行为学和流行病学实验研究的受试者；促进生物学、生物医学、行为学和流行病学知识的获取和应用等。[③] 在此纲领性文件的基础上，许多学者均有详细论述。

第二类研究强调设立生命伦理委员会的重要性。教科文组织科学与技术伦理司司长哈韦指出，成立生命伦理委员会是建立伦理辩论、伦理分析及政策制定平台和机构的第一步。多数国家关于生命伦理规范的讨论，如知情同意原则、保护人类受试者等协定已达成共识，但准则和宣言无法自行实施，它们需要得到

---

① Sunita Puri, Vincanne Adams, Susan Ivey, Robert Nachtigall(2011), “ ‘There is Such a Thing as Too Many Daughters, but not Too Many Sons’: A Qualitative Study of Son Preference and Fetal Sex Selection among Indian Immigrants in the United States,” *Social Science and Medicine*, Vol. 72, No. 7, pp. 1169-1176.

② B. R. Sharma, N. Gupta, N. Relhan (2007), “Misuse of Prenatal Diagnostic Technology for Sex-selected Abortions and Its Consequences in India,” *Public Health*, Issue 121, pp. 854-860.

③ 参见联合国教育科学及文化组织科学与技术伦理司：《指南 1. 建立生命伦理委员会》（第 VI 部分），《中国医学伦理学》2007 年第 3 期。

“那些制定、实施和监督公共政策的人的支持”，同时“政府以及对政府有影响的人决定着生命伦理委员会的命运”。[①] 其他一些学者也呼吁应当建立生命伦理委员会。

第三类研究指出，政治认同在科学政治领域内相关政策制定、执行过程中的重要作用。格特维斯考察了美国人类胚胎干细胞研究政策的制定过程，包括社会成员对胚胎干细胞研究的不同解释和论述、相关政治监管领域的机构与行动者的不同策略等。他发现美国政府最初仅给予胚胎干细胞研究极其有限的研究经费支持。当美国政府犹豫要不要推进胚胎细胞研究、尤其是人类胚胎干细胞研究时，私人企业推动了大量的胚胎及体外受精研究。到1999年年底，整个美国的全能性、多能性干细胞研究均由私人企业实现。相较于“政府是否支持研究”而言，“政府能否承认从事该研究的必要性”更为重要。美国国家生物伦理咨询委员会在强大的联盟压力下宣布支持人类胚胎干细胞研究的实施。美国国立卫生研究院的异常复杂的政策叙事，使得胚胎干细胞研究的推进不仅与美国医学研究的实际水平相关，还受到社会成员对胚胎干细胞研究的认知水平的影响。在上述所有因素的共同作用下，关于人类胚胎干细胞的决策空间开始成形，政策制定者将问题纳入决策进程，机构及行动者间的联盟成为可能。格特维斯指出，美国国立卫生研究院对胚胎干细胞研究的政策的成功推动可以视为“合理的社会妥协”的结果。[②] 其他一些学者也从政府组织、利益集团、研究机构、社会公众等利益相关者的角度对此进行了研究。

第四类研究认为，社会多元主体间合作共治是生命伦理管理的动力与关键因素。米亚提出“道德的公众参与”的概念。他认为，公众对科技的理解是政府政策讨论中优先关注的问题之一，而网络社区的应用能够帮助政府推动全球公民对科技、道德伦理的参与。[③] 塔拉奇尼指出伦理委员会的成立推动了伦理制度化，从而实现了现代民主社会中公共伦理话语的基本需求的激烈变革：促进科学与社会间更激烈和公开的对话。[④] 马歇尔提出，在生命伦理学

---

① 参见联合国教育科学及文化组织科学与技术伦理司：《指南1.建立生命伦理委员会》(第I部分)，《中国医学伦理学》2007年第3期。

② Herbert Gottweis(2000), “Stem Cell Policies in the United States and in Germany: Between Bioethics and Regulation,” *Policy Studies Journal*, Vol. 30, Issue 4, pp. 444-469.

③ Andy Miah(2005), “Genetics, Cyberspace and Bioethics: Why not a Public Engagement with Ethics?” *Public Understanding of Science*, Vol. 14, No. 4, pp. 409-421.

④ Mariachiara Tallacchini(2009), “Governing by Values. EU Ethics: Soft Tool, Hard Effects,” *Minerva*, No. 47, pp. 281-306.

领域，人权及社会公正应当是研究人口健康和生物医学的主要考虑因素。协作伙伴关系的建立、能力技能的提高以及对传统文化的尊重，在全球范围内尤其在资源匮乏的地区尤为重要。缓解多元文化下的道德冲突有赖于投资者、基金会组织、政策制定者、政府机构及私营企业间的对话和共同行动的承诺。[①] 古德曼在研究生物伦理问题中新闻媒体的作用时指出，媒体对公共政策施加影响并转达个人决策，而目前媒体在报道生命伦理事件或行为时存在三个问题：第一，媒体将"新闻价值"的概念引入生命伦理领域；第二，关于生命伦理问题的报告和报道质量参差不齐；第三，记者往往依赖于对某个伦理学家的信任而对相关问题作出判断。他强调最优的新闻伦理应当是一个"准伦理"，新闻报道既要有一定的新闻约束，又不会将问题与争论简单化，对有依据的不同意见也能给予适当关注。[②] 这一观念强调媒体应具备良好的伦理素养，以促进生命伦理管理的优化。

(二)国外学者对生命行为管理的具体研究

1. 关于人口政策、生育政策的相关研究

首先是西方学者所提出的人口理论思想。20 世纪七八十年代起，西方社会逐渐发展出关于人口、资源、环境与社会发展之间关系的较为系统的理论学科，其中产生较大影响的理论有人口爆炸论、适度人口论、人口零度增长理论等。这些理论几乎都对人口激增及其后果作出了悲观的预判。马尔萨斯认为，人口增长若不受到抑制，则会按几何比率增长，而人类所需的生活资料则是按算术比率增加的[③]，两者之间存在巨大的差额。保罗指出，人口若按照现有的速率增长定会酿成一场环境危机，并将导致人类的最终灭亡。坎南提出，为获得收益最大化，必须寻求土地与人口的平衡并保持二者适当的比例关系。[④] 美国学者梅多斯认为，如果世界人口、工业化、污染、粮食生产以及资源消耗按现在的增长趋势继续不变，这个星球上的经济增长会在今后一百年内的某一个时候达到极限。最可能的结果是人口和工业生产能力这两方面发生颇为突然的、无法控制的衰

---

① Patricia Marshall(2005), "Cultural Pluralism, and International Health Research," *Theoretical Medicine and Bioethics*, No. 26, pp. 529-557.

② Kenneth Goodman(1999), "Philosophy as News: Bioethics, Journalism and Public Policy," *Journal of Medicine and Philosophy*, Vol. 24, No. 2, pp. 181-200.

③ 参见[英]马尔萨斯：《人口原理》，朱泱、胡企林、朱和中译，北京：商务印书馆，1992 年，第 12、13 页。

④ 转引自朱贻庭主编：《伦理学大辞典》，上海：上海辞书出版社，2011 年，第 251～257 页。

退或下降。[①] 上述人口理论或观念都认为，人口、资源、环境与社会发展密切相关，国家与社会应该控制人口以适应经济与社会的发展。

其次是西方学者依据人口理论思想所提出的回应与治理人口问题的诸多举措。马尔萨斯认为，存在两种抑制力量调节人口，即"预防性的抑制"和"积极的抑制"；此外，"尚有对妇女的不道德习俗、大城市、有碍健康的制造业、流行病和战争等抑制因素"，并且"所有这些抑制因素不外乎贫困与罪恶两大类"。[②] 梅多斯、桑德尔等学者同样提出自我抑制的方法来限制人口，以改变人口增长的趋势。经济学家们还为限制人口数量提供了新的思路：博尔丁提出以"可交易的生育准许体系"作为处理人口过剩问题的一种方式。"可交易的生育准许体系"假定在需要限制人口数量的那些国家内，每个妇女可以得到一张授权她们生育规定数量的孩子的准生证，并且可以自由地使用这张准生证或根据现行价格把它交易给他人。博尔丁认为，从经济逻辑的角度来看，以市场为基础的计划生育体系比固定配额的计划生育体系更为有效。针对这一观念，桑德尔提出反对意见。他认为这种买卖生育权的体系存在着某种令人担忧的方面：第一，把生育孩子的条件限定在支付能力的基础之上是不公平的；第二，交易生育权的做法促使人们用一种商业态度去对待孩子，而这种态度则会腐蚀父母的品格。[③] 博尔丁和桑德尔关于生育准许体系的不同意见，实质上是比讨论抑制人口的方法更为重要的观念争鸣：个人可否买卖和交易生育权。

再次是西方学者对于人的生育行为、人的生育权的认知及其研究。其中比较富有争议的是人能否自主决定是否堕胎的问题。美国学者蒂洛与克拉斯曼等指出，在堕胎问题上，生命价值和个人自由这两条基本原则发生了冲突。除了生存权利外，生命价值原则还必须包含其他方面，譬如人类的生存和完善。蒂洛等认为，堕胎行为涉及四个方面的问题：第一，畸形残疾儿的出生为人类社会所带来的过量人口和负担问题；第二，人不受阻碍地生育繁衍后代与延续香火的家族权利问题；第三，人的肉体生命的完整问题，即保护人、使之摆脱诸如战争、死刑、贫困、仁慈助死与仁慈杀死、自杀和堕胎等威胁生命的境遇；第四，人按照合乎自

---

① 参见[美] D. 梅多斯：《增长的极限》，于树生译，北京：商务印书馆，1984年，第12页。

② [英]马尔萨斯：《人口原理》，朱泱、胡企林、朱和中译，北京：商务印书馆，1992年，第26、39页。

③ 参见[美]迈克尔·桑德尔：《金钱不能买什么：金钱与公正的正面交锋》，邓正来译，北京：中信出版社，2012年，第67～69页。

己意愿的方式自由生活的问题。[①] 此外，康德、德沃金等均涉及堕胎的相关讨论。他们的论争关涉自由主义与社群主义之争，指向人的生育自由权利与维护公共的善之间的矛盾和冲突。上述学者的精辟论辩在本书第三、四章内容中会有详述。

2.关于婚姻制度与同性婚姻政策的相关研究

首先是西方学者对性文化与性道德的相关研究。英国学者罗素可谓国外研究婚姻制度及性道德的先行者。罗素认为，一个社会的性道德包括以下几个阶段：第一阶段是通过法律体现的各项制度；第二阶段是通过社会舆论干涉性行为；第三阶段是在理论与实际的双重层面上只注重个人的选择。罗素指出，对于“从大多数人的幸福观出发到底什么是最高尚的性道德”这一问题的回答会由于各种外在环境的不同而不尽相同，即使最高尚的性道德也会因为物质条件或时间、地点的不同而产生许多差异。例如在发达工业社会与在原始农业社会中，或者在医学发达和卫生条件很好因而死亡率很低的地方与在瘟疫横行以至大多数居民在成年之前就面临死亡的地区，对于这一问题的回答截然不同。[②] 罗素之后的西方学者对性道德的研究更进一步。

其次是西方学者对性行为、婚姻制度的内在价值的相关研究。学者们归纳出人类性行为的意义和目的的四方面表现为：生育、快乐、表达爱情和表示友好与喜欢（这里的排序未必同四者之重要性相吻合）。关于性的功能与价值，有学者指出，同传宗接代的生育或人伦关系的其他领域相比，性行为的表达爱情和表示友好和喜欢的方面长期被忽视。[③] 蒂洛与克拉斯曼针对将性行为归结为单纯的生物学功能的这一观点提出反对意见。他们指出，若仅仅因为生儿育女的主要途径是通过男女性交而认定生育就一定是性行为的唯一正当理由或目的，秉持这种观点不啻将人类降低到动物的水平（动物为了种族的繁衍而本能地求偶或交配）。[④] 桑德尔指出，倘若性行为的主要目的是深入而密切地表达爱情，或者倘若生育只是人们发生性行为的次要目的，那么人们就不能仅仅因为同性恋

---

① 参见[美]雅克·蒂洛、基思·克拉斯曼：《伦理学与生活》，程立显、刘建等译，北京：世界图书出版公司，2008年，第232、243页。

② 参见[英]伯特兰·罗素：《性爱与婚姻》，文良文化译，北京：中央编译出版社，2009年，第4页。

③ 参见[美]雅克·蒂洛、基思·克拉斯曼：《伦理学与生活》，程立显、刘建等译，北京：世界图书出版公司，2008年，第279页。

④ 参见[美]雅克·蒂洛、基思·克拉斯曼：《伦理学与生活》，程立显、刘建等译，北京：世界图书出版公司，2008年，第288页。

不能像异性关系那样生男育女而攻讦其反常。他进而论证，在同性婚姻的争论中真正的问题并不在于选择的自由，而在于同性结合是否值得共同体的尊敬和认可，即同性婚姻是否实现了婚姻这项社会制度的目的。[①] 亚里士多德、马歇尔等人探讨婚姻制度的社会功能与婚姻制度的内在价值。亚里士多德认为，婚姻问题关涉职务和荣誉的正当分配，婚姻制度是一种社会认可。马歇尔将婚姻视为“社会中一项极为重要的组织原则”，他注意到婚姻不仅仅是两个相互愿意的成人之间的一种私人性安排，而且是一种公共认可和同意的形式。“在其真正意义上，在每一个公民的婚姻当中都有三个参与者：两个愿意的配偶，外加一个同意的政府。”“公民的婚姻，是对另一个人的一种深层次的个人承诺；同时也是一种对相互关系、友情、性行为、忠诚和家庭这类理想高度的公共庆祝。”[②]上述学者对于性行为与婚姻制度的社会功能，以及性行为与婚姻制度的内在价值的研究具有较强的思辨性。

再次是西方学者对于性权利与性道德之关联性的相关研究。美国学者白维康、劳曼等指出，当个人的性权利与性道德发生冲突时，不应武断地认为个人的性行为一定错误。“当‘性’即将发生和发生之后，我们不应该去问它是不是符合所谓的社会道德，也不应该仅仅问它是不是属于当事人自己的权利，还要问它有没有侵犯他人的同样同等的权利。如果既没有侵犯他人的权利，也确实是在行使自己的权利，却违反了所谓的社会道德，那么，肯定是那个道德错了，而不是相反。”[③]此外，还有许多学者都对社会文化及社会文化所强调的性道德对人们的性行为产生的影响进行分析研究。

最后是西方学者对同性婚姻的实施方案的相关研究。美国作家迈克尔·金斯利提议终止政府认可婚姻的制度并且建议将婚姻私人化。他认为，《同居法》可以解决在人们同居和共同抚养孩子的过程中所产生的各种经济、保险、抚育以及继承的问题。为此他提倡用公民联姻来取代所有的政府认可的、同性的或异性的婚姻。[④] 金斯利的这一提议规避了关于婚姻目的以及同性恋道德的各种道

---

① 参见[美]迈克尔·桑德尔：《公正该如何做是好》，朱慧玲译，北京：中信出版社，2012 年，第 290～295 页。

② 转引自[美]迈克尔·桑德尔：《公正该如何做是好》，朱慧玲译，北京：中信出版社，2012 年，第 290～295 页。

③ [美]白维康、[美]劳曼、潘绥铭、王爱丽：《当代中国人的性行为与性关系》，北京：社会科学文献出版社，2004 年，第 428 页。

④ 转引自[美]迈克尔·桑德尔：《公正该如何做是好》，朱慧玲译，北京：中信出版社，2012 年，第 290～295 页。

德和宗教的争论。而桑德尔则认为，国家在婚姻问题上可以有三项可能的对策：第一，国家只认可男性与女性之间的异性婚姻；第二，国家同时认可同性婚姻和异性婚姻；第三，国家不认可任何形式的婚姻，而将这一职责留给私人性的组织。第三种对策指除《婚姻法》之外，国家还可以采用准予法律保护、继承权、医院探视权和孩子监护安排等内容的《公民联姻法》或《同居法》来回应未婚夫妇同居问题，使未婚同居行为进入法律安排。① 金斯利和桑德尔关于婚姻私人化的论述，简言之就是在不废除婚姻制度的前提下，以私人组织取缔政府对于人的婚姻行为的管理。这一现实即不再认可婚姻作为官方职能，将婚姻与政治制度相分离。上述观念属自由主义式婚姻自由观念，学界对此臧否不一。

3. 关于人的自杀行为管理的相关研究

西方学者对人的自杀行为的研究最早是在心理和哲学层面展开，近年来，又在社会学层面或者管理层面积累了相关研究成果。相关研究首先涉及西方学者对于自杀行为的界定以及对自杀行为的影响因素、自杀行为的类型等内容的讨论。

西方学界对自杀行为的研究主要解决个人是否有权自杀、社会对个人的自杀的重要影响作用两个问题。有学者把自杀行为与吸毒、酗酒等联系在一起，试图寻找自杀行为的影响因素；或者从自杀者所处的社会环境来判断自杀行为对社会的影响。

一是埃斯基罗尔、法尔雷、布尔丹以及涂尔干等学者对自杀行为的界定。

法国学者埃斯基罗尔等主张，自杀是一种精神疾病，有其自身的特点和病症。埃斯基罗尔认为："人只有在发狂的时候才企图自杀，自杀者就是精神错乱者。"②但同时，"一个人只服从某种崇高的感情而投身于某种危险之中，使自己遭到不可避免的死亡，为了法律、为了保护自己的信仰、为了拯救祖国而自愿牺牲自己的生命，他就不是自杀"③。从这个原则得出的结论是，一些基于现实基础的自愿死亡不是自杀。他们认定，自杀是精神错乱、不由自主的，所以不应受到法律的惩罚。法国社会学家涂尔干则明确指出，直接引起自杀的动机的性质不能用来给自杀下定义，也不能用来区别自杀与非自杀。他认为，"任何由死者

---

① 参见[美]迈克尔·桑德尔：《公正该如何做是好》，朱慧玲译，北京：中信出版社，2012 年，第290～295 页。

② [法]埃斯基罗尔：《论精神病》第 1 卷，巴黎，1838 年，第 639 页。

③ [法]埃斯基罗尔：《论精神病》第 1 卷，巴黎，1838 年，第 529 页。

自己完成并知道会产生这种结果的某种积极或消极的行动直接或间接地引起的死亡”均应被视为自杀。[①] 涂尔干认为，自杀并不是一种简单的个人行为。上述学者从心理因素、情感因素、动机因素等对自杀行为进行了界定和分类，在当时是比较恰当的；但是在当代社会，随着社会条件的变化，关于自杀行为概念的界定已经发生了变化。

二是涂尔干对自杀行为的分类。涂尔干将自杀视为社会分工引起的社会病态之一，按照自杀的不同原因把自杀分为三种类型，即利己主义自杀、利他主义自杀和由于社会混乱所引起的自杀。他认为，影响自杀死亡率的非社会因素包括：存在于个人内在的性格中的导致人自杀的心理素质、心理倾向，以及气候、季节性气温等间接影响人的机体的自然环境。[②] 影响自杀死亡率的社会因素包括科学、宗教、婚姻、家庭、社会政治环境等。涂尔干还指出，自杀人数的多少与宗教社会一体化、家庭社会一体化以及政治社会一体化的程度成反比，即自杀人数的多少与个人所属群体一体化的程度成反比。[③] 其原因是，在高度一体化的社会中，个人依赖于社会、服务于社会，因此社会不允许个人用死来逃避个人对社会的义务。[④] 时至今日，涂尔干对自杀行为的分类和自杀原因的分析，对于讨论自杀行为的管理对策仍具有参考价值。

三是西方学者对自杀行为的认知研究，包括自杀是否合乎道德的讨论。关于自杀问题历来有许多争论，具体包括自杀在道德上应当被允许还是被禁止？是否应该在某种程度上把自杀看成一种犯罪行为？一般来说，认为自杀不道德的理由有四种：第一，自杀非理性：人们往往在非理性的状态下作出自杀的选择。第二，宗教理由：只有神或上帝才有权赐予生命和结束生命，而人类只是从神或上帝那里“借”来自己的生命，按照道德和宗教的要求尽其所能地生活得好而已。第三，多米诺理由，或者说自杀可能带来的道德滑坡效应。第四，公正理由：自杀合乎道德的理由涉及一个人对于自己的身体和生命的权利，也关系到一个人作出影响自己身体和生命的决定的自由问题。这条理由的主要批评者认为，它暗示个人自由原则毫无限制，而这一含义可能产生一些难题。例如，即使严重传染病患者不想被隔离——因为这会限制他的身体和生命的自由，但其自由仍然必

---

① 参见[法]埃米尔·迪尔凯姆：《自杀论》，冯韵文译，北京：商务印书馆，1996年，第11页。
② 参见[法]埃米尔·迪尔凯姆：《自杀论》，冯韵文译，北京：商务印书馆，1996年，第23页。
③ 参见[法]埃米尔·迪尔凯姆：《自杀论》，冯韵文译，北京：商务印书馆，1996年，第144～214页。
④ 参见[法]埃米尔·迪尔凯姆：《自杀论》，冯韵文译，北京：商务印书馆，1996年，第215页。

须予以限制。否则，他就要对其他许多无辜者的疾病和死亡负责。[①] 自由主义者与社群主义者针对人是否有自杀权展开讨论。按照权利理论的观念，人有权自杀；按照社群主义的观念则相反。自由主义者与社群主义者关于人的自由及社会福利之矛盾的讨论在下文详述。

四是西方学者针对人的自杀行为所提出的政策研究。涂尔干归纳认为，关于自杀的立法要经过两个主要阶段。在第一个阶段，禁止个人擅自自杀，但国家可以批准个人自杀。在第二个阶段，对自杀的谴责是绝对的，没有任何例外。除了在死亡是对某种罪行的惩罚时（甚至在这种情况下，社会也开始被否认有这种权利），社会没有处置人的生命的权利。这是一种集体和个人都不能任意支配的权利。自杀被看作不道德的行为。涂尔干认为，随着历史的进步，对自杀的禁令只会变得更加彻底，而不是放松。[②] 涂尔干还提出防止和消除自杀的设想：第一，对自杀者进行惩罚，不给他的尸体落葬，剥夺其公民权利、政治权利和家庭的权利，没收其财产，以警告其效尤者；第二，对悲观主义者采取必要的措施，使其精神状态恢复正常；第三，改进教育，培养人们的坚强性格，增强信念；第四，重新发挥家庭在防止自杀中的作用；第五，最主要的是恢复行会，建立不同职业的职业组织，使个人命运与集体组织联系起来。此外，还有西方学者围绕安乐死这一特殊的死亡方式进行的相关研究。

4. 关于人的优生、人的克隆的相关研究

西方学者关于人的优生优育的相关研究，主要包括优生优育的内涵与历史实践、人们对优生优育的认知以及对历史上错误的优生运动的反思。关于人的克隆的相关研究主要包括克隆技术与克隆人的合法性探究、克隆人的潜在影响、克隆人的禁令等。学界对人的优生及人的克隆的研究主要集中在生命科学技术及科技伦理领域。

首先是西方社会的旧优生学、新优生学关于社会优生运动的研究与论述。学界大体上认为优生学可分为积极优生学与消极优生学两种。前者的目的在于增加优良人种；后者的目的在于减少不良人种。[③] 优生学理论认为，一方面政府可以通过“积极的优生学”政策，比如儿童补贴来激励与鼓励健康者生育，另一方

---

① 参见[美]雅克·蒂洛、基思·克拉斯曼：《伦理学与生活》，程立显、刘建等译，北京：世界图书出版公司，2008年，第165页。

② 参见[法]埃米尔·迪尔凯姆：《自杀论》，冯韵文译，北京：商务印书馆，1996年，第360页。

③ 参见[英]伯特兰·罗素：《性爱与婚姻》，文良文化译，北京：中央编译出版社，2009年，第270～274页。

面政府可以采取“消极的优生学”方法，诸如阻止、绝育等限制不健康生育者生育。[①] 此外，学界也大致上认同新、旧优生运动的区分。里夫金指出，新优生运动与纳粹种族大屠杀等灾难性的“优生运动”几乎没有相似之处。新的商业优生是在讨论实际增加经济效应、更好的性能标准、改善生命质量；旧优生学则囿于政治环境，为恐惧和仇恨所驱动。相比之下，新优生学是由市场力量和消费者愿望所激励的。[②]

其次是西方学者关于人的克隆的合法性、克隆人的身份定位、关于人的克隆的政策制定的研究。无论是出于研究目的抑或帮助婴儿出生的医学目的，毋庸置疑的是，克隆技术的正当或不当使用给社会带来了一系列伦理问题。乔治认为，每一个克隆人类胚胎都是全新的、独特的、持久的有机体，因此克隆人的生长能够指导自身走向成熟。他指出，生物人种具备两类能力：其一是出生后即具备的立即行使的能力；其二是随着时间推移逐步发展的基本的自然能力。第二种类型的能力是获取道德上的尊重的基础，这种能力及其延伸的尊重程度在克隆人上的体现并不亚于成人人类。相关研究内容还包括人的克隆可能带给社会的影响与作用、克隆人的合法性讨论以及克隆人与自然人的区分标准等等。

二、国内研究概况与文献述评

国内关于生命行为管理研究的相关文献可以分为两大类：一是生命行为管理的总体研究，包括生命权与生命行为认知、生命伦理问题的对策研究；二是生命行为管理的具体研究。目前，国内学界关于生命行为管理的具体研究并没有严格按照人的生育行为、人体交易行为、婚姻与性行为、终止生命行为以及定制生命行为的管理与规制进行分类。研究成果零散见于人口学、社会学、法学、政治学及伦理学等学科的部分内容中。例如，我们可以在性学研究及人口政策学研究中找到学者们关于同性恋行为管理、优生节育管理等的研究；在社会学、宪法与生命伦理学领域找到学者们关于人体交易行为、自杀行为的研究；在科技伦理学领域找到关于人的克隆、定制生命行为的研究。有的学者会以多种分析工具讨论同一类生命行为。

---

① 参见[加]安格斯·麦克拉伦：《二十世纪性史》，黄韬、王彦华译，上海：上海人民出版社，2007 年，第 220 页。

② 参见[美]杰里米·里夫金：《生物技术世纪——用基因重塑世界》，付立杰、陈克勤、昌增益译，上海：上海科技教育出版社，2000 年，第 130 页。

(一)关于生命权与生命行为认知的相关研究

相关研究包括:第一,对生命现象、生命行为、生命活动的认知;第二,对生命权、生命权价值及其保障的认知;第三,对生命行为及其与现代生命科学技术应用相结合的社会影响认知等。此外,还有大量相关研究见于生命伦理学与科技伦理学领域之中,从生命伦理学与科技伦理学之中可以寻找到生命行为管理研究的相关内容。

第一,首先对生命权进行界定的是宪法学学者,具体研究包括生命权的内容、生命权的性质、生命权的宪法基础、生命权的主体、生命权的限制与生命权的救济等方面。有学者指出,在现实的社会实践中,人的生命权及生命权价值并未表现为价值的绝对性,在一些特定的语境下生命权受到限制,生命权价值呈现为相对性。在应然的宪法世界中生命的价值是同等的,国家不能以任何理由对生命价值进行衡量,更不能以某种目的的实现而牺牲生命的意义。然而在实然的宪法世界中,生命权价值表现为相对性:为了"公共利益"的需要,为了保护他人的生命,不得不对特定主体的生命权进行限制,如胎儿生命的限制、死刑制度的存在、部分国家安乐死的合法化等。[①] 该观念指向应然层面生命权的绝对性与实然层面生命权的相对性。

第二,一些学者对国际、国内诸多人权文件中关于"生命权"的规定作出阐释,强调生命权研究必须明确:在那些宣告"人人享有生命权"的立法文件中,所谓人的"生命权"以什么为基础、国家权力可以合法剥夺生命的规定又是以什么原则为基础而确立的。有学者指出,包括英国《大宪章》(1215 年)、英国《权利法案》(1689 年)、法国《人权和公民权宣言》(1789 年)等被尊为"人权立法的典范"中均没有明确宣告人享有不可剥夺的生命权。而关于生命权的规定,在世界性的人权公约中才是更为完善和系统的,此即以 1948 年联合国大会通过的《世界人权宣言》和 1966 年通过的《公民权利和政治权利国际公约》为代表的国际人权文件。从上述国际人权文件中,可以得出生命权与生存权两个概念的不同。生存权的内容是由国家经济法规来规定的,生命权则主要涉及国家刑法对死刑、种族灭绝、堕胎、安乐死等的规定。生命权要求国家的消极不作为的态度,而生存权则要求国家积极作为以使其成为现实的权利。[②] 这里涉及人的生命权的限度和基础问题、国家权力的限度和基础问题,以及当二者发生冲突时依据什么原则

① 参见韩大元:《生命权的宪法逻辑》,南京:译林出版社,2012 年,第 28、29 页。

② 参见赵雪纲:《生命权和生存权概念辨析》,《中国社会科学院研究生院学报》2004 年第 6 期。

来解决的问题。

第三，一些学者以现有研究对相关政策的争议为例，指出生命权及相关研究存在的“硬伤”。有学者指出，国内学界关于堕胎的政策规定及关于死刑的政策规定的学术争论显示出功利主义哲学的支配性影响。除少数学者注意到死刑存废与人的生命权之间的关系而强调死刑不合人道外，不管是赞成死刑保留的一方还是支持废除死刑的一方，均以功利论作为其立论基础。而从生命权的角度来看待这一争论，死刑毫无疑问是对人权的侵犯，只不过它带有“合法”的面纱而已。[①] 该观点指出，应当在审视人权概念的正当性的基础上，重新看待现代社会对生命权的争论。

此外，国内学者关于生命权与生命行为认知的研究还包括对具体的生命权利与生命行为的考察。吕建高《死亡权及其限度》、温静芳《安乐死权研究》、李冬《生育权研究》等著作与论文均对人的生命周期中特定的生命行为作出考察，在下文具体领域的生命行为管理研究（生命行为管理分类研究）中会有详述。

（二）关于生育行为及生育政策的相关研究

基于中国作为一个人口大国的具体国情，无论从理论层面还是实践层面，我国学者对于生育控制及相关政策的研究成果都非常丰富，其研究内容主要包括：对生育权的概念、内涵及内容的界定；对中国生育文化及历史上中国人的生育观、生育意愿及实际生育状况的研究；对20世纪80年代以来我国计划生育政策的制定与执行及计划生育政策面临的社会问题研究；对他国人口政策与我国人口政策之比较研究等。一些学者注意到现实社会中的生育伦理，以及生育权的实现与保障问题，试图解答人的生育权能否被限制或者被部分限制；生育行为如何实现权利化，以及生育权利如何实现制度化；如何处理其间的个体与社会的矛盾冲突等问题。

第一，关于生育伦理的探讨。有关生育方式的变化及变化趋势所引发的生育伦理问题主要包括：由生育数量控制引发的伦理问题，由生育质量控制引发的伦理问题，生殖辅助技术应用引发的伦理问题，无性生殖技术的发明引发的伦理问题，生育的社会行为方式变化引发的伦理问题等。[②] 这一观点是从生育伦理学的角度进行的讨论。

第二，关于生育权的探讨。一些学者认为，不仅要对患有遗传性的精神疾病

---

① 参见赵雪纲：《从生命权角度看死刑存废之争》，《环球法律评论》2004年第3期。

② 参见肖君华：《解析现代生育伦理问题的思维路向》，《伦理学研究》2004年第3期。

或具有其他遗传性缺陷的生育主体加以限制，还要对同性恋者、婚外生育者等生育少数群体的生育权或者人工生育权加以限制。一些学者则提出相反的观点，认为不能以任何功利性的理由否认人的生育权。

第三，关于生育权的保障的探讨。一些学者针对特殊主体的生育权保障问题进行了探讨。王淇探讨了未婚者的生育权、同性恋者的生育权、智障者的生育权和死刑犯的生育权保障问题，陈玉、李学良等对死刑犯生育权的实现进行了思考，李冬讨论了在押犯的生育权行使的不同情况，并思考克隆人带来的生育权问题。

第四，关于生育行为的权利化以及生育权利的制度化研究。目前学界一般认为，人的生育行为经历自然生育阶段、生育义务阶段、生育权利阶段，总体上认可生育由义务演进为权利的过程。[①] 这类观点认为，生育权的实质在于生育自由。

第五，我国现有立法规范对公民生育权的实现和保障方面存在的不足与问题。所存在的不足与问题可以归纳为：(1)生育权的规范不够细致和不完善；(2)生育权的规范对生育权主体限制过严；(3)生育权的规范对生育数量和间隔的自由选择权限制过严过死；(4)生育权的规范在生育调节上倾向于使用绝育或长效绝育措施；(5)现有生育权规范不能保障公民的生育知情权；(6)现有生育权规范没有实现对人的生育隐私权的尊重；(7)现行生育规范不能完全实现女性生育安全权和生育保障权；(8)生育权利化的社会保障制度尚不健全；(9)国家与政府对侵犯生育权的救济措施很不健全。[②] 诸如此类的观念较全面地分析了现行生育规范存在的问题及其具体表现，但没有触及真正的问题：生育权的限度。

(三)关于代孕及其他人体交易行为的相关研究

关于人体交易的伦理问题与人体交易行为管理的研究，目前研究成果较多集中在法学、生命伦理学领域，在公共管理领域对人体交易行为作出有效回应的较少。主要研究内容包括：第一，对身体权的概念、内涵、范畴之界定研究；第二，对器官交易、代孕、性交易等人体交易行为的认知研究；第三，对人体交易行为带来的社会问题之治理研究；第四，对国内外现行的人体交易管理政策研究。

首先，代孕行为的立法规范及其相关研究。由于我国卫生部严令禁止代孕行为，国内学者对代孕及其实践的研究主要定位于国外。他们认为，目前国外的

---

① 参见樊林：《生育权探析》，《法学》2000 年第 9 期。

② 参见李冬：《生育权研究》，吉林大学博士学位论文，2007 年。

代孕行为管理主要有两大立法模式:一是以美国、英国为代表的承认模式;二是以大陆法系国家为代表的禁止模式。部分或有条件承认代孕的国家包括美国、英国、加拿大、澳洲(部分州)、新西兰、以色列等。禁止代孕的国家则主要来自大部分的欧洲国家,包括德国、法国、意大利、西班牙、葡萄牙、土耳其、瑞典、挪威、波兰等。① 此外,也有研究对我国"代孕违法"的情况进行了说明。熊进光等以我国首例代孕引发的监护权纠纷案为例,探讨代孕技术背景下亲权归属及纠纷解决制度。② 王苏野等参考代孕合法化国家的立法经验,结合我国国情,探讨代孕部分合法化的可行性和必要性。③

其次,代孕行为兴起的原因及其影响因素。代孕行为兴起的原因包括:第一,在技术层面,人工生殖技术的进步与发展是代孕行为得以实现的前提;第二,在观念层面,传统家庭观念的变革使社会成员对代孕的态度趋向更加宽容;第三,在制度层面,某些国家和地区承认合法代孕;第四,在市场层面,存在代孕的需求,一些不具备生育能力的社会成员成为买方,一些经济困难的社会成员成为卖方。

最后,我国针对代孕行为的立法规范所存在的问题。有学者指出,我国针对代孕行为的立法以及关于代孕行为的规制呈现反应迟缓及态度矛盾的特点。由于没有明确的法律或部门规章禁止医疗机构之外的组织和自然人订立代孕契约,代孕现象实际上处于一个无法律调整的状态,给民间代孕制造了法律盲区下的温床。④ 学者对此的研究重点是我国代孕行为管理存在的问题与不足,但是仍然没有涉及代孕行为管理的核心问题:人的身体处置权的限度以及生命的"交易"是否合法的问题。

(四)关于性行为管理的相关研究

国内学界对性行为管理的研究集中在性文化与性社会学,以及婚姻社会学领域。具体研究包括两个方面:一是异性恋行为管理研究,考察现在世界上绝大多数国家通行的两性婚姻家庭模式,人类婚姻制度的起源与现状、婚姻制度对人类性行为的影响以及婚外性行为之合法性;二是同性恋行为管理研究,考察同性

---

① 参见康茜:《代孕关系的法律调整问题研究——以代孕契约为中心》,西南政法大学博士学位论文,2011年。

② 参见熊进光、曾祥欣:《代孕技术背景下亲权归属问题探析》,《行政与法》2017年第6期。

③ 参见王苏野:《我国代孕部分合法化探研》,《医学与法学》2017年第2期。

④ 参见康茜:《代孕关系的法律调整问题研究——以代孕契约为中心》,西南政法大学博士学位论文,2011年。

恋行为的历史溯源与现状、作为变态行为的同性恋行为矫正、同性婚姻家庭形式及同性婚姻的合法性等等。主要研究内容包括:性行为与性权利的研究、婚姻制度的研究及同性婚姻合法化的讨论、关于性行为规范的讨论。

第一,关于性行为的认知、对于性权利的界定及其研究。一些学者考察了不同历史时期人们的性行为及相应规范,指出性权利是个人私权,国家无权干涉人的性行为,也无权限制性行为的形式。据此,有学者认为,从异性婚姻合法走向承认同性婚姻合法意味着人类性权利方面的进步。赵合俊从婚姻制度的视角,指出人的性权利遵循从前婚姻时代的性特权、婚姻时代的性权利到后婚姻时代的性人权的演变轨迹,认为婚姻虽然为人们提供了一定程度的性满足和性保障,但也规定了严格的性义务,从而极大限制了人类的性自由;而在后婚姻时代,性成为每个人所独立享有的人权。① 这一观念强调人的性权利与性行为自由,但是忽视了性权利与性行为自由的限度。

第二,婚姻制度的功能以及同性婚姻合法化的探讨。首先是关于婚姻制度的起源、婚姻制度的功能研究。关于婚姻的产生,目前学界主要有三种观点:一是进化论观点,认为婚姻的产生是生物进化的结果;二是生育决定论观点,认为生育引发的抚育问题需要两性结成较为稳定的关系;三是契约论观点,认为性是一种稀缺资源,人与人之间为争夺性资源而发生冲突,为了限制或防范这种冲突,需要为这种稀缺资源确立"产权",婚姻就是关于性资源的产权制度。② 学者们一般认为,婚姻制度具有生产组织功能、社会组织功能、婚姻关系上的互助功能、生理和情感满足功能、婚姻的规范性功能和实现人口繁衍的功能等,他们对婚姻起源与功能的研究构成后续研究的起点。其次,关于同性婚姻合法性、正当性的讨论。研究内容包括同性恋行为的界定、同性恋行为的合法性探讨、同性恋行为的防治等。刘达临的《中国当代性文化——中国两万例"性文明"调查报告》(1992 年)中以在一定的年龄条件下和同性有搂抱行为作为标志,并将其视为一种最初级的同性性行为。③ 刘达临、鲁龙光的《中国同性恋研究》(2005 年)主要进行了中国古代与中国现代的同性恋考察、同性恋的分类及同性恋的防治研究。大量的史料考察及相应的调查数据分析,为同性恋行为存在的合理性及同性恋

① 参见赵合俊:《性权利的历史演变——以婚姻为轴线》,《中华女子学院学报》2007 年第 3 期。

② 参见王森波:《同性婚姻法律问题研究》,复旦大学博士学位论文,2011 年。

③ 参见刘达临:《中国当代性文化——中国两万例"性文明"调查报告》,上海:上海三联书店,1992 年,第 201～207 页。

的非病理化提供了较深入的理论和数据支撑；然而文末的“同性恋的防治”却又将同性恋打入了某种“疾病”的范畴。他们认为，“从生物繁衍和进化的角度来看，两性的生殖细胞合二为一，实现了基因交换和重组，使后代具有更强的适应能力，这是生物进化决定性的一步，而性快感仅仅是自然选择赋予两性完成繁殖使命的奖励。从性的生物学起源上来说，只有异性恋才是正常的”，并指出，“对同性恋的研究，其根本目的就是在于消除由这个问题而引起的痛苦和不幸（被压制、被视为异类的痛苦，想成为异性恋者而不能的痛苦，由于亲属、子女成为同性恋者而产生的痛苦等等），研究同性恋的防治正是研究如何消除这种痛苦与不幸的一个重要内容”。[①] 这就彻底推翻了前文的研究立场——对同性恋行为的人文关怀，重新将同性恋行为界定为非常态的性行为。

一些学者对上述观点进行了批评：(1)所谓的“反常性行为”和“性变态”，有的是人类生来就有的，至少是人类的性构造和性机能可以实现的。[②] (2)同性恋行为并不是与异性行为天然对立的。同性婚姻的正当性问题不仅仅是因为现代社会的变迁为之提供了合理的基础，同时还成为解决同性恋者社会问题的现实需求。这一观点认为，拒绝给予同性关系以法律承认，不仅使同性恋个体无法解决生存所面临的困境，还意味着同性恋者无法享受到基于婚姻的诸多权益，权益享有上的不公平使他们认为未受到公平的对待，并对现有的法律和制度提出质疑。这是立法者所不得不面临的严峻问题。[③] 如上两种观念有其进步之处，但是第二点理由仍然可见功利主义的思维方式。其实，无论是压抑同性恋行为或禁止同性婚姻给社会及立法者带来多少严峻问题，这都不是学者应当首先考虑的；学者首先应思考禁止同性婚姻与遏制同性恋行为本身是否合法与合乎人性，其后才是如何立法的问题。

第三，关于社会或集体的规范与个人的性行为两者之间的关联性研究。国内学者大多认可性压抑理论，即社会或集体规范是对个体性行为的压抑，并且社会愈是进步与发展，社会或集体对个人性行为的控制就愈强。有学者考察中国历史上的性文化指出，人类的性文化经历从开放走向禁锢的过程。在中国宋代中期以后，女子由一定程度上的性自由、受尊重转变为性禁锢、被歧视和严重受

---

① 参见刘达临、鲁龙光主编：《中国同性恋研究》，北京：中国社会出版社，2005年，第231页。
② 参见潘绥铭：《性的社会史》，郑州：河南人民出版社，1998年，第178～180页。
③ 参见王森波：《同性婚姻法律问题研究》，复旦大学博士学位论文，2011年。

到压迫。中国女性受到性压抑的突出表现即为女子缠足及强制性为夫守节。[①]许多坚持性压抑理论的学者认为,社会对个体性行为的作用仅是单方面地绝对地管制与约束,社会或集体对个人性行为管控愈强,社会就愈进步。他们将婚姻的本质视为对人的性活动的限制,并据此认为,现今社会既然更进步,那么对性的管制也应该更严格、更具有压制性质。潘绥铭、江晓原等学者提出相反的观念。他们指出,历史的真实并非是性压抑的过程,从原始社会到农业社会直至今天,个人的性自由程度不断提高。原始社会不但不存在绝对的"性自由",而且即使相对地看,原始社会也比农业社会不自由得多。事实上,农业社会的进步恰恰表现在它比原始社会更为自由。[②] 其他一些学者也对性权利意识的觉醒、性行为的自由度问题进行了研究。

(五)关于自杀行为及安乐死行为管理的相关研究

国内学界系统地研究人的自杀行为管理尤其是安乐死行为管理的成果较少。研究所涉内容包括:第一,自杀的界定及社会对个人自杀行为的干预研究;第二,安乐死的界定、内容及其权利基础研究;第三,自杀行为与安乐死管理相关政策研究。综观现有的研究成果,国内学界对于自杀行为的研究主要是从社会学和心理学的视角进行研究,提出自杀行为干预及矫正的对策建议。除吕建高《死亡权及其限度》以外,极少研究内容指向人的死亡的权利,但吕建高对死亡权的讨论仅侧重于自杀行为的一种特殊形式——安乐死,而对普遍意义上人的自杀权利并没有进行讨论。

第一,关于死亡权是否属于生命权的讨论以及安乐死的权利基础研究。人的死亡权是否包含在生命权之内一直是学人辩争的重大议题。许多学者认为,安乐死合法化问题的实质与关键的争议在于人是否拥有死亡权,为此学界展开讨论。

一种观念认为,生命权应相应地包括人在生命三个不同阶段中所具有的三个具体的权利内容,即生命从开始孕育到出生时的出生权、从出生后到死亡前的生存权以及临近生命末端的死亡权。这一分类的理由是:从生命科学的角度来说,生命是指包括从人的生命形成到结束的整个过程。根据人的生命阶段将人

---

① 参见刘达临:《浮世与春梦:中国与日本的性文化比较》,北京:中国友谊出版公司,2005年,第118、119页。

② 参见潘绥铭:《性的社会史》,郑州:河南人民出版社,1998年,第112页。

的生命权区分为具体的阶段。[①] 然而，有不少学者表示，对于这种生命权三分的判断值得商榷。另一种观念认为，根本不存在“人的死亡权”。有学者提出，安乐死并非所谓的“死亡权”，而应该确认为“安乐死权”。[②]这类观点认为，安乐死的本质及其目标并非“求死”，而是寻求死亡的“平静”，因此“安乐死权”与“死亡权”在本质上是不同的。

第二，国内学者对于自杀行为及其管理的研究。国内学者大致认可，西方学界关于自杀行为的研究可以分为传统自杀行为研究以及涂尔干关于自杀行为的研究，以及对涂尔干及其他实证主义社会学自杀研究的批评等内容。基于此，国内学者对自杀行为的研究主要是从社会学、心理学等视角进行的。此外，国内学者还从历史学的视角对知名人士的自杀行为及其社会意义进行了较深入的分析，例如刘长林对五四时期的自杀现象、中华人民共和国成立初期上海市党政部门对市民因婚姻问题自杀行为的管理[③]、民间社会对自杀事件的善后处理[④]等进行了研究。

第三，其他关于安乐死行为的争议，支持与反对安乐死的理由。关于安乐死的争议主要围绕着是否违宪、安乐死与人道主义的关系、安乐死的合法性、安乐死的合理性、安乐死的定义、实施安乐死的条件等等问题。支持安乐死的理由大致包括：(1)从生命的社会学意义与生物学意义来看，生命的质量与价值高于生物学意义上的生命延续；(2)从生命的权利来看，人既有生的权利又有选择死亡及其方式的权利，安乐死正是人实现死亡权的一种方式；(3)从现有的医疗技术手段来看，依靠现代化医疗技术手段维系不可挽回的生命，只会增加临终病人的痛苦；(4)从医疗资源的合理配置来看，有限的医疗卫生资源更应用于可康复的病人身上；(5)从制度建构来看，只有建立一套科学的安乐死制度才能区分安乐死行为与杀人行为，防止安乐死的滥用。反对安乐死的理由大致包括：(1)生命内在的神圣性与生命的绝对价值决定了任何人都无权通过任何方式以任何理由来剥夺他人的生命；(2)安乐死与医学目的和医务人员的天职(救死扶伤)相悖；(3)从科学技术发展来看，随着现代医学的不断发展，未来社会中将不存在无法治愈的疾病；(4)安乐死存在被滥用的可能性，安乐死可能沦为“杀人工具”，导致

---

① 参见温静芳：《安乐死权研究》，吉林大学博士学位论文，2008年。

② 参见温静芳：《安乐死权研究》，吉林大学博士学位论文，2008年。

③ 参见刘长林：《建国初期上海对因婚自杀问题的调查与处理》，《理论学刊》2014年第8期。

④ 参见刘长林：《1953～1959年对民间自杀事件的善后处理》，《理论学刊》2013年第8期。

整个社会的道德滑坡。[①] 上述观念较全面地论述了支持与反对安乐死的理由以及人们关于安乐死合法性的论争，然而其仍然没有触及自杀行为及其本质：死亡权的限度。

(六)关于人的优生、人的克隆的相关研究

国内学者关于优生的研究成果多见于婚姻与家庭社会学、人口学以及人类学等学科。总体而言，有关研究优生优育的思想、中国优生优育的历史实践以及优生优育的合法性探究的研究成果较为丰富；而针对人的克隆这一生命行为的研究成果较集中于生命科学与生物技术领域、科技伦理与生命伦理领域，研究成果相对较少。国内学者没有直接提出"定制生命行为"这一概念，但已有学者对选择性生育、基因筛选、基因改良以及未来社会可能出现的基因歧视问题进行了一些讨论。

学界大致认为选择性生育应当遵守如下原则：第一，坚持人类有性生殖的方式，以保持人的生物多样性；第二，驳斥将人与兽结合的种种试验与制造，以尊重人的尊严；第三，人的生物性的优越不能成为一部分人歧视和压迫另一部分人的理由，应促进社会平等；第四，最大限度地消除不良遗传基因给人带来的疾病与缺陷；第五，选择性生育只能由人们自愿选择，只有当社会进入高度文明状态后，选择性生育才有可能由政府提出规划和提出普遍推行的政策；第六，应遵循知情同意原则，尽管在现代社会人们关于"对患遗传病的胎儿有引产的权利"的共识将越来越强烈，但这一权利不能委托给国家，也不能交由父母无制约地任意行使，需要建构一个与经济和社会地位无关的、适用于所有人的基因筛选方法。[②] 上述观念部分地回答了"选择性生育应当如何进行"的问题，但是相关研究内容没有深入剖析如下核心问题：选择性生育属于人工选择的人类进化方式，这一进化方式会不会威胁自然人的正当性？尤其是公权力主体主导下的选择性生育是否侵犯个体的生命权利？等等。

三、综合评析

(一)已做的工作

在浩瀚的历史长河中，政治学、哲学、心理学等学科对人类社会发展历程中

---

① 参见温静芳：《安乐死权研究》，吉林大学博士学位论文，2008年。

② 参见樊新民：《生育革命：对基因工程时代人类选择生育的社会学探讨》，北京：中国社会科学出版社，2003年，第110～113页。

人的生命活动与生命行为的考察为生命行为管理研究夯实了基石。学者们没有明确提出"生命行为管理"的概念,或者他们虽在实质上触及生命行为管理研究的部分内核却不自知。然而从现有的国内外研究概况与研究文献来看,他们在评估计划生育政策、婚姻制度、器官移植管理条例、人体胚胎干细胞研究规范等等时,已经意识到计划生育、堕胎、代孕、器官交易、人的克隆等生命行为给社会带来的许多问题。

已开展的研究工作包括如下几个方面。第一,生命伦理规范及相关法律法规的批判性研究。国外学者对国际性生命伦理规范批判性研究较多,而国内学者的研究多为介绍或者翻译已成文的国际文件。第二,不同国家及地区间生命行为管理研究现状的比较分析,包括不同国家或地区对生命科学技术研发与应用的不同规定,政策制定、政策执行、政策偏好及其影响因素等。第三,参与生命行为管理的多元主体及其作用,包括生命伦理委员会的作用和重要意义、政策决策者的政策偏好、科研工作者的双重责任、新闻媒体的道德素养与客观性、公民的参与程度等。第四,以生命伦理委员会为典型的组织与机构,包括生命伦理委员会的定义、职能、目标、形式、审查程序等。第五,回应与应对生命行为带来的冲击与挑战,包括生命伦理规范的监管、生命行为管理的政策合法性、各利益主体间的关系、公共话语的构建、社会资源配置、道德的公民参与等方面。在搜集大量研究资料并在各方面展开深入研究后,学界对现有的生命行为研究方法的内在逻辑及效度进行思考,开始初步探讨伦理学研究之外的研究进路。邱仁宗、樊春良等学者的"伦理管理"的概念,韩跃红、孙慕义等跨学科研究的建议,史军对公共健康伦理的思考等,都为学人从伦理学之外的视域研究生命行为问题提供了许多启发,他们的贡献在此不再赘述。

(二)存在的问题

从现有的文献类型和文献数量来看,已有研究主要聚焦于生命科学技术、生物医学、伦理学、社会卫生服务等视角,从管理学尤其是公共管理学视角对人的生命行为进行政策分析、制度建设的文献数量较少;已发表的文献类型多为会议论文、期刊论文,没有深入系统分析生命行为管理的学位论文,已有文献中尚未提出"生命行为管理"的概念。当下,生命行为管理研究呈现出研究概念模糊、研究范畴不明晰、研究视角缺失、研究的系统性与整体性不足等问题。

1. 研究概念比较模糊

国内外学者在思考生命科学技术发展带来的负面影响和应对之策时,或者在微观层面将其视为具体的生命科学技术应用的个案加以分析，或者从哲学和伦理的宏大层面对生命科学技术发展的伦理约束作出规制。他们面对堕胎、代孕、安乐死、人的克隆这些极富争论性的生命行为时，没有准确找到研究的“抓手”，至今尚未提出“生命行为管理”的概念，而用“生命伦理问题的管理”或其他伦理问题的管理方式代替。由于伦理与管理在社会规范上的同质性、相容性，部分学者在不明确区分“管理的伦理维度”与“伦理的管理行为”的情况下滥用“伦理管理”的概念。如邱仁宗等人提出的“伦理管治”概念，其本意是“在生物医学和生物技术研究和开发方面，建立管治的框架或基础设施”等；而以“伦理管理”为关键词进行搜索，“企业伦理管理”“医院伦理管理”等词却强调管理行为中的伦理维度，这些都导致现有研究概念的含糊不清。

2. 研究范畴不明晰

生命行为管理究其根源是对生命行为及其伴生的系列社会问题的管理。在简单现代社会中，人们对生命现象与生命行为的认知水平较低。随着现代社会发展到后期乃至后现代社会的到来，知识的发展与传播促使社会成员的认知水平不断提高，既往社会历史实践中为人所忽视的生命行为管理的困境突显出来。生命行为管理的研究范畴绝不局限于生命伦理学内部的“政策和法制生命伦理学”研究。现有研究往往以偏概全，将生命行为管理等同于生命伦理学中对生命科学技术的规范与规制，忽视了观念变迁与政策变迁两种引发生命行为问题的因素。

3. 研究视角的缺失

学者对伦理管理或伦理管治的认知集中体现在道德判断的层面，同时将其研究范围局限在生命科学技术的应用中。在理论层面，“伦理管理”机械套用政治学、公共管理学、公共政策学等其他学科的理论与方法，其着力点仍是生命伦理学的准则与伦理审查；在实践层面，“伦理管理”仅涉及少部分医疗保障的相关政策或规定，如流感疫苗的分配，尚未建构一套明晰完备的制度；在政策层面，“伦理管理”更关注政策制定的价值判断而忽视政策问题的提出、政策议程的构建、政策过程的分析、政策结果的评估等。虽然程新宇等学者已意识到生命伦理学一味遵循“道义—后果论”研究进路的不足，并提出以美德伦理学等伦理资源作为补充、或借鉴其他学科的研究方法和研究成果的建议，但他们没有明确说明如何从纷繁复杂的学科和研究方法中选取出恰当的研究视域、如何将所选择的学科及其研究方法“克隆”到生命行为管理研究之中，这是研究视角之缺憾。

4. 研究系统性与整体性的不足

尽管现有文献已针对部分生命行为问题个案提出相应解决方案，但生命行为管理研究的系统性与整体性不足。一些学者虽然已阐明现有的生命行为管理机制的不足与缺位，却始终难以提出有效的应对之策。当下生命行为管理的相关研究多集中于道德层面的倡导而缺乏制度设计、政策意见。现有的生命伦理规范相对保守，涉及具体的、专门的领域可操作性不强，总体呈现出反应性政策较多、引导性政策较少的特征。总体而言，由于生命行为管理的高度复杂性与高度不确定性，国内外学者尚未提出从公共管理的视域下系统、有效的应对之策，没有提出有效的生命行为管理路向，构建生命行为管理机制任重而道远。

（三）进一步研究的空间

在中国的双重社会转型的时代背景中，提出富有系统性与整体性的生命行为管理研究非常必要，现有研究的不足与缺位为生命行为管理研究提供了进一步发展的空间。生命行为管理研究尚处在起步阶段，因而拥有广阔的研究空间，主要包括界定生命行为管理的概念及其内涵、考察生命行为管理的历史与现状、聚焦生命行为管理所面临的冲击与挑战、审视若干国家生命行为管理的不同举措、探索生命行为管理困境的破解之道及优化生命行为管理之可行路径等。

1. 界定生命行为管理的概念及其内涵

已有的研究只关注生命科学技术异化导致的生命行为问题，而忽视了人口政策、医药卫生政策等社会政策的非预期后果及其伴生的生命行为问题，以及虽然一直存在但局限于社会成员的生命价值观念而被长期忽视的生命行为问题。生命行为管理研究必须明确生命行为管理的内涵并厘清其概念与研究范畴，区分生命行为管理与其他概念如伦理管理、伦理管治的不同，并对伦理与管理概念的同质性、异质性进行考察，进一步区分生命伦理学研究框架下的生命行为问题的管理与公共管理视域下的生命行为管理的研究范畴。

2. 考察生命行为管理的历史与现实践履

生命行为问题并非是现代社会发展而伴生的产物。早期原始人类对死亡与疾病的恐惧，也曾激发他们利用神术与巫术向天夺命的思维。倘若对有记载的人类历史进行考察，可以发现，社会管理者干预乃至控制人的生命行为这一现象早已有之。生命行为管理研究应考察不同社会发展阶段中人的生命价值观与生命伦理观，以及受生命价值观念影响表现出来的人的生命行为举止，并考量和审视 20 世纪中叶以来若干国家与地区的生命行为管理实践。在检视社会发展进程中的生命行为管理，挖掘东西方文化情境中的生命文化诠释，并考察生命行为管理现状的基础上，探索生命行为管理的本质特征与基本路向。

3. 探究在各主要领域构建生命行为管理有效机制的路向

现有的生命行为管理机制存在如下问题：缺乏统一的生命科学技术研究与应用的规范与操作细则、生命伦理委员会的审查机制尚不完备、生命行为管理的监督不足、生命行为管理的救济缺位。在全面考察生命行为管理的历史实践与现实践履的基础上，有必要构建一套能够有效治理既往与当下社会生命行为问题的生命行为管理机制。中国正处于现代社会向后现代社会过渡的历史转型期，从历史实践来看，中国社会也正在迈入一个由建设农业文明转向工业文明并兼有生态文明的发展阶段，构建一套反思性与前瞻性共存的生命行为管理机制十分必要。

4. 寻求优化当代生命行为管理的基本思路与可行路径

在全球化的时代背景下，当下中国社会的生命行为管理研究不仅要借鉴它山之石，从中汲取国外生命行为管理的社会经验，更应聚焦于生命行为管理的中国语境。通过对中国社会变迁中的人口政策、医疗卫生政策、婚姻政策等生命行为管理政策的梳理，以及社会成员对堕胎、代孕、安乐死、人的克隆等生命行为的认知考察，为当代中国生命行为管理提供理论支撑与政策借鉴。在考察生命行为管理的历史与现实践履的基础上，探索当代中国生命行为管理的具体路径，这应是本书进行生命行为管理研究最终的落脚点。然而，不同国家与地区有关生命行为管理的具体国情与政策环境，令当代生命行为管理在不同国度与不同领域中呈现不同态势。生命行为管理所面临的价值偏移、管理低效与规则失范等诸多困境，究其根源在于生命行为管理过度依赖管理行政的社会治理模式，甚至在某些国家或地区的某些领域还沿袭统治行政的管理方式。国外的若干国家与地区有关生命行为管理的经验与启示，并不一定都能给中国社会带来治理生命行为问题的“良方”。因此，有必要从总体上探讨优化生命行为管理的可能路径。

第三节　研究的内容与方法

随着生命行为问题在公共生活的各个领域日益受到关注，人们对生命行为问题的普遍焦虑及生命行为问题的治理诉求时刻拷问社会管理者的智慧和能力。现代社会中罔顾人的生命价值的政策与行为所彰显的严重负外部性，更促使人们重新思考包括人口政策、医疗卫生政策在内的生命行为管理之策。在社会多元主体的利益分化与利益冲突、社会治理的复杂性甚至不可治理性日益凸显的背景下，基于医疗技术的进步、生命价值认知水平的提高及社会形态的嬗变，关于堕胎、代孕、人体器官交易、同性婚姻、安乐死等极富争论性的生命行为的新思维对当下社会治理发起挑战。在此背景下，生命行为管理的紧迫性与严峻性日益凸显。

一、研究的主要内容

从公共管理的维度回应生命行为带来的挑战，探索当下生命行为管理困境的破解之道及优化生命行为管理之可行路径，正是本书的主旨内容。公共管理的应用性、对策性及公共性、服务性与合作共治性的本质特征，使其成为应对生命行为管理困境的必然担当者和主导者。生命行为管理研究必须以科学精神与伦理精神反思历史与现实，并以前瞻性与求真务实的思维探讨生命行为管理的规范、体系、要素构成与运行机制，从公共管理的维度寻求解决生命行为问题的基本路径与具体对策。

具体而言，本书将主要围绕以下内容展开：

第一，考量生命行为管理的内涵及本质特征。“生命行为管理”这一概念极为复杂并且至关重要。厘清生命行为管理概念、内涵及其研究范畴是本书的起点。

第二，探究不同历史阶段与社会发展模式中的生命行为管理。分析前工业社会、工业社会与后工业社会三种不同的社会治理模式中的生命行为管理方式与手段，总结并归纳影响生命行为管理模式的因素，探析生命行为管理模式嬗变的因由。

第三，阐明生命行为管理所遇到的冲击与挑战。探索生命行为的新形式何以拷问现代进步观，探究生命行为的问题焦点所在，明确生命行为的限度及判断标准。生命行为的个人性与社会性、生命行为的差异性与一致性、个体的生命权利与社会的整体福利之张力，使生命行为管理面临内在的张力。以生命权与生命行为的限度为切入点，探究生命行为管理的基本路向并明确生命行为管理的时代使命。

第四，比较与借鉴若干国家或地区不同领域的生命行为管理实践。考量生命的起始、生命的“交易”、生命的相伴、生命的终止与生命的再生产五个阶段中的生命行为问题及其应对之策。审视英国、美国、法国、印度等国家在相关生命行为管理领域的应对之策，比较这些国家的不同政策环境，并评价它们的生命行为管理政策。最后探究已有生命行为管理的经验与启示及现有生命行为管理的不足与缺憾。

第五，研究当下中国社会生命行为管理。考量中国社会成员对不同领域生命行为管理的意愿诉求及认知程度，研究 1949 年以来的中国在不同生命行为领域中生命行为管理政策的变迁，分析当下中国社会生命行为管理存在的问题与争议。

第六，思索当下生命行为管理困境的破解之道以及深化当代生命行为管理的路径。从价值偏移、管理低效、规则失范三个方面揭示当下生命行为管理的困境，研究生命行为管理陷入困境之成因及影响，探索破解生命行为管理困境的应对之策。考量生命行为管理的若干要素：生命行为管理的核心理念、基本原则与评价依据，探析生命行为管理的多元主体，并根据生命行为现象的不同类型制定分类治理之方略，从而提出推进与优化生命行为管理的基本路向与可行路径。

二、研究的重点与难点

(一)生命行为管理的历史考察

现有研究学者们对生命行为管理的历史考察存在许多缺失与不足。有的学者从人类学、历史学的视角忠实地记载并考证社会发展过程中的生命行为管理现象，没有自己的主观判断，因而也无从判断这些生命行为管理现象是否正当、人的生命行为是否需要管理以及如何管理。有的学者虽然描述了相关社会政策的失灵，指出存在的相应的生命伦理问题并对不合理的生命行为管理现象进行抨击，但却沿袭了单一的中心治理模式与分析框架，而没有深入探究生命行为管理产生困境的原因与影响因素，因此只能提出改善政策的建议，无法触及生命行为管理的内在张力与本质特征。

以中国学界对人口政策中的生育行为管理研究为例。尽管学者们普遍承认中国计划生育政策的双重效应并强调计划生育政策的负外部性，但他们的关注点仅在于计划生育政策制定与执行中的程序合法性，而较少讨论计划生育政策本身的实质上的合法性。他们提出的解决方案是参照部分发达国家或地区在不同时期实施的不同人口政策，以此改善中国社会的独生子女政策。探讨中国社会的人口政策，更应当思考如下关乎生命伦理的社会问题：假设人口“过剩”是一个基本的社会背景，那么适当的人口规模是如何计算和考量的？人能否被视为可以计划出数量、规模的物体？如何以法律体系保障人的生育权？如不触及这些实质性问题，那么生命行为管理将是镜中花、水中月，不仅生命行为管理的目标与宗旨（保障人权与人的尊严）遥不可及，而且生命行为管理将成为一个伪命题、一个空口号，与现有的政策调整并无两样。

生命行为管理的历史考察并非拾人牙慧之举，从前人记载的文献中寻觅与发现生命行为管理的措施及其问题，是生命行为管理研究不可或缺的重要任务。生命行为管理的历史考察具有重要价值：站在时代的高度，审视社会发展过程中人的生命伦理行为及其管理，治理社会变迁中突显的生命行为问题。

生命行为管理的历史考察研究与已有的生命行为管理的政策分析截然不同。后者是从功利主义角度完善与丰富已有的社会政策，以促进效率价值的实现；而生命行为管理研究是为了找出一套保障人权和符合生命伦理的社会治理之道。因此，生命行为管理研究需要在搜集相关史料的基础上，考证社会发展进程中的生命行为管理现象，并探究合乎正义与正当的生命伦理及相应的社会管理措施。

（二）生命行为管理的比较借鉴

人的生命周期大致分为出生、生长发育、生殖繁衍、衰老死亡以及人的“再生”五个阶段，相应的生命行为管理研究则可以从生命的起始、生命的“交易”、生命的相伴、生命的终止与生命的再造五个方面来考量。在这五个领域中，又必须探究生育权与人口政策，身体处置权与人体交易行为政策，婚恋权与婚姻政策，死亡权与终止生命行为管理政策，自然人权利与定制生命行为管理政策相关的生命权问题。人文社会科学研究不仅要明确研究课题的重要价值，还必须找出治理社会问题的药方。它山之石，可以攻玉。在西方发达国家的一些领域内，已初步形成一套相对完善的应对生命行为问题的运行机制与制度体系，并在某些生命行为管理领域中积累了许多成功经验，这正是治理当下中国社会面临的诸多生命行为问题应当参照的良方。美国、英国、法国、西班牙等国的生育政策、伊朗与印度的器官交易管理政策、荷兰与比利时等国的同性婚姻或公民同居政策、荷兰与瑞士等国的安乐死政策，对于中国社会具有非常重要的借鉴意义。因此，审视若干国家与地区不同领域中的生命行为管理时间，亦是生命行为管理研究的重中之重。

（三）生命行为管理的路径分析

随着风险社会的来临，或者说风险社会的某些重要特征突显，人的生命行为及其可能蕴涵的生命伦理风险不再局限于“专家内部的讨论”而成为公共话题。然而，对人的生命行为及带来的生命行为问题的管理仍具有非常强的专业性，它排除了大部分社会成员、甚至部分欠发达国家的参与。现行的许多生命伦理委员会仍实行机构内部审查，生命伦理管理机制若仅依赖于科学家的自觉或医院、研究机构的伦理审查，将难以逃脱低效、甚至无效的泥沼，这是生命行为管理的难点之一。先发工业化国家利用技术专利、信息不对称、立法滞后等外部因素，向发展中国家转移风险，使得后发工业化国家在生命伦理的风险分配上处于弱势地位，这是生命行为管理的难点之二。一些生命技术的发展不是为了解决穷人的发展与贫困问题，而是为了实现富人的利益，部分特殊的生命行为被利益集团所俘获。协调宏观与微观层面生命科学技术与生命行为的资源配置，统合社会公平与保障个人生命权利与自由权利，这是生命行为管理的难点之三。生命行为管理必须回应社会实践中的生命行为问题，构建生命行为管理机制，进而深化生命行为管理的路径。

三、研究的方法与框架

本书主要通过规范性分析法、历史分析法、比较分析法及案例分析法展开。

第一，规范性分析法。规范性分析即根据一定的价值判断，提出分析与处理问题的标准，并且研究如何实现这些标准。规范性研究回答“应该是什么”这一问题。以个体生命权诉求与群体优化社会利益的需求两者之间的张力为抓手，提出人的生命权与生命行为具有限度的观念，并进而分析生命权的限度及其定位、生命行为的限度及其依据、治理主体进行生命行为管理的标尺与边界。

第二，历史分析法。历史分析法即运用发展、变化的观点分析客观事物和社会现象的方法。生命行为管理研究的历史分析是分别对前工业社会、工业社会以及后工业社会的生命行为管理实践进行考察，分析生命行为管理的历史与现状，探究生命行为问题在当下社会突显出来的原因，论析影响生命行为管理模式嬗变的因由。

第三，比较分析法。比较分析法即客观比较两种或者两种以上的客观事物，从而揭示客观事物的本质并作出客观评价；在横向上比较与借鉴国外与中国现行生命行为管理之措施与手段，分析不同国度与不同领域生命行为管理政策的异同。

第四，案例分析法。案例分析法即着眼于当前社会或学科现实，通过事例和经验等从理论上推理说明。选取不同国度与不同领域具有典型代表性的生命行为管理案例，研究相关案例发生的社会背景、案例关注的焦点问题及案例对相关领域生命行为管理政策制定、政策执行的影响。由案例讨论导入生命行为管理研究的核心问题：人的生命权利与社会利益之张力问题。

四、可能的创新

（一）从公共管理的视角研究人的生命行为及其管理

不同研究视域对生命行为的探讨具有不同的视角与偏好：生物学及生命科学研究生命的机理、特征与功能；宗教及哲学主要探讨生命的起点与终点、生命的价值与意义；艺术及美学侧重于生命的形态、表达与表现；社会学探究生命事件的发生概率（生育率、死亡率、自杀率等）及其社会影响；人类学研习生命的缘起、人类的发源与演进；宪法学专研生命权的规定、主体、范围、性质、分类及救济；政治学侧重于生命权的合法性探究及其与政治权利之关联。而从公共管理的视角研究人的生命行为及管理，其关键在于明确人的生命权与生命行为的限度。在公共管理学的视域中，生命行为管理研究应关注生命行为与生命权的内在关联、生命行为对公共管理的挑战、生命行为的限度、个人的生命权与社会福祉之张力等重要议题。

（二）考察生命行为管理的模式嬗变并揭示其影响因素

在社会发展的不同阶段，由于医学技术、价值观念、民主程度等因素的不同，治理主体对个体生命行为的介入程度不同，介入方式也存在差异。生命行为管理研究的可能创新在于通过对生命行为管理现象的历史考察，找到社会发展不同阶段中的生命行为管理的具体措施及相关政策。在此基础上，总结生命行为管理模式的嬗变，并思考哪些因素导致了生命行为管理的历史变迁。

（三）探究优化与推进当代生命行为管理的路径与方法

当代生命行为管理在不同国度与不同领域呈现多样化态势。倘若罔顾不同国家与地区的具体国情而制定“放之四海而皆准”的生命行为管理运行机制，奉行一套科学化与标准化的生命行为管理方略，不仅不能破解当代生命行为管理的困境，还有可能使其在低效、失范的泥淖中越陷越深。值得注意的是，尽管不同国家或地区以及不同领域中的生命行为管理方式多样，但从一个综合的视角来看，生命行为管理仍应当遵循与秉承的若干基本要素，即生命行为管理的核心理念、基本原则与评价依据应是一致的，这些基本要素不因具体国情及领域而发生变化。生命行为管理研究的创新体现在基于上述理念，探索优化与推进当代生命行为管理的基本路径。

第一章　生命行为管理:公共管理的新领域

生命行为管理是公共管理的一个新的重要领域。随着当代社会中人们的观念变迁、技术变迁以及政策变迁,认知生命行为管理是公共管理的新论域之重要性以及从公共管理之平台推进与优化生命行为管理的紧迫性愈发凸显。综合考察国内与国外生命行为管理的研究现状可知,目前学界对生命行为管理重要性的认知仍远未达到应有的深度和高度,生命行为管理的实务运行尚未形成系统和专门的体系和体制。从学术论域观之,"生命行为管理"这一概念尚无人触及,生命行为管理研究这片富饶的"学林莽原"仍是尚未得到开垦的"处女地"。然而,从不同学科或不同理论的研究论域来看,一些研究其实已经在某些范畴和层面上触及生命行为管理的内容,甚至部分地论及某些重要或核心的问题。从政治学、经济学、社会学与管理学等不同学科视域,以及从生命伦理理论、权利理论与行为理论等不同理论视野观察与分析生命行为管理,有助于更清晰、更全面和更深刻地认知生命行为管理,推进生命行为管理的综合性与交叉性研究。

第一节　生命行为管理何以成为公共管理的新领域

除了人自我管理自己的生命行为之外,为了兼顾个体与群体的生命需求,以利于实现、维护、增进和优化社会福祉,公权力主体必须介入与干预人的生命行为,约束、引导与规范人的生命行为选择。人是社会动物,人的生命行为选择不可避免地影响个人自身、他人与社会,在这一意义上,人的生命行为方式不仅仅关涉个体选择,更影响群体选择。生命行为的个人性效应与社会性效应之矛盾冲突要求公权力的掌控者及其他社会主体予以回应并且施以治理举措。公共管理的领域覆盖人类社会的所有公共事务。社会管理者对人的生命行为效应的治理隶属公共事务管理，因此，生命行为管理理所当然地是公共管理的一个重要领域。

一、生命行为是公共管理必须介入干预的新领域

迄今为止，人类社会的公共事务管理模式经历了数次范式转变，由氏族管理机构转向统治行政模式，由统治行政模式转向管理行政模式，进而转向服务行政模式。公共管理理论是伴随着新公共管理运动的勃兴而发展起来的、对于人类社会公共事务进行管理的理论范式和实践范式。它发轫于20世纪70年代末、80年代初，勃兴于20世纪90年代。[①] 公共管理范式彰显公共服务的精神，强调政府本位应当让位于公民本位与权利本位，以实现社会多元主体间的权力共享、公民参与及合作治理。

公共管理的研究对象指向公共事务。自有人类社会以来就存在公共事务管理的活动，但是这一管理活动直至20世纪末叶才真正转向或是拓展成为一个全新的范式，即公共管理。[②] 与公共管理的脉络相似，生命行为管理在人类进入文明时代之后就渐露端倪。然而，在不同的社会与历史阶段中生命行为管理呈现不同态势。前工业社会中的生命行为管理大体上较为混沌与野蛮，工业社会中的生命行为管理呈现启蒙与试错并行，直至20世纪四五十年代起，随着人们越来越深入地认知生命行为并反思既往与当下生命行为管理之策，生命行为管理才在总体上表现为对社会成员的生命行为的权利予以更多的尊重和包容、相关法规制度的建设得到长足进步，并在一定程度上实现多元主体参与管理以及多维方式管理。

人们对生命行为的认知经历由蒙昧走向清晰的过程。与以往统治行政模式与管理行政模式之下的生命行为管理相比，当代生命行为管理呈现出更加宽容与开放，亦更加尊重与承认人的生命权诉求以及更加多样化的管理方式的新的特征。

随着社会的发展与进步，公权力的掌控者以及其他社会主体逐步认识到，人的生命行为中存在不可避免的矛盾与冲突，即生命个体的生命权诉求与生命群体优化社会利益的需求两者之间的张力。个体的生命权诉求与群体优化社会利

① 参见黄健荣：《公共管理导论》，南京：南京大学出版社，2013年，第27页。
② 参见黄健荣：《公共管理导论》，南京：南京大学出版社，2013年，第2页。

益之间的张力，不仅关系到个人的生命权能否实现与社会的整体利益是否得到优化，而且关乎人类社会的存续发展、人类的生物多样性与人的全面发展。一般而言，个体追求生命行为的自由选择权，而群体追求社会整体利益与公共生活的改善，当个体的生命权诉求与群体优化社会利益的需求不一致时，人的生命行为选择就可能发生矛盾。

个体的生命权诉求与群体优化社会利益的需求之张力，具体表现即为个体的生命行为所具有的个人性效应与社会性效应之间的矛盾关系。人具有生物性与社会性的双重属性，人的属性特征决定了生命行为的生物性与社会性。一方面，人类似于其他动物的生物性本能，令人本能地作出摄食、休憩等行为举止，人的生命行为具有生物性或者说个人性效应；另一方面，在高度社会化的群居世界中，人与人之间的生命行为相互影响，人的生命行为具有社会性或者说社会性效应。生命行为兼有个人性效应与社会性效应，两者可能发生矛盾或产生对抗，这正是社会管理者必须介入与干预个体生命行为的原因所在。

以生育行为的个人性效应与社会性效应为例。对于个人而言，生育行为意味着个体生命的延续，具有积极与正向的价值；对于社会而言，判断人的生育行为是否恰当，要考量个体生育行为能否促进社会的整体福祉。个体的生育行为并非总能有益于社会，以精神病患者的生育行为为例分析。对于个人而言，生育行为意味着个体基因的传递，甚至意味着其生命的延续；对于社会而言，允许患有精神病的病者生育子嗣有可能会诞生一个同样携带遗传性缺陷基因的胎儿，为使胎儿能够健康成长、并不因其潜在的遗传性缺陷基因影响其他人，社会将可能付出额外的成本，支出更多的医疗卫生费用、保险费用等等，这在一定程度上使社会的整体福利受损。

总而言之，生命行为具有个人效应与社会效应，而生命行为的个人效应与社会效应之间存在矛盾关系。生命行为管理就是要协调生命行为的个人效应与社会效应，消解两者间的矛盾。公共管理以人类社会的公共事务为研究对象，为满足个体的生命需求以及群体延续种族的需要，社会主体必须介入与干预人的生命行为，回应与治理生命行为的个人性效应与社会性效应的矛盾与冲突问题。

二、认知生命行为管理是公共管理重要组成部分的重要性

已有的一些相关研究反映出关于“生命”这一议题的不同的研究角度：第一，生物学及生命科学主要研究人的生命的机理、特征与功能；第二，宗教及哲学主

要探讨生命的起点与终点、生命的价值与意义；第三，艺术及美学关注生命的形态、表达与表现方式；第四，社会学探究生命事件的发生概率（生育率、死亡率、自杀率等）及其社会影响；第五，人类学主要探讨人类生命的发源与演进；第六，宪法学专研生命权的规定、主体、范围、性质、分类及救济；第七，政治学探讨生命权的合法性及其与政治权利之关联。上述研究没有回答：为何在当代社会生命行为的矛盾与冲突愈演愈烈？什么因素导致人们对生命行为的认知愈发清晰？以公共管理理论观察生命行为管理，能够更清晰、更深刻地回应上述问题。

在人文社会学科与自然科学的诸多研究理论中，都可以找到生命行为管理所要研究的人的生命行为、人的生命权与人的生命价值等相关内容。人文社会学科与自然科学的诸多研究理论均在一定程度上触及生命行为管理的内容与部分关键的问题，但是由于理论本身的研究侧重点不同，单一的研究理论不能涵盖生命行为管理的全部内容。公共管理强大的理论整合能力使其更易吸纳与整合政治学、管理学、人类学、历史学、社会学、心理学等人文社会学科及生命科学等自然学科的相关理论知识，公共管理理论对实践需求的回应性与应用性为生命行为的理论创新与认知提供了更加开阔与综合性的视角。

总体而言，生命行为管理是公共管理必须介入干预的一个新的重要领域，生命行为管理研究是在公共管理的视域下进行的研究，生命行为管理概念的提出为公共管理开辟了新的研究课题。认知“生命行为管理是公共管理重要组成部分”具有极其重要的意义。人类社会的存续与发展需要运用公共权力对公共事务进行有效管理以维护社会的秩序与稳定，公共管理运行的根本目标就在于维护社会的公平正义，推进经济繁荣、民主法治、稳定协调与生态平衡共存的和谐社会的建设。① 生命行为问题与难题的出现，使各种理论和学科都受到前所未有的挑战，首当其冲的便是公共管理学。生命行为管理关乎人类社会的存续发展，堕胎、同性婚姻、克隆、代孕、安乐死等的合法性困惑在一定程度上对人类社会公共生活的治理提出新的要求。从公共管理学的视域进行生命行为管理，正是公共管理学的公共性、服务性、合作共治性的深刻内涵以及它对实践需求的回应性与应用性的深刻体现。唯有在公共管理的平台上，并以公共管理理论为核心的理论框架引入吸纳其他各种学科的相关理论，才能够深刻认知和把握生命行为管理的实质和内涵，从而在实践层面推进和优化生命行为管理。

---

① 参见黄健荣主编：《公共管理学》，北京：社会科学文献出版社，2008年，第5页。

三、从公共管理平台推进和优化生命行为管理的紧迫性

从公共管理平台推进和优化生命行为管理，须强调生命行为管理的多元主体参与及多维管理方式。公共管理所主张的治理与统治具有重要区别：统治的主体必定是社会的公共权力机构，而治理的主体可以是公共机构、私人机构以及公共机构和私人机构的合作；统治的权力运行向度总是自上而下，而治理则是一个权力运行多向度的过程，治理通过协商合作，确认共同目标并通过互动合作实现目标的方式来实施对公共事务的管理。[①] 公共管理的运行方式即遵循治理的多向度与多维管理方式。在公共管理的运行过程中必须遵循价值取向的公共性、管理本质的服务性及政府与公民社会的合作共治性之铁律。[②]

公共管理理论对探究人的生命行为管理之运行方式，以及生命行为管理运行必须遵循的准则与铁律的确认，具有极大的借鉴意义。历史无数次证明，导致人类社会走向灭亡或者接近灭亡的绝境的，往往是那些违背人性、背离人本的法律与政策，而不是违背与对抗这些法律与政策的人。生命行为管理要秉持公共管理的公共性、服务性与合作共治性的共识，警惕违背人性的“恶法”与错误的政策。

随着生命科学与生物技术的进步、社会成员对生命价值认知的深化以及人们生命权利意识的增强，人们对堕胎、代孕、人体组织或器官交易、同性婚姻、安乐死及人的克隆等生命行为的认知日益清晰，引发公权力主体及其他社会主体对既往与当下生命行为管理政策的重新思考：当下社会，生命行为的矛盾与冲突以前所未有的方式彰显出来？何种因素导致人们对生命行为的认知愈发清晰？总体而言，主要有三种因素促进并且推动人们的生命行为认知。

第一，技术变迁。现代生命技术的变迁主要以 19 世纪末以来生命科学技术的进步与发展为分界点。生命科学技术不断加快人们破解生命密码的进程，这些技术的进步与突破有可能帮助人类彻底揭开生命的奥秘，促进人类社会和整个生物圈的再次进化。然而在人类社会改造自然的历史进程中，生态失衡与生物变异的风险不断累积，生态风险、核风险及科技风险等现代文明的潜在危机正在逼近人类社会。如果将整个人类社会的发展历程以时间刻度标示，人工辅助

① 参见黄健荣：《公共管理导论》，南京：南京大学出版社，2013 年，第 5 页。
② 参见黄健荣：《公共管理导论》，南京：南京大学出版社，2013 年，第 2 页。

生殖技术、基因技术、克隆技术、器官移植及安乐死等生命科学技术的产生与发展是晚近发生的事情。由于生物技术的发展，通过基因筛选与基因改良等技术复制生命或再造生命的行为具备技术上的可操作性。一方面，生物技术的进步能够满足个人追求人的完美进化与实现其主观价值的需求；另一方面，生命技术的发展与应用有可能打开“潘多拉之盒”，带给人类社会不可逆的负面影响，甚至威胁到人类种族与人类社会的生物多样性的存续发展。

第二，观念变迁。观念的变迁主要是指在不同的社会历史阶段，人们对生命行为、生命价值、生命权利及生命权利的边界等观念的嬗变。随着知识的发展与传播、社会成员的生命伦理价值观念的变迁，一些此前被人们视为必须履行义务的事情发生了变化。由于传统社会与现代社会早期的生产力水平低下、医疗与科技水平相对落后，不以生育为目的的性行为受到社会的普遍排斥，同性恋被视为一种生理上和精神上的疾病，社会管理者对同性恋行为的抑制性和惩罚性的政策制定被认为是合法合理的。随着生育控制技术的进步，两性行为不再是生育的前提条件和唯一途径，社会成员对同性恋行为的观念发生了悄然变化，关于同性恋行为合法性的讨论才被纳入生命行为管理范畴。以前，人们认为同性恋行为根本不具备有益于自身或者他人与社会的效应，认为同性恋行为只是一种损害社会福利的精神疾病或一种犯罪行为。而今越来越多的人认识到(尽管并不是所有人都能够认可并接纳)，同性恋行为既不是精神疾病，也不是犯罪行为，它只是与异性婚恋相对应的婚恋行为的一种；同性恋行为同样能够使人愉悦，同样能够满足人的情感、生理和社会交往需求。一些过去不被承认的生命行为的正向效应如今被认可。

第三，政策变迁。政策的变迁指随着社会、时代的发展，社会管理者调整某些公共政策，有可能导致对人的生命权与生命价值的正向与负向影响。除生命科学技术的发展可能造成的人类基因遭到改造、人体机能变异等灾难性的影响之外，社会管理者为治理社会发展中累积的风险与问题，譬如世界范围内的人口爆炸，而采取的罔顾生命权与生命价值的极端方式也使得生命行为及其伦理问题不断积聚。计划生育政策、婚姻政策、安乐死政策等指涉生命权的主体、生命权的效力、生命权的保护、生命权的限制与剥夺等与人的生命权价值相关的一系列社会政策，其非预期效应与负面影响是产生生命行为问题的第三类重要来源。

总体而言，生命行为管理模式嬗变之中的技术变迁、观念变迁及政策变迁，以及由此带来的诸多生命行为问题，拷问着当下社会治理模式与社会管理方式。

公共管理旨在探究人类社会公共事务的治理及其运行方式，治理生命行为问题以及研究与分析生命行为管理的运行机制是公共管理不得回避的重要与关键问题。

第二节 从不同学科视域认知生命行为管理

从政治学、经济学、社会学及管理学等不同学科视域认知生命行为管理，有利于多维度、全方位地深化生命行为管理认知，从而为生命行为管理若干基本要素的考量，包括生命行为管理的核心理念、基本原则与评价依据，以及生命行为管理面临的关键问题等提供思路。以政治学视野观察生命行为管理，其重要意义在于揭示生命行为管理中公权力主体的责任与义务以及职能边界；从社会学视野观察生命行为管理，启示人们生命行为管理须协调理顺不同社会主体之间，特别是个人与群体之间的利益关系，要求以生命行为管理寻求与改善及拓展社会福利；从经济学学科的视域认知生命行为管理，昭示优化生命行为管理有利于促进经济社会的良性运行以及人类种族繁衍与人类社会的存续发展，促进人类社会总体收益的最大化；以管理学视野认知生命行为管理，其警示意义在于，生命行为管理对于优化人力资源的生产与再生产活动，促进人的生命价值的生产与再生产的良性运行至关重要。

一、政治学视界下的生命行为管理

从最一般的意义上讲，政治学是一门以政治思想、政治行为、政治制度、政治文化、政治伦理及政治相关领域为主要研究对象的学科。在对这些对象进行的研究中，权力与权利、公平、正义等等是人们探讨的核心问题。

从政治学的视域认知生命行为管理，揭示生命行为管理必须回应社会成员的生命权诉求，强调公权力的掌控者必须以尊重与保障人权、尊重与维护人的尊严以及保障与弘扬人的生命价值为宗旨，必须恪守生命行为管理的人本原则与正义原则，协调理顺社会多元主体之间的利益关系，保障多数群体与少数群体，群体与个人均能平等、公正地享有生命权利。

具体而言，从政治学视野观察生命行为管理可得到如下重要启示。

第一，将政治哲学的关键议题“人权”导入生命行为管理研究，昭示生命行为管理的主体——以公权力为主导、政府为核心的社会多元主体应以尊重与保障最基本的人权即生命权为旨要，尊重与承认社会成员多样的生命行为方式，倡导并鼓励社会成员不与社会整体福祉相悖的多元生命行为选择，积极回应社会成员符合上述原则的多元生命权利诉求。

第二，以政治哲学的关键词“自由”与“公共的善”探究生命行为管理的内在张力，能够清晰阐释生命行为管理的核心理念在于协调个人的生命行为自由与公共的善之间的矛盾关系，指出个人的生命权利及生命行为存在限度，生命行为管理必须消解生命行为的内在矛盾——个体的生命权诉求与群体优化社会利益的需求之张力，明确群体抉择的限度与个体选择的界限以及两者之间的边界。

第三，以政治哲学中“公平”与“正义”的核心理念观察生命行为管理，有助于深化对生命行为管理必须基于公平与正义的原则，协调理顺人与人以及人与社会之间的利益关系，实现人们的生命价值与生命权利的实质上平等，促进和实现对社会的公平与正义的认知并推进对这些价值的践行。

概而言之，以政治学视野观察生命行为管理的重要意义，在于深化对生命行为管理的核心理念、基本原则、评价依据等的认知，进一步明确生命行为管理中公权力对维护与保障社会成员（包括个体与群体、少数群体与多数群体）的生命权，以及优化社会整体福祉的使命与责任。

二、经济学视界下的生命行为管理

经济学所提供的不仅是一整套有关物质商品的生产和消费的洞见，而且也是一门有关人类行为的科学。这门科学的核心乃是一个简单但却极其重要的观念：在所有的生活领域中，人类的行为都可以通过如下假设得到解释——人们通过衡量他们所享有的各种选项的成本和收益，选择一个他们认为会给自身带来最大福利或功利的选项来决定做什么事情。加里·贝克在《人类行为的经济学分析》一书中指出，经济学分析是一种可适用于所有人类行为的综合性分析，而不论这种行为是否明码标价，所有的人类行为（不论人的行为与物质考量有多么遥远）都可以被解释成和被看成是对成本和收益的一种理性计算。[①]

从经济学的视域认知生命行为管理，要求强化生命行为在促进与优化人的

① 参见[美]迈克尔·桑德尔：《金钱不能买什么：金钱与公正的正面交锋》，邓正来译，北京：中信出版社，2012年，第42、43页。

生产与再生产活动方面的正向作用、遏制并治理其负向作用。以经济学视野观察生命行为管理，能够使我们更明确：优化生命行为管理，有利于促进经济社会的良性运行以及人类繁衍与人类社会的存续发展，实现人类社会总体收益的最大化。

具体而言，以经济学视野观察生命行为管理可获得如下重要启示。

第一，经济学中的"理性经济人"假设认为，作为经济决策的主体是理性的，所追求的目标是使自己的利益最大化。按照经济学提供的假设分析，在市场机制中所有的物品都能够明码标价。倘若这一论断正确，人们的生命行为同样不能例外，即人们可以按照市场法则与市场价值观，实现与他人或社会之间的生命行为交易。生命行为管理须衡量人的生命行为选择中的成本与收益，既不能过度强调个人利益，亦不能偏好群体利益，应寻求个人与群体之间的利益平衡。

第二，以经济学视野观察生命行为管理的重要启示还在于，提醒公权力的掌控者警惕市场的过度扩张可能导致的生命行为管理误区。经济学对于"理性经济人"以及成本收益分析的强调，有可能导致现实生活中生命行为管理陷入误区：其一，仅以经济技术范畴内人的生命力价值来衡量人的价值生产与再生产；其二，过度强调市场逻辑，使市场价值过度地侵入人的生命行为领域。人寿保险经济学、安全经济学、医学经济学、灾害经济学、环境经济学、社会保障学等相关学科即在经济技术范畴内以定量分析的方式评估生命的经济价值。譬如，《国内航空运输承运人赔偿责任限额规定》《铁路交通事故应急救援和调查处理条例》对旅客意外身亡的不同责任限额，就是以不同旅客的生命力价值为衡量标准的。①

三、社会学视界下的生命行为管理

社会学是研究和建构有关人类社会结构及活动的知识体系，其宗旨在于运用这些知识去实现寻求或改善社会福利的目标。在社会学的理论体系中，无论从社会整体的视角，还是从个人及其社会行为的视角，两种研究视角均承认，在社会这个有机体当中，作为整体的社会与作为个体的个人之间相互统一。从结构功能主义的分析框架来看，社会作为系统性的整体，其发展趋势会对个人的行为产生强大的影响力；同时，作为最基本的社会因素，个人及其社会行为在社会

---

① 参见廖亚立：《生命价值的动态评估方法与实证研究》，中国地质大学博士学位论文，2007年。

系统中代表特定的功能，个人功能的发挥及其所带来的变化会影响到其他结构的功能发挥，最终必然影响社会有机体对平衡与稳定的追求。

在20世纪七八十年代以来兴起的全球化与后工业化浪潮的洗刷下，人类社会的诸多领域出现了新的社会现象与新的变化趋势。这些新的社会现象和变化对整个社会的平衡与稳定发起严峻的挑战与有力的冲击，生命行为的发展演变则是其中的一个极为显著的方面。

从社会学的视野观察生命行为管理，要求将人的生命行为作为一种重要的人类活动来研究，揭示人的生命行为发生的规律，探究人的生命行为发生的原因及生命行为对其他社会有机体的影响，并寻求化解生命行为的负面影响的破解之道。从社会学的视域认知生命行为管理，还指向生命行为管理对于个人与社会之间的关系的再界定以及人的生命行为与社会整体福利之关联性探究。

总体而言，以社会学视界观察生命行为管理的重要启示在于将社会学对个人与社会关系的研究导入生命行为管理研究。生命行为管理中个体与群体之间的张力不仅关系到个人的生命权能否实现与社会的整体利益是否实现优化，而且关乎人类社会的存续发展、人类的生物多样性与人的全面发展。以社会学视角观察与分析生命行为管理，强调生命行为管理必须明晰个体的生命权诉求与群体优化社会利益之间的良性互动，以优化与推进生命行为管理，从而增进、改善和维护社会整体福祉。

四、管理学视界下的生命行为管理

管理学是研究人类社会管理活动中的各种现象与规律的学科。管理在现代社会中占据重要地位，以管理学的核心与本质理念——整合与优化组织的资源配置以实现组织目标，增进组织利益的活动及其过程[①]来看，生命行为管理囊括以公权力为主导的社会多元主体为实现个体与群体的生命需求、优化生命行为管理的人力、物力、财力等资源配置而进行的一切努力的总和。在生命行为资源的优化配置中，最基础且最重要的是优化人力资源的生产与再生产。

经济学领域所强调的生产与再生产活动，主要指向社会产品的生产活动。而管理学领域更加强调人力资源质量的提高对于优化管理活动的重要作用。就生产和再生产这一人类活动来说，对于人类种族的繁衍，最为重要的不是物质产

---

① 参见黄健荣:《公共管理导论》，南京:南京大学出版社，2013年，第4页。

品及精神产品的生产与再生产活动，而是人类自身的生产与再生产。

人具有自然性，具体的某一个(群)或某一代人，首先是作为一个自然人而存在的，这一特性决定了人不能违逆“生、老、病、死”的自然法则。可以说，人类自身的再生产是人类社会中最为重要的生产性活动，人类的再生产活动能不能进行以及如何进行、再生产的状况如何等等一系列的问题都关乎着人们的生活质量，甚至关乎社会治理和文明的发展程度。人类共同的社会生活决定了人类社会必然需要协调并整合人与人、人与事之间的关系，需要相应的组织管理行为，这构成了人类管理活动的最初起点。而人类的活动只要以组织形式存在，就必然需要对组织成员进行协调、规范与管理。人力资源管理最根本的理念就是要求组织把员工视为一种维系组织生存和发展的关键性资源来实施管理。①

以管理学视角观察与分析生命行为管理，生命行为管理须有利于优化人力资源的生产与再生产活动，以保障和促进社会的生物性与社会性生产与再生产的良性运行为宗旨，促进人的生命价值的生产与再生产的良性运行。为此，社会主体应区分生命行为的不同类型并采取分类治理的方略，治理必须禁止或限制的生命行为现象，区分需要激励或救济的生命行为类型，确定应当引导与规范的生命行为范畴。

第三节　以不同理论视野观察生命行为管理

虽然学术界现在还没有形成系统的生命行为管理理论与生命行为管理研究，但自近代社会以来，一些相关理论已从不同维度展开对人的行为的研究，在不同程度上为生命行为管理的专门性研究提供了参考与借鉴。在生命行为管理的理论建构中，可以借助这些理论作为观察、分析与检视人的生命行为及生命行为管理的工具。其中，与生命行为管理相关性较强的理论包括：生命哲学与生命伦理学、权利理论与生命权理论以及行为理论等。

生命哲学与生命伦理学从道德哲学层面回答人的生命行为应遵循何种原则及何种社会规范的问题，高扬敬畏生命、知情同意、尊重等生命伦理的旗帜；权利理论与生命权理论直面权利的冲突与权利的限制问题，探求人的生命权的限度

① 参见黄健荣：《公共管理导论》，南京：南京大学出版社，2013 年，第 224、226 页。

问题;行为理论探讨人的行为逻辑以及人控制自身行为的方式,从哲学与心理学层面解答如何介入与干预人类行为的问题。

一、生命伦理与生命行为管理

生命伦理指为了满足个体或群体的生命需求及维系个体与群体的共同发展,社会主体间约定俗成的约束个体生命行为的规范与准则。学界关于生命伦理的研究与讨论集中于生命哲学与生命伦理学研究。生命哲学与生命伦理学从道德哲学层面回答人的生命行为应遵循何种原则及何种社会规范的问题。

(一)生命哲学与生命伦理学理论概述

生命哲学是19世纪末至20世纪上半期在德国、法国等国家流行的一种唯心主义派别。所谓的"生命哲学"并非一套系统理论,而是一种信念,它强调人只能通过生命这个媒介来了解自己和获得自己的价值,从而把自我和生命联系在一起,这就为自我经验的理论开辟了新的愿景。针对近代以来科学主义和理性主义的思维方式所导致的人的生命的均质化、人性的泯灭和生命意义的丧失等一系列问题,生命哲学反对把人的生命等同于纯粹意义上的生物体,而是主张标举生命的意义和价值,强调一种超越理性、支配生命的创造力,并关注生命的整全性。[①] 它以当时最时髦的研究论题即人的生命、人的生活、人的价值、人的历史文化作为理论对象,强调生命的精神创造和心灵世界的独特性、人文科学方法的独特性,形成了一股与理性主义思维模式相抗衡的思潮。这一思潮包括不少理论学派,其中较为重要的学派有以德国哲学家狄尔泰、齐美尔、奥伊肯等人为代表的历史—文化倾向的生命哲学学派,以及以法国哲学家柏格森为代表的生物学倾向的生命哲学学派。

以狄尔泰和齐美尔为代表的生命哲学学说的重点是制定社会历史科学和文化科学的方法论。他们认为,社会历史和精神文化是生命的冲动所创造的,具有生命的人的集合就是社会,生命冲动创造精神文化,而伟人、英雄又是社会历史和精神文化的主宰。[②] 奥伊肯认为,人的生活必然要组织成各种有机的制度,哲学的任务就在于阐明其意义,帮助人们选择乃至于改进生活制度。在这个意义上,思想仅仅是生活的工具,生活第一,而不是思想第一。他指出,19世纪以来

---

① 参见李高峰:《生命与死亡的双重变奏——国际视野下的生命教育》,华东师范大学博士学位论文,2010年。

② 参见张书琛:《西方价值哲学思想简史》,北京:当代中国出版社,1998年,第165～171页。

的自然主义、理智主义、人文主义三种哲学思潮对人生意义与价值的回答虽有可取之处，却无法与人类生活的发展、生活状况的重大变化相匹配，因而也不能解决人生观、世界观的根本问题。其中，自然主义将人的生活物质化、生物化，剥夺人创造精神和思想的自由，要人安于本能的生活，使人的生活受生存竞争法则的支配，丧失了崇高的理想和追求；理智主义将人的生活抽象化、概念化，要求人为抽象的观念或理想而奋斗，同样是片面的、机械的；人本主义只从生活本身论生活，不能超越自身看到全体，或只注重表面的物质生活，忽视人的生活本身，即人的精神生活。奥伊肯认为，生活的真正意义与价值在于承认一种独立的精神生活及其在人身上的体现。① 法国哲学家柏格森则把生生不息、变动不居的生命冲动看作最真实的"实在"，是能够派生万物的本源。柏格森认为，他的生命哲学是以生物学、生理学、心理学等生命科学以及社会历史等"关于活的东西的科学"为基础，而机械论则以数学、力学、天文学和物理学为基础。机械论只适用于说明像钟表那样的机械，而不适用于对生命有机体和社会历史过程的解释。生命哲学学派关于自然和人类社会之间、自然科学与社会历史科学之间区别的某些观点具有可取之处；然而，他们站在唯心主义的人类学本体论的立场上，把精神性的生命或生活看作世界的本质或实在，则是荒谬的。② 随着欧洲新哲学思潮现象运动和存在主义的兴起，生命哲学逐渐衰微。

20 世纪五六十年代以来，随着生命科学的不断进步及其伴生的社会、伦理、法律问题的频繁出现，越来越多的学者意识到有必要建构一门规范生命科技发展与应用的学科。波特、施赖弗、莱奇等学者在应用伦理学的理论框架下将生命科学与道德哲学相结合，这样一门应用于生命科学及医疗领域中的伦理学分支学科即为"生命伦理学"。阿尔贝特·史怀泽、恩格尔哈特相继提出敬畏生命、允许等生命伦理元原则，波特、施赖弗随后发出构建生命伦理学的倡议，正式提出生命伦理问题。比彻姆和查瑞斯的"四原则说"更是直接指向生命伦理学的四个基本原则：尊重自主、不伤害、有利与公正。

生命伦理学的奠基人、法国学者阿尔贝特·史怀泽从神学和哲学的前提出发，提出"敬畏生命"的伦理价值观。他的"敬畏生命"的要求适用于人类行为能够施加影响的一切生命领域，从别人的生命，个人对自然的行为直至时代的中心

---

① 参见[德]鲁道夫·奥伊肯：《生活的意义与价值》，万以译，上海：译文出版社，1997 年，第 2～3 页。

② 参见张书琛：《西方价值哲学思想简史》，北京：当代中国出版社，1998 年，第 165～171 页。

问题：和平、社会发展、文化、科学、环境等等。① 史怀泽强调人对自然生命的道德义务，"对自然中的个别现象，我们始终具有提供伦理帮助的空间和自由"。他还指出，人类的文化能力本身也成为问题。"知识和能力的成就带来了利弊兼有的双重后果。为了解决这一问题，我们必须思考人类的理想……文化的人的理想就是在现实中维护真正人道的人的理想。"②史怀泽的"敬畏生命"伦理寻求内在的道德信仰与道德要求，鼓舞人们时刻保持生命与促进生命，使人的生命实现其内在的价值。

恩格尔哈特从后现代的视角对生命伦理学的重要话题，如健康与疾病的本性、死亡的定义、堕胎的道德性质、婴儿的道德地位、安乐死、自杀、基因工程、医疗保健中的社会分配的公正等进行深刻分析。他认为，道德前提在本质上是预设的，与其说人们用理性来发现道德的标准，不如说用理性来解说预设的假设，在道德多元化的情境下探讨道德问题是生命伦理学的前提和基础。恩格尔哈特认为，在具体的医疗活动中，仅仅依靠理性支撑的道德原则不可能解决实质性的具体道德争论，他提出"超越全球生命伦理学"的观念，将已有的原则虚化，使其更具包容性和周延性。③ 恩格尔哈特所提出的生命伦理学的底线原则是：允许原则和行善原则，这被认为是生命伦理学的"元原则"。恩格尔哈特强调道德本质上是预设好的，人们只是用理性来解释已经预设好了的道德原则，因此人的理性不能解决实质性的道德论争。自恩格尔哈特以后，在道德多元化的情境下探讨道德问题就成为生命伦理学的前提和基础。

托马斯·香农则从现代的视角对生命伦理学的基本原则进行了阐释。他提出包括自主性原则、不伤害原则、仁慈原则、公正原则、知情同意原则在内的生命伦理规范。自主性原则包括两个要素，分别是思考行为计划的能力及把计划付诸实践的能力。不伤害原则强调，如果我们不能使他人受益，至少也不应当伤害他们。仁慈原则是不伤害原则的积极方面，指在自身没有风险的情况下，我们可协助他人促进利益的实现。公正原则包括相对公正和非相对公正。相对公正原则主张，一个人或群体所获得的产品或资源，是权衡其他个人或群体的与之相冲

---

① 参见[法]阿尔贝特·史怀泽著，[德]汉斯·瓦尔特·贝尔编：《敬畏生命》，陈泽环译，上海：上海社会科学院出版社，1992 年，第 1～6 页。

② [法]阿尔贝特·史怀泽著，[德]汉斯·瓦尔特·贝尔编：《敬畏生命》，陈泽环译，上海：上海社会科学院出版社，1992 年，第 35 页。

③ 参见[美]H. T. 恩格尔哈特：《生命伦理学基础》，范瑞平译，北京：北京大学出版社，2006 年，第 125～129 页。

突的权利要求后作出的决定。相对公正的要点是平衡个人之间对同一资源的需要的竞争。非相对公正是通过与其他人权利主张无关的标准来确定产品或资源的分配。知情同意原则是病人在获得治疗之前，知道和同意特有的治疗形式。①总体而言，香农提出的生命伦理规范较为全面，值得借鉴。

国内学者将生命伦理学研究论域的主要内容概括为五个方面，包括：理论生命伦理学，探究生命伦理学的思想、学术基础；临床伦理学，探究在治疗护理病人时应采取的合乎道德的决策；研究伦理学，探究如何在人体研究中保护受试者、保护病人的决策；政策和法制生命伦理学，探究在解决上述范围内问题时应该制定的政策、条例、法规和法律；文化生命伦理学，探究生命伦理学与历史、思想、文化和社会情境的联系。② 肖巍等在邱仁宗对生命伦理学分类的基础上将生命伦理学研究范围归为两大层面，其一为学术理论层面，即研究生命伦理学作为一门学科的思想学术基础和理论框架以及研究论证的方式和方法；其二为实践、规范和政策层面，研究医学实践、人体实验，以及所有与生命相关的伦理政策和道德规范。③ 邱仁宗、翟晓梅对生命伦理学研究论域的分类局限于生命科学技术发展伴生的理论与现实讨论，而将诸如同性恋行为的管理、生育控制政策的制定等富有争议的问题搁置一旁。

（二）生命伦理理论评析及其对生命行为管理的启示

生命科学技术的发展使人类面临前所未有的伦理、法律、社会问题，而伦理道德、社会政策等的发展明显滞后于生命科学技术的进步，这是生命伦理研究问题提出的背景。生命伦理学是根据道德规范与价值标准对生命科学与生物技术领域中的人类行为的系统研究。生命伦理学的重要目的是将伦理学应用于解决生物医学技术引起的难题和挑战。④ 从生命伦理学的研究对象来看，它仅指向生命科学与生物技术进步背景下的生命伦理难题，简言之就是生命伦理学仅仅关注技术变迁给社会带来的生命伦理难题。相比较之下，生命行为管理所要研究的生命行为问题有三个直接的诱致因素，即技术变迁、观念变迁与政策变迁。

---

① 参见[美]托马斯・A. 香农：《生命伦理学导论》，肖巍译，哈尔滨：黑龙江人民出版社，2005 年，第 22～31 页。

② 参见邱仁宗：《生命伦理学：一门新学科》，《求是》2004 年第 3 期；翟晓梅、邱仁宗主编：《生命伦理学导论》，北京：清华大学出版社，2005 年，第 9、10 页；倪慧芳、刘次全、邱仁宗主编：《21 世纪生命伦理学难题》，北京：高等教育出版社，2000 年，第 17 页。

③ 参见肖巍：《生命伦理学的兴起与疆域》，《学习时报》2005 年 10 月 24 日。

④ 参见邱仁宗：《生命伦理学》，北京：中国人民大学出版社，2010 年，第 16 页。

生命行为管理所要研究的问题既包括由生命科学技术的发展、新技术的应用引发的社会难题，也包括由于知识的传播、人们认知水平的提高而引发的对既往社会现象或社会政策的重新思考。生命伦理理论的主要贡献是提供判断人的生命行为是否正当的道德准则，但它不能有效回应社会中的生命行为问题。

生命伦理学的研究者们试图以应用伦理学的研究方法规范生命科学技术的应用及发展，然而现有研究方法的狭隘性、研究视角的缺失难以实现这一目标。生命伦理引发的困惑不仅局限于理论层面，在现实操作中也遭遇困境。生命伦理理论对代孕、堕胎、人体交易、安乐死等拷问人类生与死的生命科学技术或生命伦理行为的合法性、合理性尚未达成共识，生命伦理学对现实的回应性不足。

生命哲学与生命伦理学研究更加关注社会个体的道德判断，当研究整个生命群体的道德判断时，生命哲学与生命伦理学所提供的诸多生命伦理准则往往会发生多维价值冲突。可以说，生命哲学与生命伦理学无力判断或制定生命群体必须遵循的生命伦理标准与必须恪守的铁律。那么，当面临关涉人类社会存续发展的重大课题时，生命哲学与生命伦理学的研究视域不能有效地予以回应。

总之，生命哲学与生命伦理学从道德哲学的视角回答了人的生命行为应遵循何种原则及何种社会规范的问题。生命哲学的研究者试图与理性主义思潮相抗衡，他们高举生命的意义和价值的旗帜，强调一种超越理性与支配生命的创造力。生命伦理学更加具体，它立足于对生命科学技术及其相伴生的社会、法律、伦理问题的思考，归纳出敬畏生命、知情同意、尊重、有利等生命行为的伦理准则。生命哲学与生命伦理学回答了在道德哲学层面个体应当如何规范与约束自己的生命行为，为公权力主体规范与约束人的生命行为提供了伦理准则与道德参考。

二、权利理论与生命行为管理

权利理论与生命权理论主要论述权利的冲突与权利的限制，试图从法律层面解答人的生命权的限度问题，从政治哲学层面解答个人与社会、个人的权利之间的冲突问题。权利理论具体包括人权理论、生命权理论以及自由主义与社群主义理论等关于权利界限与权利冲突的相关理论。囿于篇幅，在本节中选择与生命行为管理相关性最强的权利理论进行讨论。观察与分析生命行为管理的三种权利理论工具分别为：生命权理论、权利冲突论及自由主义与社群主义理论。

（一）权利理论与生命权理论概述

1. 生命权理论

关于人的生命权的解释，学界存在两种不同的观点。第一种观点是对生命权作狭义的解释，即把生命权的内涵仅仅限制在经典的人权宣言或公约的规定内，认为生命权仅涉及死刑、堕胎、失踪、非经法律程序而处死、安乐死等问题，这些问题的特征是：国家有意或武断地主动剥夺了人的生命，或者国家有意地不在法律上禁止剥夺人的生命。[①] 按照第一种观点对生命权的界定，生命权指向以公权力为主导、政府为核心的社会管理主体对个体的生命权利。

第二种观点主张对生命权作更为广义的理解，将经济和社会内容纳入生命权的概念中。生命权概念不仅应当包括人的生命不被国家任意或武断地剥夺，以及国家有意地不在法律上禁止剥夺人的生命这样的内容，而且还应包括人从国家获得食物、医疗和健康的生活环境等。广义的生命权概念指“生命安全得到保障和基本生活需要得到满足的权利”[②]。按照第二种观点对生命权的界定，生命权指向社会管理主体与社会管理对象，强调生命个体拥有满足自己的生命需求的权利。

学界的两种观念划分类似于柏林的消极自由与积极自由观念，将生命权归纳为积极意义上的生命权与消极意义上的生命权。前者指向人的生命健康权等在一定的社会条件下才能实现的权利，后者指向人的生命免受侵害的权利。总的来说，生命权的内容包括生命存在权、生命安全权以及一定的生命自主权。生命存在权是指自然人有权按照自然规律存在于世界上，其生命不受非法剥夺。生命安全权是指人有权生活在安全的环境之中，其生命存在不受到各种危险的威胁。生命存在权应成为生命权的首要内容，它是生命权的核心。在现代社会，生命权还包括一定的生命自主权，例如为免除难以忍受的极端痛苦，患有不治之症的垂危病人有权选择安乐死。生命权是自然人按照自然规律，安全地存在于世界上，其生命不受非法剥夺且不受各种危险威胁，以及在特殊情况下可以选择死亡的权利。[③]

从生命权的研究内容可知，生命权的研究者已经注意到生命权不仅仅指免

---

① 参见赵雪纲：《论人权的哲学基础——以生命权为例》，中国社会科学院研究生院博士学位论文，2002 年。

② 赵雪纲：《论人权的哲学基础——以生命权为例》，中国社会科学院研究生院博士学位论文，2002 年。

③ 参见上官丕亮：《生命权的宪法保障》，苏州大学博士学位论文，2005 年。

于侵害的权利，而且指向个体的生命权诉求。这与生命行为管理对个体生命权与生命价值的诉求的强调极为契合。

2. 权利冲突理论

从权利冲突的角度去看待权利限制根本的、最简单的根据就是通过限制权利来减少和缓解权利之间的冲突。[①] 权利的界限存在于主体之间利益和价值的协调中。对于个人而言，他所享有的权利之所以要受到限制，是因为存在着与这一价值同等重要的或较之更高的价值。若没有这样的价值或存在价值冲突，限制权利本身就是不合理、非道德的。[②] 倘若不存在权利的冲突的现实和可能性，社会管理者对权利进行限制不仅是不合理和非道德的，实际上也是非法的。[③] 总体而言，权利冲突理论认为，对人权进行限制必须考虑三个不同层次的比例关系——个人人权与社会利益之间的比例、个人权利与国家权力之间的比例以及人权与制约人权的经济、政治、文化条件的比例。人权的界限正是由上述三种比例关系表现出来的存在的界限、运行的界限和确定的界限。在现实生活中，人权的界限不可避免：人权的直接界限是制约它的义务，人权的实现界限是限制它的代表公共利益的国家权力，人权的生存界限是决定它的社会共同的物质生活条件。[④] 事实上，所有的人权或者权利都受到限制，这种限制既包括道德上的限制，也包括法律上的限制。权利存在限制是必然的，包括宪法在内的法律对权利进行限制的目的就是为了避免和减少权利在行使时产生的冲突。[⑤] 权利冲突理论强调社会管理者不得肆意限制人的权利，除非人的权利存在冲突的现实和可能性。权利冲突理论还探究了判断社会管理者能否对人权进行限制的标准：考虑人权与社会利益的比例，人权与国家权力的比例以及人权与其外在条件的比例。权利冲突理论对人权界限的规定直接触及生命行为管理的关键问题。

3. 自由主义与社群主义理论

由于现代性的“碎片化”和“断裂性”，任何价值体系和整体观念都受到颠覆性的拷问和侵凌，多元价值并存和多种抉择共在成为我们这个时代的显性特征。

---

① 参见葛明珍：《论权利冲突》，中国社会科学院研究生院博士学位论文，2002 年。

② 参见舒国滢：《权利的法哲学思考》，《政法论坛》1995 年第 3 期。

③ 参见葛明珍：《论权利冲突》，中国社会科学院研究生院博士学位论文，2002 年。

④ 参见徐显明：《论人权的界限》，中国社会科学院法学所编：《当代人权》，北京：中国社会科学出版社，1992 年，第 85～89 页。

⑤ 参见葛明珍：《论权利冲突》，中国社会科学院研究生院博士学位论文，2002 年。

相较于传统社会的自发性发展，现代社会则表现为一种自觉性发展的模式。[①]基于生物学、人类学、社会学、心理学等许多学科对人类社会行为模式的研究，人是高度社会化的群居性动物这一观念已成为学界的共识。既然人是社会动物，为了维系社会的有序发展、维持群体生活的持续发展，人与人之间的分工合作不可或缺。人必须遵循相应的行为准则，即使某些社会规则会在一定程度上侵犯到个人的权益。自由主义与社群主义理论以个人与社会、个人自由与社群利益间谁为优先的争论为焦点，展开了激辩。自由主义与社群主义理论关于自由与责任的价值考量，触及生命行为管理的最核心、最关键的问题：个人的生命行为自由权与社会的整体利益之张力。

自由主义是以自由为价值导向的一系列思想流派的集合，在个人与社会的关系问题上，自由主义者基本同意个人是社会的基础，社会的存在是为了维护个人利益。自由主义理论的核心观念是保护个人权利与限制国家(社会)权力。传统自由主义以洛克等人为代表，认为国家的合法功能在于维护公民的自由权利，其基本的人权主张包括公民的生命权、自由权和财产权。传统自由主义强调的自由是消极意义上的自由，只要求人与人之间不互相侵犯他人的利益。新自由主义以凯恩斯等人为代表，主张公民享有免于饥饿、不虞恐惧等实质上的自由。新自由主义强调的自由是积极意义上的自由，实现积极自由的条件需由政府或他人提供。

以权利为基础的自由主义始于这样一种主张，即人是分散的、独立的个体，每个人都拥有自己的目的、利益以及善观念。自由主义寻求一种权利框架，这种权利框架使个人能够作为自由的道德主体来展现自己的能力，与他人类似的自由相一致。[②] 在基本框架与基本价值一致的前提下，自由主义者们关于自由主义的观念与看法存在分歧，在自由主义理论系统内存在一些具有明显差异的主张，甚至在自由主义的阵营内部还存在几种观念相互分裂的情况。其中，功利论(亦称“目的论”“功利主义”或“功用主义”)与道义论(亦称“义务论”“本务论”或“非结果论”)针对自由主义的道德基础提出了不同的选择方案。

功利论的拥趸以使社会总福利最大化的名义来维护自由主义的原则。边沁从抽象的人性论出发，认为人的行为完全以快乐和痛苦为动机，合乎道德的行为

---

① 参见林春逸：《发展伦理初探》，北京：社会科学文献出版社，2007年，第1页。

② 参见[美]迈克尔·桑德尔：《公共哲学：政治中的道德问题》，朱东华、陈文娟、朱慧玲译，北京：中国人民大学出版社，2013年，第139页。

不过是使人快乐的总和超过痛苦的总和的行为。在个人利益和社会利益的关系上，边沁认为，达到“最大多数的最大幸福”是道德活动的唯一目的，并提出强弱度、持续度等七种计算快乐的方法。边沁亦指出，应把个人利益看作社会利益的基础，提出个人利益是唯一的现实利益，社会利益只不过是个人利益的总和。[1]密尔在《论自由》中写道：“唯一能配得上自由这一称号的，就是我们以自己的方式追求我们自己的善，只要我们不试图剥夺他人的善，或阻碍他们获取善的努力。”“任何人的行为，只有涉及他人的那部分才须对社会负责。在仅涉及本人的那部分，他的独立性在权利上则是绝对的。对于本人自己，对于他自己的身和心，个人乃是最高主权者。”[2]功利主义者认为，功利是所有伦理问题的终极呈现，它必须是最大意义上的、以作为进取性存在之人类的永恒利益为基础的功利。[3]

反对或者不赞同功利主义作为自由主义的道德基础的学者们质疑功利的概念和功利论“所有的人类的善在原则上都是可度量”的假定。他们从两方面驳斥功利主义原则：第一，功利主义把所有的价值都贬低为偏好和欲望，没有承认各种价值在质上的差别，也不能区分高尚的欲望和卑贱的欲望；第二，功利主义错误地将一切具有道德重要性的事物都用单一的快乐与痛苦的尺度加以衡量。[4]康德旗帜鲜明地反对功利论，他指出，只有出于善良意志、无条件遵守道德规则(即绝对命令)的行为才是真正意义上的道德的行为。(功利论作为)一种完全工具性的对自由和权利的辩护，不仅仅使权利易受攻击，而且没有尊重人的内在尊严。功利主义是把人当作实现他人幸福的手段，而不是本身就值得尊重的目的。依据康德式的道义论观点，某些权利是极为根本的以至于即使是总体的善也不能凌驾于它们之上。正如罗尔斯在《正义论》中所写的：“每个人都拥有基于正义的不可侵犯性，即使是社会总体的善也不能凌驾于它……由正义所保障的权利并不受政治协商或社会利益算计的支配。”[5]

尽管基于个人权利的自由主义伦理超越了作为其对手的功利主义伦理而广

---

① 参见朱贻庭主编：《伦理学大辞典》，上海：上海辞书出版社，2011年，第11页。

② [英]密尔：《论自由》，许宝骙译，北京：商务印书馆，1998年，第4页。

③ 参见[美]迈克尔·桑德尔：《公共哲学：政治中的道德问题》，朱东华、陈文娟、朱慧玲译，北京：中国人民大学出版社，2013年，第136、137页。

④ 参见[美]迈克尔·桑德尔：《公正该如何做是好》，朱慧玲译，北京：中信出版社，2012年，第76页。

⑤ 转引自[美]迈克尔·桑德尔：《公共哲学：政治中的道德问题》，朱东华、陈文娟、朱慧玲译，北京：中国人民大学出版社，2013年，第136、137页。

为盛行，它却面临着来自于另一方向的社群主义（亦称“社区主义”“社团主义”“共同体主义”等）伦理的强势挑战。20 世纪 90 年代起，功利论与道义论两者之间的争论已在很大程度上让位于“自由主义—社群主义”之争。[①] 社群主义反对将个人权利作为道德的基础，在个人与社会的关系问题上，社群主义主张个人及其自我最终是由个人所在的社群来决定的；与个人权利相比，集体利益应当更为优先。社群主义的主要代表有阿拉斯戴尔·麦金太尔、迈克尔·沃尔泽、迈克尔·桑德尔等。社群主义者质疑罗尔斯所言“权利优先于善”的主张及其所包含的个体自由选择的图景。他们认为，如果不涉及共同追求和目的，我们就无法为政治安排作正当性辩护；如果不涉及我们作为公民以及在共同生活中作为参与者的角色，我们就不能构成自身。[②] 自由主义视个人权利的实现为绝对道德与政治进步；而社群主义则不那么认为。

总体来说，自由主义与社群主义关于权利的论争，为生命行为管理消解生命行为内在的矛盾与冲突，调节理顺个人的生命行为与社会之间的关系，提供了重要的价值选择与参考。

（二）权利理论评析及其对生命行为管理的启示

1. 生命权理论的启示

尽管从生命权理论的研究维度不能回答人的生命权限度及其判断标准这一问题，但相关研究内容具有重要启示意义。第一，生命权理论对生命权的专属性、生命权的不可让渡性等生命权特征的研究，指向社会管理者对个体生命权的立法保护与保障，但是生命权理论没有涉及生命权的限度问题。第二，生命权理论规定个体不得侵犯他人的生命权，一旦个体侵犯他人的生命权，那么法律将追究个体的责任。但生命权理论没有回答如何应对国家与社会对个体生命权的侵犯问题，尤其是当国家与社会对个体生命权的侵犯合乎法律的时候。第三，生命权理论认为在应然层面生命权神圣不可侵犯，亦承认在实然层面国家与社会在不同程度或者不同方面已经侵犯到个体的生命权。例如韩大元、上官丕亮等学者对各国宪法中的生命权规定的梳理表明，在一些国家仍存在死刑，而死刑就是对人的生命权的彻底剥夺。然而，生命权理论仅将关于死刑、堕胎等的规定视为

---

① 参见[美]迈克尔·桑德尔：《公共哲学：政治中的道德问题》，朱东华、陈文娟、朱慧玲译，北京：中国人民大学出版社，2013 年，第 134 页。

② 参见[美]迈克尔·桑德尔：《公共哲学：政治中的道德问题》，朱东华、陈文娟、朱慧玲译，北京：中国人民大学出版社，2013 年，第 139、140 页。

生命权的“例外”,而没有回答如何化解应然层面与实然层面的矛盾。

2. 权利冲突理论的启示

权利冲突理论与生命行为管理理论的相关性极强。尽管权利理论无法回应生命行为管理必须解决的人的生命权限度及其判断标准的问题,但从权利理论研究视野认知生命行为管理仍具有如下几点启示。第一,权利冲突理论认为可以通过限制权利来减少和缓解权利冲突,但是没有回答应当限制谁的权利、如何来判断的问题。第二,权利冲突理论认为只有在人的权利存在冲突的前提下,社会管理者才能够限制人权,但是没有回答社会管理者对人权的限制是否有其限度的问题。第三,权利冲突理论规定国家与社会限制人权的判断标准,但是没有考虑到个体与群体、个体与个体所处的外在条件的差等性。

3. 自由主义与社群主义理论的启示

自由主义与社群主义在理解生命权的限度上存在不同的观念。自由主义政治哲学奠基人洛克认为,某些属于我们的权利的意义是如此深远,因此即使是通过一致同意的方式我们也不能放弃它们。他主张,既然生命和自由是不可让渡的,我们就不能出卖自己做奴隶或自杀:“没有人能够赋予自己既有权力之外更多的权力,他不能取走自己的生命,他也不能让另一个权力掌握他的生命。”康德认为,最重要的义务是把人看作目的本身。按照康德的观点,谋杀是错误的,因为它把受害者作为一种手段,而不是尊重他,把他看作目的。同样,在自杀问题上也是如此。如果一个人“为了摆脱一种痛苦状况而终结生命,他仅仅是把人看作一种维持在可以容忍的事物状态直至生命终结的手段。但是,人不是物——不是被用来作为一种手段的某物:他必须常常在行为中被视为目的本身”。康德得出的结论是:一个人没有杀害他人的权利,同样也没有杀害自己的权利。[①] 洛克及康德强调的是人的生命的可贵之处,意指人的内在性生命价值。这与基于个体生命权诉求与群体优化整体福利的需求之张力,而确认个体生命权的限度、生命行为的自由程度截然不同。在自由主义阵营内部,关于人的权利的讨论存在激辩。尽管自由主义理论与社群主义理论的论争,关涉到个人权利与社会利益的关系问题,但是他们始终没有能够提出有效的应对之策。

① 参见[美]迈克尔·桑德尔:《公共哲学:政治中的道德问题》,朱东华、陈文娟、朱慧玲译,北京:中国人民大学出版社,2013年,第103、104页。

三、行为理论与生命行为管理

行为理论以人类行为为研究对象，试图归纳人的行为逻辑以及人控制自己行为的方式。具体来说，行为理论包括人类行为学、行为哲学、行为科学与行为主义四部分主要的理论内容。人的生命行为是人的所有行为中的一类，人的行为所具有的特征在人的生命行为中同样会表现出来。行为理论研究为生命行为管理对人的生命行为的考察提供了参考，具有重要的借鉴意义。

（一）行为理论概述

1. 人类行为学

人类行为学是以研究人类行为为宗旨的一门学科。人类行为学指出，控制人类行为的方法可以分为两个方面：其一是个人的自我控制；其二是社会群体的控制。奥地利经济学派学者米塞斯被认为是人类行为学的真正提出者。米塞斯认为，由于人类行为的过于复杂性以及人类行为难以被正确观察，在对人类行为进行研究的过程中不可能将其以解构的方式进行研究。观察人类行为或者试图以历史资料解释人类的社会科学研究，都难以避免地会受到其他种种没有注意到的研究变因所影响。

米塞斯提出研究人类行为的新方式，即研究人类行为中的逻辑架构。具体观念包括两个方面：其一，区分行动与行为。米塞斯认为，"人类行动"指"有意识的人的行为"，从概念上讲"行动"可以很清晰地与"无意识的活动"区分开来，强调人类行为具有极强的意向性。① 其二，米塞斯认为，人类所有的决策都是以排序方式为基础的。这意味着一个人不可能同时进行一种以上的行动，大脑在同一时间只有可能处理一个决策，即使这些决策可以被迅速排序。因此，人的行为有优先度选择与排序先后之分。他进一步指出，在人类社会中许多人类行为都是出于人与人之间的贸易，一个人将他视为较不重要的东西与另一个人交换他视为较重要的东西，而另一个人也对贸易抱有相同的期望，希望换得他认为较重要的东西、而牺牲他认为较不重要的东西。米塞斯的观点强调人的行动的意向性，从而将人的行为与动物行为区分开来。他的研究内容与生命行为管理为人的生命行为的生物性与社会性的研究提供了参照。

---

① Ludwig von Mises(2003), *Epistemological Problems of Economics*, Ludwig von Mises Institute, p. 24.

2. 行为哲学

行动哲学是在后期维特根斯坦的影响下形成起来的一个哲学分支。行动哲学是从心理学的维度，对人的行为进行系统研究的科学。行动哲学的研究者的基本共识是认为“行动”(action)和“行为”(behavior)的区别在于有没有“意向性”(intentionality)。他们认为人的行为是在人的意识指导下，主动、自觉发生的行为。按照“action”与“behavior”的英文词源解释，行为哲学应当为“philosophy of action”(即行动哲学)而不是“behavior philosophy”(即行为哲学)，但出于国内学界的使用习惯，在本书中仍然保持原来的表述。

3. 行为科学

行为科学亦是研究人类行为的新学科，它已发展成为国外管理研究的主要学派之一。行为科学综合应用心理学、社会学、社会心理学、人类学、经济学、政治学、历史学、法律学、教育学、精神病学及管理理论和方法，研究人的行为的产生、发展和相互转化的规律所在，其目的是预测人的行为进而控制人的行为。行为科学管理理论始于20世纪20年代中期至30年代初梅奥的霍桑实验。霍桑实验的结果表明，工人的工作动机和行为并不仅仅为金钱、收入等物质利益所驱使，他们不是“经济人”而是“社会人”，有社会性的需要。梅奥由此建立了人际关系理论，行为科学的前期也被称为“人际关系学”，直至1953年才正式更名为“行为科学”。

行为科学理论中影响较大的理论主要包括马斯洛的人类需求层次论、佛隆的期望值理论、麦克利兰的成就需要理论以及布莱克—莫顿的管理风格理论等。总体而言，行为科学管理理论的着重点在于人，它关注人的兴趣态度、情绪积极性等对人的工作与任务及其效率的影响。行为科学管理理论要求管理者从人性与心理的角度来剖析和改善管理对象或者说参与者的主观条件，从而带动对客观因素的改变，以期从总体上完善管理体制，最终提高工作效率。行为科学理论的观念强调社会主体对客观事物的管理应当注重人文关怀，关注人的心理与情绪。但是行为科学管理的最终目标仍然是提高工作效率，管理过程中的人性关怀只不过是提高工作效率的手段。

4. 行为主义

行为主义是20世纪50年代在西方尤其是在美国蓬勃兴起的一种政治学研

究的理论和方法论。行为主义强调人的行为的“规则性”。所谓“规则性”，就是在抽象的人的观念的基础上确认的，人类的政治行为具有某种可辨别的“均一性”。行为主义理论认为，在日常生活中人受到不同因素的驱使，个人的行为表现出“均一性”的缺乏。然而在特定情况下，人类以或多或少有点相似的方式活动着。人本质上还是具有某种可被辨识的“均一性”。行为主义理论据此认为，政治学家可以研究人的政治行为的“规则性”以及与人的政治行为规则性相关的变量因素，在此基础上，能够用一种严格的方法提供纯描述性的材料。为了达成这一目的，行为主义采取相应的技术手段和研究程序，譬如调查、数量确定、统计分析和实例分析等。行为主义的研究内容与研究方法对生命行为管理有一定意义。

（二）行为理论对生命行为管理的启示

行为主义的一些技术手段和研究标准与研究程序对于生命行为管理的研究，尤其是具体的生命行为研究具有重要价值与意义。但由于行为学派的世界观和方法论失之片面和形而上学，这些技术手段没能发挥最大效用，有时甚至适得其反。行为理论学派宣布价值观念与事实不相关，在研究政治时应当把价值观念和事实区别开来，他们认为研究者应当严格防范把自己的价值观念引入自己的研究。行为理论认为自由、平等、权利和正义这样规范性的概念不可能被科学的方法所证实，科学研究应当不带有伦理观念。行为学派要求政治学家用“不偏不倚的方法”研究政治功能和政治结构，把政治与道德和伦理问题区分开；认为摒弃意识形态并排斥价值的观念，与生命行为管理以人权为本位、以尊重与保护人的生命权的价值导向是不相符合的。

小结　生命行为管理：探索公共管理的新领域

生命行为管理研究是一项极具重要性与紧迫性的时代课题。为更加清晰与全面地认知生命行为管理，以推进生命行为管理的综合性与交叉性研究，在生命行为管理研究之始，首先要考察与生命行为管理相关的若干学科与理论的启示意义。从政治学、经济学、社会学与管理学等不同学科视域，以及生命伦理理论、权利理论与行为理论等不同理论视野观察与分析生命行为管理，可以得出如下认知:生命行为问题与难题的出现使各种理论和学科都受到前所未有的挑战,唯有基于公共管理的视域,用公共管理理论为核心的理论框架引入吸纳其他各种学科的相关理论,才能够深刻认知和把握生命行为管理的实质和内涵。公共管理理论对实践需求的回应性与应用性,为生命行为管理的理论创新与认知提供了更加开阔与综合性的视角,生命行为管理必须被纳入公共管理领域,是公共管理必须介入与干预的重要领域。

第二章　生命行为管理的历史考察

随着社会变迁与社会治理模式的嬗变，生命行为管理的运行机制发生了变化。在前工业社会中，统治阶级以单向度并且高度同一化的方式干预个体的生命及生活，此时的"生命行为管理"野蛮而无序，具有极强的偶然性。随着社会的进步与发展以及社会成员对人的生命权利与生命价值认知的深化，在工业社会中，社会管理者部分摒弃了前工业社会中的生命行为管理方式，一些不符合人权甚至侵犯人权的政策被终结。然而，由于部分社会管理者对于优化个体或者优化种族的认知出现偏差，生命行为管理的实践走了弯路，一度出现种族灭绝、强制绝育等悲剧。

在前工业社会向后工业社会过渡的历史阶段，生命行为管理依次经历了前工业社会中的混沌与野蛮时期、工业社会中的启蒙与试错时期，并逐步进入到后工业社会中的反思与重构时期。之所以会出现生命行为管理模式的嬗变，是因为以下三个方面因素的共同作用：从技术因素上看，生命技术由神学走向科学；从价值认知上看，生命文化由专制走向多元；从社会形态上看，社会从群体社会转向个人主义时代。

第一节　前工业社会：生命行为管理的混沌与野蛮

农业经济推动了世界上最早的复杂社会的发展。最古老的城市社会出现在公元前 4 世纪早期的西南亚即美索不达米亚地区，在这里首先产生了复杂社会。随着人口逐渐向城市迁移，人与人之间、团体之间的利益冲突不可避免。在找寻秩序的过程中，定居的农业人口认识到有必要在整个美索不达米亚建立政治管理秩序和国家。国家出现后，美索不达米亚的城市社会中出现了社会等级的分化，带来复杂社会和经济结构的迅速确立。① 非洲的埃及、努比亚，南亚的印度等国家，也纷纷确立了复杂社会。早期人类社会的阶层不尽相同，但大致存在三类共有的阶层：统治阶层、自由人和奴隶。在呈现差等秩序的前工业社会中，统治阶层凌驾于自由人和奴隶之上，统治阶级以单向度的极端方式干预人的生命及生活，此时的“生命行为管理”野蛮落后，并具有极强的偶然性。生命行为管理的运行机制是单向度的——由统治阶层单向度地控制并支配被统治阶层的身体与生命行为，通过巫术、宗教等前工业社会的技术方式影响生命行为的施行，并以国家暴力等强制性手段实施高度同一化的生命行为管理。诸如“溺婴”“节妇”等社会现象正是前工业社会单向度的生命行为管理下的产物。

一、强制推动人口增殖与强化优质生育

由于生产力水平以及医疗卫生水平的限制，前工业社会中的人的死亡率相对较高。此时人们对生育行为的认知水平较低，无法科学地解释人的生育及与生育相关的生命行为，因而自发产生“性别崇拜”“生殖崇拜”“生育崇拜”等情愫。人们将生育行为视为某种神秘力量的赐予，生育能力突出的女性在生命群体中具有更高的地位，这在母系社会中尤为突出。

人类社会进入文明时期并产生阶级社会以后，生产力水平及医疗卫生水平均有显著提高。社会分层为统治阶级与被统治阶级，统治者将被统治者视为工具，并支配被统治者的生育行为。在以冷兵器为主要作战方式的古代社会，人口数量是影响国力的关键因素。为了维持与扩张其统治，大多数的统治者强制规定社会成员须促进人口增殖，并将剥夺社会成员的生育能力作为一种非常态的、严苛的惩罚手段。剥夺社会成员的生育能力作为一项非常严厉的惩罚手段，只对罪大恶极、不可赦免的罪犯使用，即使是死刑犯人亦可以进行生育行为。在古代中国，被判处死刑的妇女若怀有身孕，将免其刑具、刑讯，产后百天再执行死刑；东汉时期有“听妻入狱”的法律规定，即被判死刑的男子若娶妻无嗣，则允许宗族将其妻妾送入监牢与其共同生活，直至妻妾怀孕后再对其执行死刑。

在古代的中国社会，儒家文化主张“百善孝为先”，并指出实现孝道的最直接、最重要的方式就是生儿育女。儒家文化鼓励多子多福，并要求男性承嗣，生

---

① 参见[美]杰里·本特利、赫伯特·齐格勒：《新全球史：文明的传承与交流》，魏凤莲、张颖、白玉广译，北京：北京大学出版社，2007年，第34页。

育的重要职能表现为"上以事宗庙，下以继后世"。在相当长的历史阶段中，古代中国实行的是以惩罚性措施为主的强制国民生育的增生增产政策，同时也辅以经济奖励、免除赋税等奖励方式。汉代赵晔在《吴越春秋·勾践伐吴》中记载了战国时期的越王勾践为鼓励生产制定的奖励生育政策："将免者以告于孤，令医守之。生男二，贶之以壶酒、一犬；生女二，赐以壶酒、一豚；生子三人，孤与乳母；生子二人，孤与一养。""令孤子、寡妇、疾疹、贫病者，纳官其子。"根据国民生育孩子的性别和数量，国家予以不同等级的奖赏。《汉书·惠帝纪》载西汉惠帝诏，"女子年十五以上至三十不嫁，五算"，规定适龄女子若不婚嫁，则收取五倍的赋税徭役作为惩罚。唐代的唐太宗规定："男年二十，女年十五以上，及妻丧达制之后，孀居服纪已除，并须申以婚媾，命其好合……刺史、县令以下官人，若能婚姻及时，鳏寡数少，量准户口增多，以进考第。如其劝导乖方，失于配偶，准户减少，以附殿失。"[①]将人口的增殖、鳏寡人口的多少作为地方官员的政绩考核指标。国家还将所有的社会成员收编入册，通过户籍更加便利地管理个人的生育行为。

中国古代对生育的认识有"五不娶"之说，其中"世有恶疾不娶"，指家庭世代有严重疾病的不应娶为妻，以免疾病遗传。《褚氏遗书》中记载："合男女必当其年。男虽十六而精通，必三十而娶；女虽十四而天癸至，必二十而嫁，皆欲阴阳气完实，而后交合，则交而孕，孕而育，育而为子坚壮强寿。"[②]这些观念主张在人的体力与精力较为旺盛的青年时期生育，国家通过诸多措施强化社会成员的优质生育行为。

在古代的西方社会，古希腊斯巴达城邦是优生节育的先行者。斯巴达城邦对全民教育与体育锻炼等行为大加推崇，提出根据城邦的大小确定不多不少的人口数量、让适龄的优秀男女优生节育、妇女儿童共有等观念。统治者们在综合考虑战争、疾病以及其他影响城邦人口数量的因素后，决定能够进行婚配的人数，以便尽可能地保持城邦原来的人口数目，不使城邦变得过大或过小。[③] 人的生育年龄被严格地限定在人的体魄和心智上的成熟和高峰时期：男子合理的盛年时期约有 30 年，女子合理的盛年时期约有 20 年。在规定的时间、有祭献的牺牲、有诗人们颂歌的仪式后，新娘们和新郎们聚集在一起，他们的生育行为被视

---

① 转引自张雨：《赋税制度、租佃关系与中国中古经济研究》，上海：上海古籍出版社，2015 年，第 109 页。

② 转引自张志斌主编：《中华大典》，成都：巴蜀书社，2005 年，第 328 页。

③ 参见[古希腊]柏拉图：《理想国》，顾寿观译，长沙：岳麓书社，2010 年，第 226 页。

为是正义的。没有经过统治者的撮合而私下进行的、或者在规定的年龄以外而进行的生育活动被视为是错误的、亵渎神的与不正义的。统治者需要制定出一些设计得很巧便的抽签、拈阄的办法,以恰好地排除那些不优秀的城邦成员的生育机会。① 这类管理手段的直接目的是促进人口增殖和推动优生优育,但此时的优育思想是基于日常生活经验的,未成科学体系。

二、恣意侵犯与剥夺生命权的刑罚规制

在前工业社会,统治者对被统治者的严格控制最主要就是通过控制他们的身体来实现的。统治者拥有任意处置被统治者的生命、身体的权利,而被统治者甚至不得任意支配自己的身体。毁坏、阉割被统治者的身体被视为极其严厉的刑罚手段,称为"肉刑",主要包括墨刑(在罪犯的额头上或面部刻字涂墨,毁其面容)、劓刑(割掉罪犯的鼻子)、刖刑(砍掉罪犯的腿脚)、宫刑(毁坏罪犯的生殖器)等。阉割就是统治者所代表的外在权力对个人生育能力的永久剥夺。统治者将男、女的性生殖器官切除,或者通过药物破坏其生殖器官机能,从而使人永久性丧失生育能力。② 由于古时刑罚名目繁多,受刑人数众多,还滋生了重塑身体器官的需求。据《左传》记载,齐景公时刑法苛刻,许多人受刖足之刑,技人制作"踊"(假脚)来出售,以致"履贱踊贵"(或写作"屦贱踊贵")。③

在前工业社会中,统治者宣扬对社会成员的生命及身体的所有权,并以社会伦常的形式固化下来。古代中国奉行儒家的治国方略,以"君为臣纲、父为子纲、夫为妻纲"和仁、义、礼、智、信的人伦关系作为封建等级制度、政治秩序的根本法则。董仲舒所主张"君要臣死,臣不死是为不忠;父叫子亡,子不亡则为不孝"、《孝经·开宗明义章》所云"身体发肤,受之父母,不敢毁伤,孝之始也",均反映了传统中国社会人不能自由支配自己的身体,而由君、父来支配。"夫为妻纲"则反映了中国传统社会中,男性对女性的禁锢和压迫,男性的喜好直接影响女性对其身体的支配。自宋朝中期起,这种禁锢与压迫达到了登峰造极的地步,在社会伦常的潜移默化下,女子缠足蔚为成风。直到清朝,满族无缠足之俗,数代皇帝颁令严禁满族女性缠足。然而到了清朝后期,满族逐渐被汉化,缠足这种陋习仍沿袭下来。

---

① 参见[古希腊]柏拉图:《理想国》,顾寿观译,长沙:岳麓书社,2010 年,第 226、228 页。

② 参见沈东:《生育选择引论:辅助生殖技术的社会学视角》,沈阳:辽宁人民出版社,2011 年,第 258 页。

③ 出自《左传·昭公三年》:"国之诸市,屦贱踊贵,民人痛疾。"

在古代西方社会，奴隶主将奴隶视为“会说话的工具”，可以任意处置奴隶，买卖奴隶更是司空见惯的社会现象。在中世纪的西方社会，封建庄园主能够随意处置附庸在其领地上的农奴。与古代东方社会类似，由于医疗技术水平较为落后，古代西方社会存在将同类相食作为治疗手段、以人肉为食的陋习。这种“医疗手段”多见于当时欧洲的富裕阶层。诸如吞食、喝或涂抹人体脂肪、肉、骨、血、脑和皮肤等，均是利用人类的身体进行“医学治疗”的方式。在欧洲，被砍头罪犯的血液被许多癫痫患者视为首选“药物”。在这个意义上，人的身体，尤其是被统治者的身体，被赋予医学功能，并作为统治阶级的医学治疗工具而存在。

三、干预婚姻与性行为的多样态社会伦常

在前工业社会中，由于生产力水平、医疗卫生水平较低等因素，人的平均寿命较短。《黄帝内经》卷一记载：“上古之人，春秋皆度百岁，而动作不衰；今时之人，年半百而动作皆衰者，时世异耶，人将失之耶。”为了更好更优地繁衍后代、延续族群，在前工业社会的大部分时期内，统治者均提倡社会成员早婚早育；严格规定了男女缔结婚姻的年龄以及男女间性行为的前提条件，在社会文化较为开放的历史时期还存在婚前试婚、未婚同居等以男性是否具有生育能力来判断能否结婚的风俗习惯。总体而言，在前工业社会中，有益于生命族群繁衍后代、扩大族群的婚姻行为与性行为受到鼓励，而无益于生命族群繁衍后代、扩大族群的行为被禁止与取缔。

作为人类社会针对男女两性关系的一种制度，人类社会由低级阶段进化到高级阶段的过程中，其家庭形态相继经历了血婚制、伙婚制、偶婚制、父权制及专偶制家庭：“从最初以性为基础、随之以血缘为基础、而最后以地域为基础的社会组织中，可以看到家族制度的发展过程；从顺序相承的婚姻形态、家族形态和由此而产生的亲属制度中，从居住方式和建筑中，以及从有关财产所有权和继承权的习惯的进步过程中，也可以看到这种发展过程。”[①]在长期的生活实践中，人们发现“近亲相交，其生不繁”。为了保障生育行为的质量，统治者限制社会成员的性交范围，人类群婚杂交的范围逐步缩小，婚姻家庭制度随之产生。[②] 前工业社

① [美]路易斯·亨利·摩尔根：《古代社会》，杨东莼、马雍、马巨译，北京：中央编译出版社，2007年，第6页。

② 参见刘达临：《浮世与春梦：中国与日本的性文化比较》，北京：中国友谊出版公司，2005年，第78、79页。

会中的家庭模式逐渐稳定且固化，社会成员的婚姻选择自由受到社会伦常的约束与统治阶级的严密控制。

在古代中国社会，王权的统治深刻介入到臣民们的婚配中，国家对男女的婚嫁年龄、婚姻对象有着严格的规定；此外，统治者还以礼俗及法令促进男女的婚配。《墨子·节用》记载，昔日圣王为法曰："丈夫年二十毋敢不处家，女子年十五毋敢不事人。"[①]到了规定年龄而不结婚，国家会强制安排结婚。《周礼·地官·媒氏》记载："中春之月，令会男女。于是时也，奔者不禁。若无故而不用令者，罚之。司男女之无夫家者而会之。"[②]中春之时，男女自由交往，不遵从者将受到惩罚。《吴越春秋·勾践伐吴》中记载："令壮者无娶老妻，老者无娶壮妇；女子十七未嫁，其父母有罪；丈夫二十不娶，其父母有罪。"战国时期的越国严格限定男女婚嫁的对象及年龄，规定年轻男子不得娶老年的妇女、老年男子不能娶年轻的妻子；女子十七岁未嫁、男子二十岁未娶，则其父母将被判罪、判刑。人们的婚姻生活必须遵从礼俗和法令之规。

不同的朝代婚俗不同，统治者对婚配的干预程度也不同。例如，唐朝提倡"男子娶寡妇、寡妇再改嫁"，鼓励男女再婚，大宛等地域相对自由的性文化也影响了当时的中原地区。《晋书·四夷列传·大宛国》中记载："其俗娶妇先以金同心指镮为娉，又以三婢试之，不男者绝婚。"大宛男女在正式婚配之前，甚至可以试婚。而到宋代中期以后，程朱理学推崇"妇道从一而终，岂以存亡改节"，节妇为夫守贞，走向了男性对女性的性禁锢与性压迫的极端。在古代中国，同性恋行为在不违反人伦大忌、不妨碍生育的情况下能够被社会接受，同性作为一夫一妻多妾的婚姻制度中的"妾"存在，从文人骚客们的诗赋中能够考据这种独特的历史现象。

古希腊斯巴达城邦对城邦成员的婚姻与性行为进行约束与管理。在斯巴达城邦，混乱的、无秩序的交合(即性行为)是对幸福城邦的一种亵渎，是统治者们所不允许的。只有对公众最有利、最有益的婚姻才能够成为神圣的婚姻。[③] 那么什么是对公众最有利、最有益的婚姻呢？为了尽可能地塑造出一个优秀的族群，神圣的婚姻应当由"最优秀的男子与最优秀的女子尽可能频繁地交合，最差的男子和最差的女子则正好相反。同时，应当给予在战争或其他作为中表现出

---

① 昔日圣王为法，这里指的是周代。周代规定男子最大二十、女子最大十五必须婚配。

② 陈戍国点校：《周礼·仪礼·礼记》，长沙：岳麓书社，2006 年，第 32 页。

③ 参见[古希腊]柏拉图：《理想国》，顾寿观译，长沙：岳麓书社，2010 年，第 224 页。

众的年轻人更充足的和妇女同房的权利，以便获得尽量多的从优秀的种子中生育出来的儿童”①。为了保证族群中能够生育出最优秀的后代，在规定的生育年龄阶段，城邦成员务必严格按照统治者的安排，与适当的城邦成员交合；在超出了规定的生育年龄、并且保证不生产不适宜的婴儿后，男人们就可以自由地和他所愿意的人交合，除去女儿和母亲以及女儿的女儿和母亲的母亲；同样，妇女们也可以自由地与人交合，除去儿子和父亲以及儿子的儿子和父亲的父亲。② 在古希腊、古罗马时期，同性之爱被视为美好的与正当的爱恋。梭伦规定，任何一个年轻男子未经许可在学校内出没（校内的男孩都未达到青春期），得处死刑。奴隶和身份自由的男孩有瓜葛也是非法的，而任何男子如果引诱自由的男孩做“职业性交易”，将被剥夺公民权利。法律对“非教育性质”的同性恋关系加以处罚，但具有“教育性质”的师生间的亲密关系则不受限制。③

在前工业社会的历史阶段中，东西方社会对待同性恋，尤其是男同性恋的态度可谓迥异。在东方社会，人们将同性恋行为视为个人的私好与癖好。在西方社会，人们对同性恋行为的观瞻随着基督教传入古罗马而发生改变。基督教会最初流行于下层社会，罗马皇帝将基督教定为国教后，基督教会成为帝国统治的精神工具。基督教遂由过去提倡平等、博爱、互助互济的思想，转变为钳制思想、敌视异端的文化专制主义的代表。在基督教看来，同性恋是最严重的罪行，直接原因是教会推行禁欲主义，它认为同性恋以及不经过婚姻仪式的异性恋均是罪恶，根本原因则是基督教的教义认为同性恋反自然和反上帝，因此比异性恋更为邪恶。公元 538 年，罗马皇帝查士丁尼在综合罗马法和教会法的基础上颁布法律，宣布同性恋“引起饥荒、地震和瘟疫”、使个人“丧失灵魂”；为防止国家和城市的毁灭，必须严禁同性恋行为，惩罚的手段之一是公开示众后加以阉割。人们甚至将 541～544 年发生在拜占庭的大鼠疫归罪于同性恋者。由此，在古希腊时期仅被视为一种性风俗和性习惯的同性恋，在罗马帝国后期成为教会钳制的“反上帝之罪”，在世俗政权中也被视为“危害国家、危害公众罪”。④迫害、压制同性恋的行为在欧洲中世纪的中后期更趋严重，直至近代西方社会，人们对同性恋的看

① ［古希腊］柏拉图：《理想国》，顾寿观译，长沙：岳麓书社，2010 年，第 226 页。

② 参见［古希腊］柏拉图：《理想国》，顾寿观译，长沙：岳麓书社，2010 年，第 228 页。

③ 参见胡宏霞：《欢情与迷乱：中国与罗马的性文化比较》，呼和浩特：远方出版社，2008 年，第 190 页。

④ 参见胡宏霞：《欢情与迷乱：中国与罗马的性文化比较》，呼和浩特：远方出版社，2008 年，第 190、191 页。

法才有所改观。

四、关涉生命终止行为的悖谬行径

在前工业社会中，统治者拥有对被统治者的一切支配权，包括统治者的生命与身体。生命终止行为在前工业社会中更多的是作为统治者对被统治者的惩罚方式予以执行的，有的时候统治者“赐死”还被视为是统治者的恩赐，不被看作对被统治者的惩罚。相对于被统治者而言，统治者可以控制社会成员的生死进程，正所谓“君要臣死，臣不得不死”。被统治者既不能支配自己的身体，更不能支配自己的生命。在一般情况下，不经过宗族、长者允许的自戕行为视为不忠不孝。仅在特定情况下，合乎统治者规定的政治道德的生命终止行为不仅不被禁止，还会受到奖励。

在前工业社会，首先是宗教严厉打击并遏制人的自杀行为。基督教教义认为，人的自杀行为反对上帝对人的生命的安排，因此是一种罪恶。随后，世俗世界中的统治者亦制定了相应法令。基督教社会刚一形成，自杀就被正式禁止。公元 452 年，阿莱斯宗教会议就宣布自杀是一种罪过。公元 563 年，布拉格宗教会议使自杀的禁令得到刑法承认。教会法规定，自杀者“在弥撒圣祭时不能得到被追念的荣幸，他们的尸体在落葬时不能唱圣歌”。民法规定，自杀者的尸体由处理杀人的权力机构处理，死者的财产不归通常的继承者而要交给贵族，并且规定不同的肉体惩罚。1670 年路易十四颁布的刑法中可见将尸体游街示众、没收财产等自杀常见的惩罚。[①]

具体来说，前工业社会中的自杀行为包括三种表现：第一，开始衰老或患病的男子的自杀。例如：在西哥特人中，老年人选择在高耸的悬崖“祖先岩”上跳岩身亡；在赛奥斯岛上，超过一定年龄的男子在隆重的宴会上头戴花冠饮毒芹汁而亡。第二，妻子在其丈夫去世时的自杀。例如在中国，寡妇为丈夫殉节，陪伴丈夫一起死亡。第三，被保护者或仆人在其主人去世时的自杀。例如在高卢，首领的衣服、武器、马匹、最宠爱的奴隶以及在最后一次战斗中没有战死的忠实的追随者将被焚烧而亡；在阿散蒂，国王去世时他的官员们必须同时赴死。[②] 在这三种情况下，人之所以自杀，不是因为个人有自杀的权利，而是因为个人有自杀的

---

① 参见[法]埃米尔・迪尔凯姆：《自杀论》，冯韵文译，北京：商务印书馆，1996 年，第 353 页。

② 参见[法]埃米尔・迪尔凯姆：《自杀论》，冯韵文译，北京：商务印书馆，1996 年，第 223～228 页。

义务。社会强制性地规定这种牺牲是为了维持统治者与被统治者的从属关系。社会为了迫使它的某些成员去自杀，必须贬低个人的人格：个人与他人没有什么区别，只是整体的一个完整的组成部分，没有自身的价值。因而社会可以随时要求个人结束其生命。① 个人严格服从群体是这些社会的基本原则，所以可以说，利他主义自杀是低级社会集体纪律不可缺少的一种手段。这种自杀和这些社会的道德结构之间有着某种密切的联系。②

在古代西方，未经国家批准的自杀行为被视为非法。在雅典，自杀的人因为对城邦做了一件不公正的事而受到"凌辱"：他不能享受正常的荣誉和葬礼，而且尸体的一双手还要被砍下来另埋他处。底比斯、塞浦路斯、斯巴达城邦同样如此规定。然而，个人自杀前如能事先征得主管机关的批准，自杀行为将被视为合法的行为。在雅典，如果在自杀前说明生活难以忍受的理由，请求元老院批准，若请求正式得到同意，那么自杀就被认为是合法的行为。巴尼奥斯记载的戒条说道："不愿再活下去的人应该向元老院说明理由，并在得到许可后去死。如果生活使你不愉快，你可以死；如果你运气不好，你可以喝毒芹汁自尽。如果你被痛苦压倒，你可以弃世而去。不幸的人应该说出他的不幸，法官应该向他提供补救的方法，他的不幸就可以结束。"在赛奥斯，法官备有毒药，为那些向六百人院说明他们必须自杀的理由后得到批准的人提供必要数量的毒药。③ 但是除了国家与统治者同意的自杀行为之外，脱离了统治者监控之外的自杀行为被视为非法和不道德的。古代中国情况大致类似。

五、背离生命伦理与生命价值的定制生命行为

囿于前工业社会极为有限的医疗卫生水平，现代意义上通过生物技术筛选、改良人的基因的"定制生命"行为并未发生。然而，人类对完美身体的追求，在前工业社会就早有体现，社会伦常对性别差异、种族差异、阶级差异的强调，区分并且固化了社会成员的不同社会等级与社会地位；为使优秀的血统得以延续，统治者设定严格的两性婚育条件、制定针对病弱者的专门政策来实现人为选择的定制生命行为。在前工业社会的统治型社会治理模式下，社会成员之间呈现出差等的社会阶级与社会地位，关于不同等级、不同性别的社会成员的婚嫁、生育条

---

① 参见[法]埃米尔·迪尔凯姆：《自杀论》，冯韵文译，北京：商务印书馆，1996年，第232页。
② 参见[法]埃米尔·迪尔凯姆：《自杀论》，冯韵文译，北京：商务印书馆，1996年，第398页。
③ 参见[法]埃米尔·迪尔凯姆：《自杀论》，冯韵文译，北京：商务印书馆，1996年，第356、357页。

件有着严格的规定。

在古代中国，随着人类社会过渡到父系社会，男女性别的生理性差异逐渐被社会秩序所固化，性别之间的差异不仅被认为是人的生理上天然存在的差别与差等，而且成为社会性的差等秩序与伦常。在社会伦常的影响下，男性是第一性、女性是第二性的观念反映到“定制”生命行为中，体现为社会成员对女性胎儿的遗弃，清朝大规模的“溺婴”即为此类案例。在古印度，不同的种姓之间严禁通婚、严禁生育。

此外，前工业社会更加重视体魄强健的年轻人、壮年人，针对身体羸弱、体魄孱弱的病人或者残疾者会采取专门措施。古希腊时期的斯巴达城邦有重视体育锻炼和强健体魄的传统，为了确保城邦后代体魄强健，统治者规定凡是由那些优秀的父母生育的儿童，会由专门的官员和保育员们带到与城邦相隔离的育仔棚里统一收领、抚育；而凡是由较差的父母生产的、或是由那些优秀的父母生产的有缺陷的婴儿，则会以适当的方式不为人所见地被遗弃、隐匿、处理掉。[①] 生病的人被遗弃，甚至病人被认为是一种罪恶。古希腊斯巴达城邦认为，凡是无力尽他的天年的人，是不值得去为他操劳的，因为这样的事，对他本人和对城邦均无益处。[②] 由于生产力水平、技术水平的限制，前工业社会实现“定制生命”的方式极其简单、粗暴并充斥着对人的生命与人权的漠视，多数“定制生命”的举措毫无科学依据。

第二节　工业社会：生命行为管理的启蒙与试错

文艺复兴、宗教改革、启蒙运动等颠覆了宗教神权与世俗王权的合法性，此后，现代文明社会将尊重和保护人权及弘扬人的生命价值视为要旨。在工业社会，社会管理者部分摒弃了此前粗暴简单、践踏人权的生命行为管理手段，改用工具理性主导的生命行为管理模式。此时的生命行为管理在历史上是进步的，它以自由、平等、公正与正义为口号，要求尊重和保障人权。人权俨然成为普世价值。然而，工具理性主导下的国家机器却在生命行为管理的道路上误入歧途，在实质上仍存在大量漠视人权与侵害人的生命权的现象。工业社会的生命行为管理处于启蒙和试错的时期。

---

① 参见[古希腊]柏拉图：《理想国》，顾寿观译，长沙：岳麓书社，2010年，第226页。

② 参见[古希腊]柏拉图：《理想国》，顾寿观译，长沙：岳麓书社，2010年，第143页。

一、控制人口数量与人口规模的计划生育的兴起与发展

人类社会进入工业文明时期以后，遭遇的最主要问题之一是世界范围内的人口爆炸。在拿撒勒的拉比犹太教时期，地球上仅居住着约 2 亿人口；此后历经 19 个世纪，到 1900 年，地球人口的总数量增至原来的 8 倍；但在随后的一个世纪里，到 2000 年，世界人口总量已剧增至 60 亿。借助于生产力技术的发展和现代医学进步，到 20 世纪止，人类社会能够有效遏制饥饿、病疫和母婴死亡率，致使人口数量在 20 世纪的短短 100 年中就增长到世纪初的 4 倍。这一人口爆炸的势头尚看不到结束的迹象。①

17 世纪初，在西方社会独立性的人口学科兴起，它根据人口出生、死亡、结婚、性比例、体重等人口统计资料和犯罪统计资料，研究人口社会结构的基本规律。以马尔萨斯为代表的一系列人口学家提出抑制人口的思想。此时的中国社会仍以增殖人口与促进优质生育为生育行为管理的主要价值导向。有学者估算，直至宋代中国人口总数首次过亿，少生、优生的计生节育观念才被正式提出。但是中国社会真正开始实践国家层面的计划生育，是在中国进入现代社会以后。

在人口数字不断膨胀的过程中，人类由最初的不自觉进行生育控制活动，开始走向自觉地进行生育控制活动的阶段。第二次世界大战后，世界范围内"婴儿潮"这一社会现象的出现表明生育控制运动发展到了一个崭新的阶段，政府设立相关职能部门，施行"家庭生育计划"(我国学者将其翻译为"计划生育计划")。联合国人口委员会(1946 年)、国际生育计划联合会(1950 年)、人口活动信托基金会(1967 年；1969 年更名为"人口活动基金会"、1987 年更名为"联合国人口基金会")等主张相应设立计划生育的国际机构，在世界范围内出现《世界人口行动计划》(1974 年)等国际宣言。生育控制由民间走向了政府干预，由家庭计划生育走向社会人口规模控制。②

二、增量拓展对性及婚姻家庭关系的宽容度

现代社会对性问题所持的宽容态度，即使在欧美各国也是近几十年才发生

---

① 参见[德]赫尔穆特·施密特：《全球化与道德重建》，柴芳国译，北京：社会科学文献出版社，2001 年，第 7 页。

② 参见邹寿长：《优雅的生——人类辅助生殖技术的伦理思考》，湖南师范大学博士学位论文，2003 年。

的。以社会对同性恋行为的认知与管理变化为例，同性恋行为管理在总体上呈现为更加宽容的态势。在法国，曾一度火烧同性恋者。1752 年《拿破仑法典》对同性恋"判罪"已有相当程度的放宽；到 1860 年，法国社会已基本容忍同性恋。在英国，1861 年以前法律仍明文规定对同性恋者要判死刑；到 1861 年，将死刑改为 10 年有期徒刑至无期徒刑；直到 1967 年，英国法律才规定彼此同意的成年人之间的同性恋关系合法。①

英国"同性恋和卖淫行为研究委员会"（也被称为"沃尔芬登委员会"）于 1957 年提出"沃尔芬登报告"，旨在讨论有关性行为的法律的制定问题。该报告论证的焦点是要在道德与法律之间划出界线；它主张法律的职责是调整公共秩序，维护可接受的公共风俗标准（即不有伤风化之意），而不是侦察人们的私生活。

沃尔芬登报告引用精神分析和社会科学的研究成果，力主应避免试图通过建立公共法规来建立道德风尚。沃尔芬登报告建议成年人之间的同性恋行为不宜被纳入刑法范围。到 1967 年制定的《两性关系犯罪行为法》中，沃尔芬登报告中的上述建议已得到立法上的贯彻和体现，同性恋不再被视为犯罪行为。沃尔芬登报告影响颇大，成为对性更宽容、更多地承认性的私人性质这样一种潮流的标志。随着个人隐私权日益受到尊重，人们普遍放弃了禁欲主义流行时代那种自觉充任"道德警察""道德法官"的做法。② 此后，西方社会成员对个体的性行为认知愈发清晰，趋向于承认人的性权利与人的性行为自由。随后，人们对异性之外的婚姻行为也更加宽容。

然而在沃尔芬登报告这一具有划时代意义的研究报告出台之前，由于社会主体对性行为的错误认知，欧美等国家社会管理者对人们性行为的规定与管理经历了极为严苛的历史阶段。其中最为登峰造极的是 20 世纪中叶，德国纳粹政权实施的"清洗性堕落污染政策"，即纳粹对有同性恋嫌疑的男人和有堕胎嫌疑的女人的迫害政策。自 1933 年 4 月掌权后，纳粹政体即公开宣布清洗德国的性堕落污染政策。在希特勒的极权统治下，纳粹政权强制阉割性犯罪者，将数千同性恋者关进集中营，并通过了对堕胎者可以处以死刑的法律。1933 年 7 月，纳粹政府依据《预防遗传疾病患者生育法》采取了监控性行为的第一个步骤：准许

---

① 参见胡宏霞：《欢情与迷乱：中国与罗马的性文化比较》，呼和浩特：远方出版社，2008 年，第 192 页。

② 参见江晓原：《性张力下的中国人》，上海：华东师范大学出版社，2011 年，第 251 页。

医生对被认定为不适合生育者施行绝育手术。此后，纳粹政权所实施的人口计划一直走向所谓的“安乐死项目”，最终走向消灭非雅利安人种。[①] 1935 年的《纽伦堡德国血统和荣誉保护法》准许“遗传健康法庭”有权决定结束“不值得生存者的生命”。[②] 这一性行为管理政策的残暴程度可谓令人发指，是错误、荒谬、践踏人权与泯灭人性的性行为管理政策，直至今天，纳粹德国以及在其他纳粹国家所实施的“清洗政策”仍被定在历史的耻辱柱上。

相似的政策发生在意大利，法西斯主义者宣称一个真正的男人是强有力的、富有生殖能力的异性恋者。据此，政府向单身汉征税，并于 1931 年宣布同性恋行为违法。法西斯党的官方路线是：“现代社会蔑视遗弃者、男妓、同性恋者和窃贼。必须把不履行国家义务的人归入此列。我们必须蔑视他们。我们必须让单身汉和那些舍弃婚床的人为他们潜在的生育能力感到羞愧。”共产主义者、犹太人和同性恋者均被意大利纳粹政权视为敌人。[③] 纳粹政权的性行为管理不仅错误，而且极其荒谬。

事实上，并非只有纳粹将性取向或种族作为“优生”的标准。在纳粹实施“清洗政策”之前，美国、加拿大等国就已经成立了优生学会，并在优生学会的指导思想下实施了一系列优生活动。例如，位于美国弗吉尼亚林奇伯格的癫痫和弱智集中营，就是将“弱智”和“不合格的人”强制绝育的场所。直至 20 世纪 70 年代，加拿大和美国仍一直执行优生学绝育政策。德国纳粹政权于 1933 年颁布的《预防遗传疾病患者生育法》遵循的正是美国的优生模式。然而，纳粹政权施行的人口计划之所以被认为区别于其他国家的优生计划，其本质在于纳粹政府的清洗政策是为其政治目的服务：政权的任何反对者都有可能被国家机器宣布实施强制性绝育。20 世纪二三十年代，纳粹政权以及美国、加拿大政府施行的生育行为与性行为规制，其实并没有科学依据。按照现在人们对基因的认知，其实并不存在所谓的优等基因与劣等基因。工业社会时期的性行为管理经历了一段漠视人权与侵犯人的生命权利的错乱时期。

---

① 参见[加]安格斯・麦克拉伦：《二十世纪性史》，黄韬、王彦华译，上海：上海人民出版社，2007 年，第 218 页。

② 参见[加]安格斯・麦克拉伦：《二十世纪性史》，黄韬、王彦华译，上海：上海人民出版社，2007 年，第 237 页。

③ 参见[加]安格斯・麦克拉伦：《二十世纪性史》，黄韬、王彦华译，上海：上海人民出版社，2007 年，第 230～234 页。

三、禁止社会成员的自杀行为：由宗教层面到法律层面

在工业社会，自杀行为被视为一种非正常的社会现象和破坏社会团结的行为，是人们对国家和社会的一种控诉。[①] 从前工业社会到工业社会，终止生命行为管理经历了从宗教禁止自杀行为到国家管控自杀行为的过渡。1789 年法国从犯罪名单上划掉了“自杀”一项，然而法国人所信奉的各种宗教继续禁止并惩罚自杀，公共道德亦谴责自杀，自杀的同谋者被当作杀人犯起诉。直到 1871 年普鲁士的刑法典颁布之前，自杀者必须在没有任何排场和宗教仪式的情况下被埋葬。纽约州刑法典将自杀定为犯罪，自杀未遂可能导致被判处两年以下监禁或 200 美元以下罚款或者二者并处。伊斯兰教社会坚决禁止自杀，认为高于一切的美德是绝对服从神的意旨和“使人耐心地忍受一切”的顺从；自杀是不顺从和反抗的行为，因此只能被看作严重地缺乏基本的责任感。[②] 从宗教层面到法律层面，社会相关主体严格控制并遏制社会成员的自杀行为，在前工业社会中，自杀被定义为“罪恶”或犯罪行为；在工业社会中，人们对自杀行为的认知有了一定进步，但仍然存在缺失与不足，自杀被视为人的道德素养低劣与缺乏责任感的表现。

依据现代法律的相关规定，自杀属于违法行为，只不过这种违法行为尤其是在自杀已遂的情形下无法亦无必要追究其法律责任。在这样的社会背景下，新型的终止生命行为，例如医助型自杀等帮助他人自杀的行为被视为一种犯罪行为。国内外出现一批慈善组织的、学术的自杀预防机构，包括国际自杀预防协会、国际死亡学和自杀学协会、国际益友会、国际生命线等。政府同样设立大量自杀危机干预机构，包括美国洛杉矶自杀预防中心、加拿大蒙特利尔危机干预中心、芬兰赫尔辛基自杀预防中心、瑞士日内瓦综合医院意外伤亡急诊部等。在多数国家与地区，政府仍主张遏制与预防社会成员的自杀行为，社会主体监控人的自杀行为；同时，社会主要以疏导人心理上的负面情绪的方式来干预并预防社会成员的自杀行为。这些措施在一定程度上确实起到预防自杀的作用。

---

① 参见[德]克劳斯·科赫：《自然性的终结——生物技术与生物道德之我见》，王立君、白锡堃译，北京：社会科学文献出版社，2005 年，第 69 页。

② 参见[法]埃米尔·迪尔凯姆：《自杀论》，冯韵文译，北京：商务印书馆，1996 年，第 353 页。

四、优生节育的异动：国家政策主导下的特定群体强制绝育

在19世纪末、20世纪初，流行于英国和德国的一些种族主义者以优生学的伪科学成分作为幌子，提出一些荒谬的理论。他们认为，在生存竞争中，凡是具有优良遗传素质的人就会胜利，成为统治者；而遗传素质恶劣的人是不适应者，应是被统治者。种族主义者认为，在不同阶级和不同种族中，存在天然的遗传上的优越者和低劣者。他们据此提出，种族混合是一种危险，可能使所谓优秀的纯种变为劣等。①

在美国，人们将优生学视为解决社会和经济改革失败的良方。1906年，美国繁育者协会建立了优生委员会，以调查和报告人类种族的遗传特征，强调优良血统的价值以及低劣血统对社会的威胁。1907年，美国印第安纳州首先通过绝育法（印第安纳州的绝育法在1921年被宣布违宪，但先后又于1927年和1931年通过了新的法律），规定对罪犯、白痴、低能人等实行强制性绝育。② 美国的优生运动在1924年达到顶峰，随后逐渐走下坡路。美国国内的经济大萧条及欧洲希特勒政权的不断扩张，使愈来愈多的美国公民从优生学的愿景中苏醒，美国优生运动就此衰落。③ 然而，美国优生运动的衰落并不表示错误的终结，在德国等纳粹国家部分社会成员的噩梦刚刚开始。

1905年，德国的勃洛志集合德、奥、瑞典、瑞士等国家有关研究人员建立了"国际民族卫生学会"，这是第一个国际性优生学组织。1903年成立的"美国养殖协会"（1913年改称"美国遗传学会"）随后设立优生部。1910年，达文波特在纽约冷泉港建立"优生学记录馆"。1912年，第一届国际优生会议在伦敦举行，并成立"国际永久优生委员会"。1907年，美国印第安纳州颁布了世界历史上第一部优生法，以法律手段禁止有严重遗传缺陷者、肢体残障者以及有犯罪性格的人生育。1943年，日本颁布优生保护法，其中的绝育法案规定怀孕的麻风病患者必须堕胎，对其强制绝育，以杜绝麻风病人的后代。1934～1945年，德国医务

---

① 参见樊新民：《生育革命：对基因工程时代人类选择生育的社会学探讨》，北京：中国社会科学出版社，2003年，第106～108页。

② 参见[美]杰里米·里夫金：《生物技术世纪——用基因重塑世界》，付立杰、陈克勤、昌增益译，上海：上海科技教育出版社，2000年，第118～124页。

③ 参见[美]杰里米·里夫金：《生物技术世纪——用基因重塑世界》，付立杰、陈克勤、昌增益译，上海：上海科技教育出版社，2000年，第127～128页。

人员对40万属于“无生存价值”或“劣等种族”的男女实施了强制绝育手术。①从20世纪初到20世纪中叶的半个世纪的时间内，优生运动逐步推进，其针对的人群不断扩大，所涉及的国家与地区不断增多，实施优生运动的方式与手段愈发残酷。20世纪40年代左右，优生节育的“异动”达到登峰造极、极端践踏人权的地步，甚至带来种族大屠杀。

1933年以前，美国、瑞士等国家相关法律规定，政府有权阻止明显不适合的个体生儿育女，但绝育手术仅仅是针对少数患有可遗传疾病或者精神性疾病的病人，规模很小。当纳粹在德国掌权的时候，绝育政策得到贯彻。绝育法先后在1907年和1925年被提交到德国议会的面前，纳粹政府最终在1933年制定的法律是建立在30年精神病学和遗传学研究的基础上。这一法律被运用于患有遗传性弱智、精神分裂症、狂躁型抑郁症、癫痫、慢性舞蹈病、遗传性聋盲以及几种遗传性身体畸形的个人。是否对社会成员施行绝育的决定权掌握在所谓的“遗传健康法庭”之手。在纳粹政权的初年，就有超过25万人被实施绝育手术。②优生学的观念被纳粹利用和宣传，成为他们施行种族隔绝、种族灭绝政策的依据与借口。

纳粹政权出台的《差别对待法》(Discriminatory Laws)将犹太人、波兰人、吉卜赛人以及同性恋者、智力或体力残废者划为劣等人，自此进行了极端践踏人权的、野蛮的清除“劣等人”的优生运动。这一人工选择式的筛选方式泯灭人性与极端践踏人权，但在政策执行之初，当时社会中的“正常人”(即种族卫生政策与差别对待法中不被清除的群体)不仅没有意识到这一政策的荒谬之处，反而受公权力的诱导，站在了他们所认为的“不正常的人”的对立面，实际上他们也站在了人权的对立面。直到纽伦堡军事法庭对纳粹战犯与纳粹医生的罪行进行审判，这一国家主导下的特定群体强制绝育政策才被彻底推翻，优生“异动”至今仍为人所诟病。

---

① 参见樊新民：《生育革命：对基因工程时代人类选择生育的社会学探讨》，北京：中国社会科学出版社，2003年，第107页；周平：《生育与法律：生育权制度解读及冲突配置》，北京：人民出版社，2009年，第8页。

② 参见[美]亨利·欧内斯特·西格里斯特：《疾病的文化史》，秦传安译，北京：中央编译出版社，2009年，第98页。

第三节　后工业社会：生命行为管理的反思与重构

随着后工业社会的来临，人们警惕于前工业社会野蛮、残酷的生命行为管理方式，从工业社会步入歧途的生命行为管理方式中醒悟，总体上开始步入生命行为管理的反思与重构时期。后工业社会的来临意味着许多问题不能在旧的社会制度结构中解决。在后工业社会的时代背景下，随着知识的传播与发展、生命科学与生物技术的进步以及人类社会对生命价值认知的深化，以公权力为主导、以政府为核心的社会多元主体开始反思与重构当下与既往社会中的生命行为管理之策。

一、第一阶段（1947 年以前）：人们对既往生命行为管理的反思

第二次世界大战以后，一些国家和地区的经济开始复苏并飞速发展，科学技术在第三次产业革命的推动下不断发展，全球化趋势也愈来愈彰显其强大力量。二战后初期相对稳定的国际环境，使国际社会得以对二战的发动者进行审判。二战期间，德、日、意等法西斯国家大规模应用生化武器、活体生物实验、种族灭绝大屠杀等骇人听闻、泯灭人性的践踏人权的野蛮行径，给人类社会文明的发展敲响了警钟。科学家、哲学家、社会管理者们纷纷意识到，科学技术的发展有可能给社会带来不良影响，而科学技术的应用一旦与人权、生命权等基本价值权利相悖，其后果甚至是灾难性的。当人们发现生活在日本广岛、长崎的居民多年来饱受病痛之困时，20 世纪中叶为了尽快结束战争向日本投放原子弹的决议，在半个多世纪后再度遭到人们热议。约翰·霍根提出“科学的终结”概念并质疑纯粹科学发展的终极限度，利奥波德、卡逊、康芒纳等生态伦理学家提出建构生态整体主义伦理观的要求；在反思人类社会文明进步的负外部性的基础上，人们开始意识到既往的一些生命行为管理政策是片面或者错误的，人们对生命行为管理的反思就此发端。

（一）生态、环境、科技伦理问题引发的思考

第二次世界大战开始以后，科学作为一种社会活动方式，以及科学家之间的行为规范都发生了巨大的变化。科学与生产的联系更加密切，科学家的研究活

动更加社会化，科学的发展由学术性科学组织发展到工业性科学组织。而从建立第一座能控制持续核裂变的核反应堆开始，“人类不知不觉中进入了原子时代”[1]。原子弹首次应用于实践是为敦促日本投降和及早结束第二次世界大战，于1945年8月6日投放于日本广岛的上空。三天后，第二颗原子弹在日本长崎上空爆炸。这是人类第一次创造出如此巨大的力量并应用于军事工业；其后，核军备竞赛、星球大战计划的实施，使得氢弹、超级炸弹纷纷问世，即使冷战后为了控制核武器而签署的一系列条约也未能打消人们尤其是科学家们对“核冬天”的忧惧。

美国学者奥尔多·利奥波德的土地道德论旨在揭示环境的内在联系及人类行为对环境的影响。他从生态整体主义伦理观的角度指出，大自然的生命是相互关联的，人类仅是“土地共同体的平等一员和公民”，共同体内的每个成员都有其继续存在的权利，人类应当承担起作为生态共同体成员应有的职责，特别是对土地的道德责任。[2] 利奥波德的土地道德论区别于以往的从尊重生命、审美或者经济角度提出的保护资源的倡议，是从总体上提出的客观认识人和自然关系的生态学的哲学总论。其后，美国学者蕾切尔·卡逊、巴里·康芒纳等生态伦理学家进一步揭示了地球环境生态危机的严重性。随着人类社会从事生产、科技活动的范围不断扩大，其在掠夺资源、破坏环境上的负面影响也不断加深。卡逊虚拟了一个灾难突然发生的美国小镇，在这个小镇里，由于人们滥用杀虫剂而使春天不再充满生机。卡逊指出：“‘控制自然’这个词是一个妄自尊大的想象产物，是当生物学和哲学还处于低级阶段时的产物，当时人们设想中的‘控制自然’就是要大自然为人们的方便有利而存在。”[3]20世纪四五十年代起，合成杀虫剂尤其是DDT的广泛应用在短期内提高了粮食产量，同时也对人类生活产生巨大的负面效应：杀虫剂中的有机氯化物通过食物链或空气进入人体，损害人的神经系统和肝脏功能，大量使用杀虫剂还使许多害虫产生抵抗力，并因生物链结构的改变使一些原本无害的昆虫变为害虫，成千上万的城镇的春天“沉寂”下来。继《寂静的春天》出版之后，康芒纳在《封闭的循环》一书中提出“自然界所懂得的是最好的”这一生态法则，他认为战后环境危机的根源在于人类应用现代科技对自

---

① 张华夏：《现代科学与伦理世界》，北京：中国人民大学出版社，2010年，第171、189页。

② 参见[美]奥尔多·利奥波德：《沙乡的沉思》，侯文蕙译，北京：经济科学出版社，1992年，第157页。

③ [美]蕾切尔·卡逊：《寂静的春天》，吕瑞兰、李长生译，长春：吉林人民出版社，1997年，第263页。

然系统造成的巨大变革。随着科技的飞速发展，它对自然生态循环的破坏逐渐超出了自然界的自组织、自演化、自调节阀限，并逐渐打破以往环境保护与技术应用之间的平衡。“我们破坏了生命的循环，把它的没有终点的圆圈变成了人工的直线性过程。”[①]20 世纪 60 年代以前，人们很少意识到保护环境问题，利奥波德、卡逊、康芒纳等的研究对人类征服自然的绝对正确性提出了质疑，引发了人们对环境伦理、生态伦理的思考。

（二）生命伦理问题的提出

马斯洛在对现代心理学的批判性反思中着重批判了科学与人性分离、事实与价值分离的唯科学主义方法。他认为，仅把自然科学视为人类唯一可靠的知识形态，以实证主义科学方法取代其他一切方法，必将导致人类危机直至人种的毁灭。唯物理主义、机械主义是尊，必将导致社会走向核战争、走向纳粹集中营那些杀人技术及相应的危险境地。[②] 霍根对诸多知名自然科学家的访谈也从另一个视角揭示了纯粹科学应对人类危机问题的无力。他为此发出“科学的终结”的诘问。

沃德和杜博斯指出，人类生活的两个世界，即人类所继承的生物圈与人类所创造的技术圈业已失去平衡并处在潜在的深刻矛盾中。[③] 环境污染、生态失衡、人口爆炸、失业、贫富差距等困境使地球脆弱的动态平衡受到破坏，不可恢复的潜在危险增多。环境、生态、科技伦理问题不仅在现实层面上向人类提出挑战，在理论层面上也引起人们更深层次的思考。20 世纪五六十年代起，阿尔贝特·史怀泽、恩格尔哈特等相继提出敬畏生命、允许等生命伦理元原则，波特、施赖弗等随后发出构建生命伦理学的倡议，正式提出生命伦理问题。

（三）《纽伦堡法典》的发表与《世界人权宣言》的通过

1946 年，纽伦堡军事法庭对二战期间因进行人体实验而犯下战争罪行的纳粹医生和纳粹官员进行审判，并于次年发表了关于人体医学实验的十大声明，即《纽伦堡法典》。《纽伦堡法典》针对人体实验制定了十项具体的伦理原则，这是在国际范围内第一次对人体实验的伦理要求进行的完整表述，对战后有关人体

---

① ［美］巴里·康芒纳：《封闭的循环：自然、人和技术》，侯文蕙译，长春：吉林人民出版社，1997 年，第 8、32 页。

② 参见［美］亚伯拉罕·马斯洛：《动机与人格》，许金声等译，北京：中国人民大学出版社，2012 年，第 238～244 页。

③ 参见［英］芭芭拉·沃德、［美］勒内·杜博斯主编：《只有一个地球：对一个小小行星的关怀和维护》，《国外公害丛书》编委会译校，长春：吉林人民出版社，1997 年，第 53～60 页。

实验与法律的发展具有里程碑的意义。[①]

1948 年联合国教科文组织起草的《世界人权宣言》全面阐述了现代人权并强调了维护人权的必要性。如《宣言》的第三条更明确规定,“人人有权享有生命、自由和人身安全”;第五条进一步指出,“任何人不能加以酷刑,或施以残忍的、不人道的或侮辱性的待遇或处罚”。第二次世界大战期间,法西斯政权肆意酿成的野蛮暴行是对人权的无视、侮蔑与践踏。《世界人权宣言》中确立的人权理想及其后在联合国层面建立的一系列人权保护机制,为促进社会进步和尊重人的发展做出了积极贡献。同时,它又是最早阐述人的生命权的国际文件之一,在它发布之后,人类的生命权诉求与生命行为管理意愿更加彰显。

二、第二阶段(1948～2000 年):生命行为管理的制度构建

“我们每天所需的食物和饮料,不是出自屠户、酿酒师和烙面师的恩惠,那仅出自他们自利的打算。我们不要对他们的爱他心说话,只对他们的自爱心说话,我们不要说自己必需,只说他们有利。”[②]经济人假设人们希望尽可能少地付出、尽可能多地收获,为了一己私利甚至可以损害他人的利益。人类社会的历史实践证明,仅靠人们的自觉不可能解决愈演愈烈的生态伦理、环境伦理、科技伦理问题,遑论更为复杂、更具专业性的生命伦理问题。随着社会主体对生命伦理认知水平的提高,相关的国际文件、政策文件陆续出台,各种学术讨论会在世界范围内不断召开,生命行为管理的制度建设不断向前推进。尽管生命伦理与生命行为的概念与内涵完全不同,但是不可否认的一点是,随着生命伦理观为更多人所认可,人们对生命价值的认知更加深化,社会主体对个体生命行为的约束将更加规范和更加富有人文关怀。具体而言,生命行为管理的制度构建包括法律保障与组织建设两个层面。

(一)生命行为管理的制度构建之法律保障(1948～2000 年)

第一,世卫组织、联合国教科文组织等出台宣言及公约。1964 年,世界卫生组织在芬兰赫尔辛基通过《世界医学协会涉及人的医学研究道德原则的赫尔辛基宣言》;1978 年,美国政府发表《贝尔蒙报告》;1982 年,国际医学科学理事会(CIOMS)通过《国际医学组织理事会涉及人的生物医学研究国际伦理准则》;

---

① 参见徐显明主编:《人权研究》,济南:山东人民出版社,2010 年,第 160 页。

② [英]亚当·斯密:《国富论》上卷,郭大力、王亚南译,上海:中华书局,1936 年,第 16 页。

1997年，欧洲委员会通过《在生物学和医学应用方面保护人权和人的尊严公约：人权与生物医学公约》及其附加议定书；1997年11月11日，联合国教科文组织（UNESCO）通过《世界人类基因组及人权宣言》；2005年，联合国教科文组织通过《生命伦理及人权宣言》。这些草案或宣言为生命伦理研究及其应用的基本原则，包括知情同意、尊重、不伤害、自主、公正等提供了依据，为生命伦理学伴生的伦理、社会、法律问题和争端的解决提供了有力参照，成为生命伦理管理的重要规范。

第二，一些国家和地区相继制定专门的法案法规。一些国家或地区纷纷加快了本国的生命科技立法进程，在胚胎干细胞研究、器官移植、克隆等极富争议的生命伦理管理领域制定了专门的法规法案及实施细则。例如荷兰的《安乐死法案》（2001年），英国的《人工授精与胚胎移植法案》（1990年）、《转基因生物条例》《器官移植法》《代孕安排法》《人体组织法》等，美国的《重组DNA分子实验准则》《基因疗法实验准则》《器官移植法》《统一脑死亡法》等，德国的《胚胎保护法》（1990年）、《基因工程法》《器官移植法》《药品管理法》《药品伤害救济法》等，爱沙尼亚的《人类基因研究法》（2000年），印度的《人体材料的生物伦理指导原则》（2000年）。在中国也已出台了一些重要的法律法规，包括《涉及人体的生物医学研究伦理审查办法（试行）》（1998年）、《人类遗传资源管理暂行办法》（1998年）、《人类辅助生殖技术规范》《人类精子库基本标准和技术规范》《人类辅助生殖技术和人类精子库伦理原则》（2003年）等。

（二）生命行为管理的制度构建之组织建设（1969～2000年）

第一，生命伦理学研究所的成立。在意识到生命伦理的问题之后，一些发达国家和地区成立了相应的生命伦理学研究所，对生命伦理的基本问题作出解释和规范。1969年，世界上第一个社会伦理学和生命科学研究所在美国纽约建立，即海斯汀中心。1971年，海斯汀中心出版了双月刊《海斯汀中心报道》，同年肯尼迪伦理学研究所在美国华盛顿乔治敦大学建立。1975年，《医学哲学杂志》创刊。1978年，肯尼迪伦理学研究所编写的《生命伦理学百科全书》出版。生命伦理学研究所对生命伦理学和生命伦理观念的进一步普及，为各国和地区设立伦理委员会奠定了基础。

第二，生命伦理委员会的设立。1983年，法国设立国家生命科学和医疗卫生伦理咨询委员会（CCNE）；1985年，教廷成立教皇宗教援助医疗保健工作者理事会，瑞士成立瑞士国家生命伦理咨询委员会；1991年，英国设立纳菲尔德生命伦理理事会;1992 年,俄罗斯联邦设立俄罗斯国家生命伦理委员会;1993 年,联合国教科文组织成立国际生物伦理委员会;亚洲生命伦理学会(1995 年)、日本科学技术理事会——生命伦理委员会(1997 年)、美国总统生命伦理理事会(2001 年)[①]、德国国家伦理理事会(2001 年)等随后成立。目前,世界范围内已有 55 个国家设立了国家政府一级的生命伦理委员会,包括阿尔及利亚、阿根廷、澳大利亚、奥地利等。[②] 在中国,2000 年成立了卫生部医学伦理专家委员会(原为"卫生部涉及人体的生物医学研究伦理审查委员会"),委员会的职责是负责行业科技发展中有关伦理问题的咨询和审查。

三、第三阶段(2001 年至今):生命行为管理的多维推进

在 1948 年《世界人权宣言》公布之后,关于如何促进国家与政府对人权的保障,社会相关主体建言献策,提出一些有效的方式。联合国教科文组织的《世界生命伦理与人权宣言》提出,为决策和应对生命伦理问题,必须做到以下三点:第一,倡导决策中的专业精神、诚实、正直和透明度;尤其是要公开所有的利益冲突并合理分享知识,尽一切可能利用现有的科学知识和方法来应对生命伦理问题并定期加以审查。第二,当事人、相关专业人员和全社会应当定期开展对话。第三,进一步创造机会,开展知情的、多元化的公开辩论,使相关各方都能自由发表意见。[③] 诸如《世界生命伦理与人权宣言》的倡议,为生命伦理管理与规范提供了重要依据,也为生命行为管理提供了更多的政策建议。当代生命行为管理呈现出新的特点,总体上表现为对社会成员的生命行为的权利予以更多的尊重和包容,相关法规制度的建设得到长足进步,多元主体利用多维方式参与管理。

(一)相关法律法规的修订与完善

首先,基于生命伦理认知的提高和社会实践的不断进步,20 世纪 60 年代起草的国际宣言和相关生命科学发展的法律法规不断得到完善,《赫尔辛基宣言》

---

① 自 1974 年以来美国相继设立了 6 个相似性质的伦理委员会,包括保护生物医学与行为学研究中的人体受试者国家委员会(NC,1974～1978 年),伦理咨询委员会(EAB,1978～1980 年),医学、生物医学及行为学研究伦理问题总统委员会(PC,1978～1983 年),生物医学伦理顾问委员会(BEAC,1985～1989 年),国家生命伦理学顾问委员会(NBAC,1995～2001 年),以及总统生命伦理理事会(PCB,2001 年)。

② 参见联合国教育科学及文化组织科学与技术伦理司:《指南 1. 建立生命伦理委员会》(第 VI 部分),《中国医学伦理学》2007 年第 3 期。

③ 参见联合国教科文组织:《世界生命伦理与人权宣言》,《中国医学伦理会》2010 年第 6 期。

于1975年、1983年、1989年和2000年分别获得修订;《国际医学组织理事会涉及人的生物医学研究国际伦理准则》于1993年和2002年分别获得修订。在中国,关于克隆及胚胎干细胞研究的法律业已修订数次。其次,人们对现代社会文明的反思也引发了社会管理者对生命的诞生、生命的延续、生命的终止及其他生命历程中的相关公共政策的思考,如对生育控制政策(包括计划生育政策、代孕的合法性)的调整、治疗性克隆与器官移植的管理与对策、安乐死的合法性、同性恋的合法性等。

(二)相关政府职能部门及专门机构的设立

2000年,世界卫生组织制定了《评审生物医学研究的伦理委员会工作指南》;其后,2005年联合国教科文组织又制定了《指南1·建立生命伦理委员会》,在审查各国家、地区和地方所建立的各级生命伦理委员会的基础上,对生命伦理委员会的发展提出建议。联合国教科文组织作为生命伦理领域的国际牵头机构之一,积极协助其会员国建立和开发生命伦理学的基础设施,如制定伦理学教育方案、指导原则、法规条例及成立生命伦理委员会。

目前,国际上普遍采用的伦理审查机制就是建立生命伦理委员会,对生命科学技术、生物医学的研究和应用进行严格监管。生命伦理委员会之外,一些发达国家针对具体研究还在相关政府部门或组织中设立了专门机构,如美国的国立卫生研究院(NIH)、人体研究保护办公室(OHRP)、食品和药品监管局(FDA)等。

(三)生命伦理委员会的合法律化

20世纪60年代,仅有科学家、医疗人员和极个别的政府官员意识到并承认生命伦理管理问题的存在,蕾切尔·卡逊出版其著述《寂静的春天》后,一些生产农药的化学工业集团以及使用农药的农业部门甚至否认环境伦理与生态伦理问题的存在,并指责卡逊是歇斯底里病人与极端主义分子。生命伦理管理发端之初,仅有一些医学杂志、自然科学期刊零星报道过生命伦理的相关文章。而到21世纪,随着社会成员对生命伦理问题认知的极大提高及生命伦理管理的诉求,生命伦理管理实践与社会、国家政策相结合,一些国家通过颁布法令的形式建立生命伦理委员会,使其在政府内部合法律化。如丹麦、冈比亚、乌兹别克斯坦分别制定的《丹麦伦理理事会法案》《冈比亚政府伦理委员会立法》《乌兹别克斯坦共和国国家生命伦理委员会》等。[①] 事实上，生命伦理委员会在生命行为管理中发挥重要作用，它为生命行为管理提供重要的伦理与道德判断，并且作为规范来约束人的生命行为。

第四节　生命行为管理模式嬗变之因由论析

从前工业社会到工业社会，生命行为管理由总体上无视人权、具有极大偶然性的管理方式转向普遍意义上承认人权的制度化管理方式。从工业社会转向后工业社会，生命行为管理由单向度的管理方式转向多向度、多元主体参与的管理。促成生命行为管理模式嬗变的影响因素主要有三种：技术因素、价值认知与社会形态。在社会变迁中，不同社会、不同历史阶段中的生命行为管理存在不同的方式、方法与特征等。就社会管理者对个体生命行为的干预来看，生命行为管理遵循了两条主线。第一条主线是个体的生命行为自由权与选择权增多。其主要原因是随着社会生产力水平的提高与技术的进步，客观自然世界对人的主观能力的限制越来越少；同时，随着知识的传播与进步，人们对生命价值的认知水平不断提高，从而个体有能力亦有意愿进行更多元的生命行为选择。第二条主线是社会管理者采取的生命行为管理方式越来越灵活、越来越多样化，社会对个体生命行为的干预越来越隐蔽。

一、技术因素：生命技术由神学走向科学

摩尔根以科学技术的进化程度来区分人类社会的不同进化阶段：第一，蒙昧时代初级阶段，即自人类诞生初期至下一阶段开始；第二，蒙昧时代中级阶段，即自人类学会捕鱼、采集以维持生存和使用火至下一阶段开始；第三，蒙昧时代高级阶段，即自人类发明弓箭至下一阶段开始；第四，野蛮时代初级阶段，即自人类发明制陶术至下一阶段开始；第五，野蛮时代中级阶段，即自东半球的人们开始驯养家畜、西半球的人们开始通过灌溉来种植玉米和其他作物并使用风干砖坯和石器至下一阶段开始；第六，野蛮时代高级阶段，即自人类发明炼铁术并使用

---

① 参见联合国教育科学及文化组织科学与技术伦理司：《指南 1. 建立生命伦理委员会》（第 VI 部分），《中国医学伦理学》2007 年第 3 期。

铁制工具至下一阶段开始;第七,文明时代,即自人类发明音标并学会书写至今。[①] 事实上,影响生命行为管理的重要因素之一正是科学技术因素。从巫术、宗教与神术充当前现代生命技术,生物学、解剖学及医学作为现代生命技术,到辅助生殖技术与生命科学技术作为当代生命技术,人们所依赖和使用的生命技术从“神学”走向“科学”,这一技术变迁极大提升了人们针对生命行为管理可依赖的技术水平。

(一)以巫术、神术、宗教为前现代的生命技术

早在史前时代,人类繁殖过程就已成为有目的的技术操纵对象。人们不仅企图通过技术控制外部自然界,而且力图控制自身。萨满的巫术就是从按照人的需要控制人体组织基本机制的努力中产生的。在这里,作为技术雏形的“做法”程序起着重要的作用。[②] 巫术、神术以及宗教等作为前现代的生命技术,在一定程度上确实指导人们的生命行为方式,甚至为人们采取生命行为提供了有一定效果的工具。依据当下社会对生命行为的认知观念来看,前现代的生命技术水平极低,将巫术、神术以及宗教作为生命技术是愚昧、落后的行为;然而在前现代社会中,巫术、神术以及宗教的作用不可小觑。在早期复杂社会,巫术、神术被视为治疗疾病、应对灾难的一套方式和机制。

前工业社会将饥荒、病疫等突发性的自然灾害视为神灵的警示。在 14 世纪,腺鼠疫的爆发和传染使亚洲、欧洲和北非绝大部分地区上空笼罩了一层阴影。面对病疫的肆虐,落后的医疗技术水平往往束手无策,人们不得不求助于巫术、神术、宗教。直到 20 世纪 40 年代以后,抗生素类药物将这一疾病置于人类的控制之下(尽管它依然在世纪大部分的啮齿类动物身上存活)[③],人们才开始慢慢走出巫术、神术、宗教作为生命技术的年代。总体而言,在医疗技术水平极端低下的前工业社会,生命行为管理囿于技术水平的限制表现出较低的层次,呈现偶然性与不确定性。

(二)以 19 世纪中后期的新科学作为现代生命技术

在中世纪,希腊与罗马古典时期的观念占据天文学和物理学领域的统治地

---

① 参见[美]路易斯·亨利·摩尔根:《古代社会》,杨东莼、马雍、马巨译,北京:中央编译出版社,2007 年,第 18 页。

② 参见沈东:《生育选择引论:辅助生殖技术的社会学视角》,沈阳:辽宁人民出版社,2011 年,第 136 页。

③ 参见[美]杰里·本特利、赫伯特·齐格勒:《新全球史:文明的传承与交流》,魏凤莲、张颖、白玉广译,北京:北京大学出版社,2007 年,第 613 页。

位。17～18世纪，天文学家和物理学家开始重新定义地球和宇宙。他们直接观察自然现象并检验其理论，而后运用数学推理进行解释，从而引发了解剖学、物理学、微生物学、化学和植物学的彻底变革。[①] 现代社会的进步观以自然科学进步与人类理性的作用为核心，在一定程度上排斥巫术、神术与宗教等前现代的所谓"生命技术"。

自此，生命技术开始避开宗教和教会机构，但人们关于生命现象的认知仍然在很大程度上处于宗教的影响与控制之下。直到19世纪中后期，达尔文的进化论、摩尔根的古代社会研究、孟德尔的生物遗传实验等研究的推进，为生命行为认知、考察提供了新的视角。现代医学水平的进步与医疗设备的更新换代，使人们不再惧怕天花、腺鼠疫等病疫；生物学、医学的发展能够有效地延续、甚至挽救病人的生命……医疗技术的进步以及医学理论的发展成为现代生命技术的基础。

在19世纪及20世纪初，由生物学家及医生来判断人们的生命行为是否符合自然人的"天性"，其中最典型的是对人的生育行为、同性恋行为的界定。医学界人士掌握着社会健康知识的垄断权，他们的职责是对健康的生育行为划定界限。从健康与传宗接代的维度出发，生物学家和医生将有损于传宗接代或个人健康的生育行为定义为不适当的或堕落的，将得到许可的生育行为定义为繁衍种族的或恰当的。由此，患有癫痫、歇斯底里等家族性遗传病、患有艾滋等性病、身体残缺或者不健全的部分社会成员与部分特殊群体被列为"禁止生育者"，甚至有人提议立法对这部分群体实施绝育，以免他们"玷污"人类种族的遗传基因。[②] 此观念最终酿成纳粹种族屠杀的悲剧。

在医疗水平相对较为低下的前工作社会，生命行为管理是自发的、偶然性的、不确定的。在工业社会，随着医疗技术水平的显著提高，生命行为管理以医学等技术为依据。然而，与其说生命行为管理进入文明阶段，不如说生命行为管理开始了试错的过程。一些在今天看来很荒谬的认知，例如同性恋是一种犯罪行为或同性恋是一种精神疾病，在当时的社会中影响甚至主导生命行为管理。譬如在医学将同性恋确认为疾病后，社会管理者授权医院采取残忍的电击疗法

---

① 参见[美]杰里·本特利、赫伯特·齐格勒：《新全球史：文明的传承与交流》，魏凤莲、张颖、白玉广译，北京：北京大学出版社，2007年，第696页。

② 参见沈东：《生育选择引论：辅助生殖技术的社会学视角》，沈阳：辽宁人民出版社，2011年，第40页。

等医疗手段纠正同性恋行为。

(三)以生命科学技术作为当代生命技术

严格说来，生命科学技术并不是一门新的学科技术，而是自有人类之日起即已产生，并在人类漫长的进化发展史中不断发展。但生命科学技术获得实质性突破则是在20世纪50年代之后。这种突破性发展体现在了包括器官移植、辅助生殖以及基因技术等在内的众多领域。

科学家们预测，生命科学将会取得进一步的革命性进展。这些进展不仅可以帮助人类解决很多目前无法医治的疾病的治疗问题，彻底消除营养不良，改善食品的生产方式，还能消除各种污染，延长人类寿命，提高生命质量，为社会安全和刑侦提供新的手段。有些成果还可以帮助人类加速植物和动物的人工进化以及改善生态环境对人类的影响。[①] 甚至有学者提出"生物技术世纪"的概念，认为当下社会已经进入一个新的技术时代。"生物技术世纪"观念将21世纪称为"生命科学和生物技术时代"，认为基因工程、细胞工程、酶工程、发酵工程和蛋白质工程等现代生物技术将极大地作用于人类生活，改变人类生活的前景。"生物技术世纪"这一词汇绘制了一幅让人向往的美好蓝图：它将向饥饿的世界提供丰富的遗传工程植物和动物食品；由遗传学方法生产的能源和纤维，将推动商业贸易并建立一个"可再生"社会。奇妙的药物和基因治疗令人们更健康，人类的疾病痛苦得以解除，人类的寿命进一步延长。[②] 上述图景向人们展示了生命技术进步可能带来的正向影响。

生物技术的进步与发展在使人受益的同时，也有可能将人类社会的进化与发展引向歧路。展示在我们眼前的是另一幅图景：基因操控的可能性和辅助受精方法将无情地把人类社会引向一个优生学的非理性化乌托邦，导致生物多样性的大范围减少。[③] 生物技术的潜在问题无论从实践上还是从道德上都是至关重要和迫在眉睫的。

生命科学与生物技术作为当代生命技术，引起生命行为领域的许多变迁。例如当代生命科学技术导致母亲角色的变迁。在传统生物学的范畴内或者说在

---

① 参见刘长秋：《生命科技法比较研究——以器官移植法与人工生殖法为视角》，北京：法律出版社，2012年，第3～8页。

② 参见[美]杰里米·里夫金：《生物技术世纪——用基因重塑世界》，付立杰、陈克勤、昌增益译，上海：上海科技教育出版社，2000年，序(中文版)。

③ 参见[英]芭芭拉·亚当、[英]乌尔里希·贝克、[英]约斯特·房·龙编著：《风险社会及其超越：社会理论的关键议题》，赵延东、马缨等译，北京：北京出版社出版集团，2005年，第313页。

自然生育的情况下，生育者既是亲生母亲也是生物学母亲，同时也是遗传学母亲。当辅助生殖技术介入人类生殖之后，这一情况发生了变化。以试管婴儿为例。通过 ART 技术将卵子、配子或胚胎植入代孕母亲体内，当代理母亲顺利分娩产下婴儿时，从生物学的角度来说，分娩者是该婴儿的生物学母亲，但是妊娠并分娩者并非是婴儿的亲生母亲，婴儿体内并没有生育者的遗传基因；生物学母亲的形态发生了裂变，分裂为“生物学母亲”和“遗传学母亲”两种新的形态。[①] 生命科学技术的应用及其“双刃剑”作用直接导致生命行为管理面临更多的道德两难与道德失范。但是总体而言，生命科学技术的进步意味着人们拥有了更多元、更多样化的生命行为选择的方式。

二、价值认知：生命文化由专制走向宽容

随着社会的发展与进步，社会成员对人的生命、人的生命活动与人的生命价值的认知不断深化。在从前工业社会——工业社会——后工业社会的社会变迁中，生命文化由专制走向宽容，主要体现在三个方面：其一，在不同的社会发展阶段，人的生命价值由呈现差等正义的生命价值，发展为形式上平等的生命价值，并最终趋向追逐实质平等的生命价值。其二，社会成员对生命现象及人的生命行为的认知由神圣化走向世俗化。起初，人们因对未知的困惑和恐惧产生了生命崇拜。随着医疗技术的进步，人更加了解自己的身体，对于生命的来源、生命的周期与生命的节律有了较为客观的认知。其三，社会成员的生命价值观念更趋多元化，更开放和宽容。

（一）社会成员对人的生命价值的认知：由差等到追求平等

在不同的社会形态中，人类社会对人的生命价值的认知在不断变化，总体趋势是由前工业社会中差等的生命价值观，演变为工业社会中呈现异化的生命价值观，最后再发展为后工业社会中追求实质平等的生命价值观。

在前工业社会中，等级制度和差等正义使得统治者的生命价值得到确认，被统治者的生命价值被视为工具性价值，统治者承认被统治者的有用价值而忽视其生命价值。在工业社会中，得益于人权与人的尊严、人的价值等认知的发展，生命价值观念获得进步，但这种进步是扭曲的；在工具理性的价值导向下，包括

---

① 参见沈东：《生育选择引论：辅助生殖技术的社会学视角》，沈阳：辽宁人民出版社，2011 年，第 146 页。

人的生命行为在内的一切社会行为和社会现象均以效率、利益为导向，人被普遍物化，虚拟需求取代了真实需求，导致一定程度上人的有用价值凌驾于人的生命价值之上。在后工业社会中，人们认识到只有承认平等的生命价值，才不会出现一种社会阶层的生命价值凌驾于其他阶层之上的社会现象，才能尊重每个人不同的生命行为选择，尊重多样性、多元化的生命文化。为此，人们开始追寻与践行实质平等的生命价值观念。

1. 前工业社会：呈现差等正义的生命价值

在漫长的前工业社会中，差等正义论得以产生且备受推崇，是因为它能有效服务于专制统治者，为其宣示权利与社会地位差异的合理性，为维护其所需要的等级秩序与特权利益提供理论支撑。[①] 人类社会进入文明时期，尤其是阶级社会以后，统治者依据社会成员的不同等级，将社会成员的生命价值同样区分为不同的层次。统治者享有对被统治者生命（主要通过生命的载体——身体来实现）的支配特权，被统治者处于被支配的地位。前工业社会呈现差等正义的生命价值主要体现在两个方面：第一，不同阶层间的差等生命价值；第二，不同性别间的差等生命价值。

不同阶层之间的差等生命价值，是依据社会成员所处的社会阶层所决定的。例如在西南亚的美索不达米亚社会，美索不达米亚人大致分为五种社会阶层，即统治阶层（国王和贵族）、祭司、普通的自由人、依附农和奴隶。在南亚的印度河流域哈拉巴社会，雅利安人分为祭司（婆罗门）、战士和贵族（刹帝利）、农耕者工匠和商人（吠舍）、没有土地的农民和奴隶（首陀罗）四种瓦尔那（“瓦尔那”为梵文词汇，意思是“颜色”）。据此，社会地位较高的阶层得以支配社会地位较低的阶层。

不同性别间的差等生命价值主要体现为男性的生命价值优于女性的生命价值。性别之间的差等生命价值对生命行为管理的影响在于男性能够支配女性的生命行为。例如在美索不达米亚，公共事务和私人事务均由成年男性主导。男性决定家庭成员从事的工作类型，并安排自己的子女以及处于他权威之下的人的婚姻。《汉谟拉比法典》记载，法律认可男性作为家庭的管理者。为了保障丈夫的名誉以及子女的合法性，有通奸行为的妻子和她们的奸夫将被处死；而男性则可以在两厢情愿的情况下与姘妇、奴隶或是妓女发生性关系而免受惩罚。公

① 参见黄健荣：《当下中国公共政策差等正义批判》，《社会科学》2013年第3期。

元前2000年，美索不达米亚进一步加强了对妇女社会行为和性行为的控制，要求妇女在婚前保持纯洁，禁止已婚男女在家庭之外随便接触。公元前1500年，美索不达米亚的已婚妇女在家庭之外要佩戴面纱，为的是尽量不引起其他家庭男性成员的注意。这种对妇女社会行为和性行为进行控制的做法迅速在西南亚和地中海世界传播开来，并进一步巩固了父权社会的结构。[①] 父权社会的权威一直延续，甚至在1789年发表的《人权和公民权宣言》中仍假定女性是次等人。在美国和其他拉丁美洲独立国家，革命只赋予白人成年男性以法律上的平等和政治上的权利，这些人在家庭中同样享有家长式的绝对权威。[②]

2. 工业社会：呈现异化趋势的生命价值

文艺复兴、启蒙运动等推动个体的生命权意识觉醒，自由、平等、人权的观念逐渐为人们所认知和接受。现代国家制度对人的自然权利与政治权利的确立，形成尊重人的生命价值、以人的生命为中心的生命伦理观念。工业社会公开呼吁保护人权、促进人的全面发展，然而，在社会运行的过程中，工具理性压倒价值理性，成为工业社会运行的主导价值。工业文明对技术理性的过度强调，使得人成为单向度的人，生命价值被机器、时间所估量、分割，生命的内在价值为生命的工具价值所僭越。人们认识到在应然状态中社会成员的生命价值是平等的，但在实然状态中对工具（形式）理性的过度强调，使人普遍被物化，在一定范围和一定程度上，人的生命价值出现异化的趋势或状态。工业社会呈现异化趋势的生命价值主要体现在两个方面：第一，生命的工具性价值凌驾于生命的内在价值之上；第二，人的生命价值在形式上平等，但在实质上却不平等；阶层、种族、社会地位决定人的生命价值。

生命的工具性价值凌驾于生命的内在性价值之上，使得人的生命价值贬值。生命的工具性价值，即当我们以人的生命能为他人提供多少利益作为衡量标准时，我们是由工具性的角度来看待人的生命价值。生命的内在性价值，即任何人类有机体，无论是否具有工具或个人价值，都具有内在价值。生命具有神圣性和不可侵犯性。[③] 生命的工具性价值理应为生命的内在性价值服务，但在实践中

---

① 参见[美]杰里·本特利、赫伯特·齐格勒：《新全球史：文明的传承与交流》，魏凤莲、张颖、白玉广译，北京：北京大学出版社，2007年，第45、46页。

② 参见[美]杰里·本特利、赫伯特·齐格勒：《新全球史：文明的传承与交流》，魏凤莲、张颖、白玉广译，北京：北京大学出版社，2007年，第853页。

③ 参见[美]罗纳德·德沃金：《生命的自主权——堕胎、安乐死和个人自由的辩论》，郭贞伶、陈雅汝译，北京：中国政法大学出版社，2013年，第90、91页。

却出现了生命的工具性价值对生命的内在性价值的僭越。例如商业性的代孕行为即贬低人的生命内在性价值。

生命价值在形式上是平等的,但在实质上却是不平等的。这主要体现为人的生命价值与人的出身、地位、身份、权势、财富等外在的因素相关联,这些外在性的条件使人的生命价值在实质上仍然呈现差等状态。人人享有平等的生命权成为空言。

3.后工业社会:追寻实质平等的生命价值

在前工业社会与工业社会中,生命价值在实质上均是不平等的,但前者在形式上和实质上都表现为不平等,后者则在形式上大致表现为平等,但是在实然状态下还存在许多不平等。例如种族歧视、文化歧视、性别歧视,财产、教育程度等方面的歧视等等。工业社会向后工业社会转型的过程中,人的生命价值面临着被工具(基因重组、克隆技术等)异化的新的危险。后工业社会重新张扬人的价值理性,主张重新寻找人的主体性地位,此时诉求更多的是实质上平等的生命价值。

(二)社会成员对人的生命现象的认知:由神圣走向世俗

无论是西方罗马天主教会还是东方儒家文化,其对生命现象的认知都可以简单归纳为对人的生、死以及生死之间的人生历程之解读。尽管基督教文化、伊斯兰文化、儒家文化等不同文化关于人的生命现象的认知存在不同程度的差异,但是其中的社会成员对人的生命现象与生命行为的认知都经历了从神圣走向世俗的过程。

以基督教文化关于性行为、婚姻行为与生育行为的认知为例进行说明。基督教关于性行为的认知,由认为性是一种原罪演变到承认性的功能,由将性行为与生育行为捆绑在一起到承认性生活的独立性;关于生育行为的认知,由认为生育行为是神或者神秘力量赐予的“礼物”到认可生育行为属于人的生理行为;关于婚姻行为的认知,由强化婚姻与性和生育行为的关联性到承认婚姻与性和生育行为可以分离。

在以基督教、伊斯兰教及犹太教主导的国家(例如中东、欧洲及北非的一些国家),人们认为生命是神赐的,因此只有神才有权取回生命;人如果自杀,就是对神的僭越。这一观念在部分天主教国家尤为强烈。[①] 受此观念影响,天主教

① 参见沈东:《生育选择引论:辅助生殖技术的社会学视角》,沈阳:辽宁人民出版社,2011年,第274页。

国家往往严禁人的自杀行为，并对自杀行为施行严厉的惩罚(譬如死后财产充公等)。

在西方国家，18 世纪末以来，生育目的，包括激进派的观点在内，几乎全都建立在宗教价值观和宗教伦理的基础上。《圣经》指出："虽然上帝有灵的余力能造多人，他不是单造一人么？为何只造一人呢？乃是他愿人得虔诚的后裔。"[1]"儿女是耶和华所赐的产业，所怀的胎，是他所给的赏赐。"[2]生育的神赐和上帝造人的教化，贯穿在以基督教为主导的西方国家的生育观中。基督教教义认为，在婚内并以繁殖为目的而进行生育的行为是一条不可逾越的原则；人们只有遵循这一生育原则，才是合乎道德的和正确的。保守的宗教价值观认为，人类以肉体的形式出现，而肉体的任何行为，尤其是非生育的性行为，都是不道德的。至于避孕、堕胎等一系列进行生育选择的手段，各种防止、停止受孕的做法，都是不被允许的。[3] 在中世纪"禁欲主义"盛行的时期，不仅两性的交媾是邪恶的，就连正常的生育也被视为邪恶。根据圣奥古斯汀的教义，本源之罪包含在生殖的规律之中。圣奥古斯汀断言："自从人类堕落以来，两性的结合就一直伴随着性欲，因此它将本源之罪传播给人们的子女。"[4]于是性欲被视为罪恶，而只有为了生育目的进行的性行为才可行。

基督教推行的性压制、性抑制法则在宗教改革后得到修正，旋即又面临启蒙运动和 19 世纪末生育选择技术的挑战，并在 20 世纪 70 年代辅助生殖技术的诞生中发生了颠覆性变化。[5] 启蒙运动的思想颠覆了统治欧洲 1000 多年的基督教价值观，用一套以理性建构而非上帝启示的世俗价值观取而代之。现代科学建立在直接观测的基础上，数学推理成为研究自然界的"杀手锏"，科学的影响甚至延伸到对人类事务的思考中。一些人放弃了传统的宗教信仰，并着力构建了全新的、以科学和理性为基础的世俗价值观。[6] 然而，直到 19 世纪，生育的目的

---

① 《圣经 · 旧约 · 玛拉基书》，《旧约全书》，中国基督教三自爱国运动委员会印制，第 1054 页。

② 《圣经 · 旧约 · 诗篇》，《旧约全书》，中国基督教三自爱国运动委员会印制，第 714 页。

③ 参见沈东：《生育选择引论：辅助生殖技术的社会学视角》，沈阳：辽宁人民出版社，2011 年，第 33 页。

④ 转引自沈东：《生育选择引论：辅助生殖技术的社会学视角》，沈阳：辽宁人民出版社，2011 年，第 34 页。

⑤ 参见沈东：《生育选择引论：辅助生殖技术的社会学视角》，沈阳：辽宁人民出版社，2011 年，第 34 页。

⑥ 参见[美]杰里 · 本特利、赫伯特 · 齐格勒：《新全球史：文明的传承与交流》，魏凤莲、张颖、白玉广译，北京：北京大学出版社，2007 年，第 698 页。

始终局限在繁衍后代，这一行为基本上局限于婚内的异性生育，其理由包括为了国家的需要、社会的需要、人种的需要，以及为了做一个身心健康的人的需要。[①]直到19世纪中后期起，性与生育分离——例如人工流产，生育与性分离——例如代理孕母，这些社会现象突显，才逐步形成了20世纪更加宽松、多样与自由的生育范式。[②] 总体而言，人类社会对人的生命现象与生命行为的认知呈现出由生命行为神圣化到生命行为世俗化的转向。

人的生命系统与生命机理极为复杂，即便在生命科学与生物技术取得较大进展的今天，人类社会仍不敢断言已经完全认知人的生命系统与生命机理。在最初，囿于技术、能力以及可利用资源的极其有限性，人类社会无法认知人的生命现象，因此只能将生命现象神化，寄希望于神或者其他超自然力量对生命现象的解释；随着社会的发展与技术的进步，以及人类社会对人的生命特征、生命阶段和生命节律等的认知深化，人们逐渐发现生命行为并不是神的恩赐，也并非超自然力量的赐予。由此，人们开始将过去被神化了的生命行为拉下神坛，人类社会对生命行为的认知更加系统与科学，人们对生命行为与生命现象的认识由神圣化过渡到世俗化。

（三）社会成员的生命价值观念更趋多元化

生命文化由专制走向宽容，这里的“宽容”指的是：以公权力为主导、政府为核心的社会主体尊重并且承认人的生命行为选择多元化，同时认可实现人的生命价值的方式也是多样化的。在此基础上，社会管理者更加尊重人的生命权诉求，尤其是针对亚文化群体（或者说少数人群体）的生命权诉求更加开放与宽容。

社会成员本身的生命价值观念更具包容性。盖洛普在美国新泽西州普林斯顿的调查数据显示，自2001年以来美国人对一些道德问题的看法已发生显著改变：总的来说，2001～2013年的12年间，美国人对同性恋关系、婚外生育、未婚男女性行为、离婚、人类胚胎干细胞研究、一夫多妻制、克隆人类、自杀、生育控制等道德问题的认同程度均出现不同幅度的提升，其中90%的美国人认同生育控制，超过半数的美国人认为可以接受同性恋关系、婚外生育、未婚男女性行为、离婚、人类胚胎干细胞研究，而仅有15%左右的美国人表示可以接受一夫多妻制、

① 参见沈东：《生育选择引论：辅助生殖技术的社会学视角》，沈阳：辽宁人民出版社，2011年，第35页。

② 参见沈东：《生育选择引论：辅助生殖技术的社会学视角》，沈阳：辽宁人民出版社，2011年，第36页。

克隆人、自杀。美国人对医助自杀的接受度由49%下降至45%,对死刑的接纳度降至62%。1/3的美国人认为可以接受未成年人性行为,2/3的美国人在道德上能够接受未婚生育,美国人最不可接受的道德问题是已婚男女外遇,认可度仅为6%。

表2-1　关于在道德上可接受性的变化的20个问题(2001~2013年)

问题	2001(%)	2013(%)	比率变化(Pct. Pts.)
同性恋关系	40	59	19
婚外生育*	45	60	15
未婚男女性行为	53	63	10
离婚	59	68	9
人体胚胎干细胞研究*	52	60	8
一夫多妻、多偶制度**	7	14	7
人的克隆	7	13	6
自杀	13	16	3
生育控制^	89	91	2
堕胎	42	42	0
婚外情	7	6	−1
死刑	63	62	−1
医助型自杀	49	45	−4
未成年人性行为	—	32	—
单亲母亲、未婚妈妈	—	67	—

备注:*:2002年首次调研;**:2003年首次调研;^:2012年首次调研。

资料来源: Frank Newport and Igor Himelfarb, "*In U. S., Record-high Say Gay, Lesbian Relations Morally OK: Americans' Tolerance of a Number of Moral Issues up Since 2001*," May 20, 2013, http://www.gallup.com/poll/162689/record-high-say-gay-lesbian-relations-morally.aspx.

盖洛普调研的数据表明,人们对同性恋关系、婚外生育、未婚男女性行为、离婚、人类胚胎干细胞研究、一夫多妻制、人的克隆、自杀及生育控制等生命行为的认知更加深化，同时人们对社会群体介入个体生命行为表示出更多的认可。而针对一夫多妻制、人的克隆与自杀等生命行为，多数人的观点是“不接受”。这表明人们对不同领域的生命行为认可度与接纳程度不同，人们对生命行为的认知具有复杂性。

三、社会形态：从群体化社会到非群体化社会

正如托夫勒所言，第二次浪潮产生了群体社会，第三次浪潮使社会非群体化，把整个社会体制推向更高程度的差异化和复杂化。第二次浪潮的技术领域需要彻底革新的组织形式，由家庭、学校与公司三种社会结构来实现。原先农业社会的大家庭职能发生了转移，家庭不再是共同劳动的经济单位，大家庭的结构变成了人口简单、流动性强的现代化小家庭；在以工厂为模式的群体化教育（学校）中，在“表面课程”之外，还有“隐蔽课程”，即守时、服从、死记硬背与重复作业；公司组织则促成上述两种结构对社会的进一步控制。第三次浪潮的出现将社会推向非群体化。这虽不意味着小家庭的终结，但小家庭不再是社会仿效的理想形式，代之而起的是各种不同的家庭形式。独居人口、非法同居、不生育文化、同性婚姻、“合伙家庭”、“合同婚姻”等纷纷出现。① 在当下社会中，社会形态由群体化社会转向非群体化社会具体表现为：第一，生命的归属权由群体转移至个人；第二，生命行为的性质由社会义务演变为个人权利。

（一）生命的归属由群体转移至个人

当生产力水平与技术水平极为低下时，将生命归属为集体，是为了更好地延续生命，是为了在恶劣的自然环境与社会环境下，通过集体对个人生命行为的干预而尽可能多地延续个人的生命。伴随着社会生产力水平与技术水平的显著提高，个人对于生命归属的诉求不断彰显。当人类社会进入近代以后，社会管理者不得不承认人权的自然性（天赋人权），规定人享有生命权、财产权和自由权。按照这一基本的人权主张，在应然层面生命的归属由群体过渡到个人，但是实然层面公共领域与私人领域的分离、各种公共生活方式的出现，使个人的生命行为仍然表现出极大的社会性。

当人类社会进入工业革命时期之后，以细化的劳动分工和标准化的生产工

---

① 参见［美］阿尔温·托夫勒：《第三次浪潮》，朱志焱、潘琪、张焱译，北京：三联书店，1983年，第477、6、21页。

艺（“流水线”）与产品为特征的生产模式出现了。这种生产模式需要固定的劳动方式，从而确立了在劳动场所形成的如工会等共同体中所表现出来的集体性行为方式。[①] 借助于宗教组织、政治权威、阶级、家庭等各种公共生活形式，人的生命行为趋向社会化。以家庭为例来说明。在国家的功能与作用的影响下，现代家庭的地位大为降低，家长（或者父亲）的作用被降到最低限度：家长的作用大部分已经被国家取代。通过学校等机构，国家对于孩童生活的支配权逐渐扩大。[②] 个人的生命行为表现出集体性行为方式，人的生命的归属由大社会转移到一个个分散的“小社会”或者社区之中。

在后工业化国家中，“后福特主义”系统结构的经济转型推进了个人主义化或以个人为中心的行为模式的发展。行业的团结、共同体的支持和工会支部的聚会等形式，已经因企业强调了员工的灵活技能和专业特长而不断受到削弱。在后工业化社会中，宗教组织、政治权威、阶级、家庭以及其他的公共生活形式，均处在“反传统性”影响或力量的威胁之中。宗教组织、政治权威、阶级、家庭的结构以及家庭生活的本质发生了重大的变化。随着传统的弱化，集体意识对个体的影响或引导作用逐渐减弱。这意味着人们的抉择范围与行为方式，既不再受过去相同的集体经验的局限，也不再受源自于某些特定共同体或社会所要共同遵从的信仰和文化准则的桎梏。这能够促进行为主体道德体系的发展，从而使我们的行为以及行动准则更符合我们自身的利益，而无须受制于那些赖以形成一种共同伦理文化的集体观念或集体意识。[③] 由此，不仅生命的归属由群体转移到个人，而且群体对个人生命行为的道德约束力在下降，人的生命行为自由拥有了更丰富的内容和意义。

（二）生命行为的性质由社会义务演变为个人权利

人的生命行为区别于其他动物的生物本能行为，它不仅具有生物性，还具有社会性。在不同的社会历史阶段，有时社会管理者更加注重生命行为的生物性，有时更强调生命行为的社会性。生命行为的性质由社会义务演变为个人权利，经历了很长一段历史时期。以人的生育行为为例来说明。人的生育目的经历了

---

① 参见[英]保罗·霍普：《个人主义时代之共同体重建》，沈毅译，杭州：浙江大学出版社，2010年，第6页。

② 参见[英]伯特兰·罗素：《性爱与婚姻》，文良文化译，北京：中央编译出版社，2009年，第190～225页。

③ 参见[英]保罗·霍普：《个人主义时代之共同体重建》，沈毅译，杭州：浙江大学出版社，2010年，第9、21、27页。

从群体目的向个体目的的转向，生育行为首先是作为社会义务，后来才衍变为个人的权利。

在生育行为的世俗目的与神圣目的相分离的过程中，人们为生育实践找到了新的集体目的：生育行为的目的应为国家利益，例如为国家增加劳动力和士兵，或者为了社会、家庭、人种、民族的利益，或者为了精神的愉悦和身心的健康。直到20世纪50年代开始，“生育权”的提出被愈来愈广泛的生育人群所接受。人们才不再认为生育行为应当为国家、宗教或宗族的目的服务，而将其视为个人的选择。①

个体的自主性程度及社会的整体性程度影响生命行为的性质判定。宗教、家庭作为影响较大的社会公共生活形式，其变迁对个体的自主性程度及社会的整体性程度具有重要影响，并进而影响人的生命行为抉择：社会义务还是个人权利。

以不同的宗教信仰对自杀行为产生的影响为例。如果将社会自杀率绘制成一张图表，观察欧洲的自杀分布图可知，在西班牙、葡萄牙、意大利等纯粹天主教国家中，自杀人数较少；而在普鲁士、萨克森、丹麦等新教国家和地区中，自杀人数最多。② 然而，天主教与新教对于自杀行为却有着同样的戒律：这两种宗教制度都明确“禁止自杀”。它们不仅在道义上非常严厉地谴责自杀，而且都教导人们“新的生活始于死后”，在这种生活中，人们将因他们的错误行为受到惩罚，自杀行为隶属“错误行为”之列。天主教与新教之间的唯一基本区别是，后者比前者在更大的程度上允许自由思考。③

宗教之所以使人避免自杀的欲望，不是因为宗教用某些特殊的理由劝告人重视自己的身体，而是因为宗教是一个社会，构成这个社会的是所有信徒所共有的、传统的、因而也是必须遵守的许多信仰和教规。这些集体的状态越多越牢固，宗教社会的整体化越牢固，也就越具有预防的功效。④ 带有宗教特点、因而不受自由思考影响的行动和思考方式越多，宗教思想就越容易出现在生活的一切细节中，就越使个人的意志趋向同一个目标。相反，宗教群体越是受个人判断

---

① 参见沈东：《生育选择引论：辅助生殖技术的社会学视角》，沈阳：辽宁人民出版社，2011年，第38页。

② 参见[法]埃米尔·迪尔凯姆：《自杀论》，冯韵文译，北京：商务印书馆，1996年，第144页。

③ 参见[法]埃米尔·迪尔凯姆：《自杀论》，冯韵文译，北京：商务印书馆，1996年，第151页。

④ 参见[法]埃米尔·迪尔凯姆：《自杀论》，冯韵文译，北京：商务印书馆，1996年，第166、167页。

的支配，这个群体就越没有群体生活方式，更没有内聚力和生命力。[①] 这是天主教更益于预防自杀的有力解释。

19世纪末以来，家庭呈现出变革的两种趋势：一方面，家庭越来越“私人化”，相对于亲戚、邻里及社会其他部分，家庭的重心更集中于家庭成员及其自主化；另一方面，家庭越来越“公开化”，国家成为渗入家庭生活的重要因素。这两种趋势是难以彼此剥离的。实际上，国家管控着私人生活，以便使其在特定的条件下正常运转。20世纪的家庭成为这样一个空间：个人想在其中保护自己的个体性（个体价值百分之百得到体现），同时要保护“国家这个次要手段”，是它在监督、帮助和规范家庭成员之间的关系。人们在一种二元性范围内安排他们的私人生活，即集体或者个人的独立性需求以及对公共层面与日俱增的依赖感。家庭对个体自主性的追求也没有杜绝共享空间的存在和一个“共同体”的组建。现代家庭绝对的自主化在某种程度上是一个幻想，因为家庭的运行总是伴随着国家和各种社会机构的大量干涉。[②]

总体而言，随着宗教组织、政治权威、阶级、家庭等各种公共生活形式的嬗变，群体化社会向非群体化社会转向的趋势愈发明显。这就要求以公权力为主导的社会主体承认个人的差异性与个人的生命行为选择的多样性，尊重人的生命权利。

小结　生命行为管理：“人”的觉醒与发现

综观人类社会生命行为管理的历史与现状，生命行为管理在人类进入文明时代之后就已经逐渐形成，但在不同历史发展阶段与不同国度中具有不同的表现。随着社会文明的发展进步，生命行为管理亦在不断进步，总体表现为“人”的觉醒与发现。

在古代社会，无论是原始的生死崇拜、自然崇拜、神灵崇拜，还是在“存天理，灭人欲”等维护社会统治秩序的伦理纲常下，人权均被极大漠视。由于人类掌握的技术尤其是医疗技术极其有限，社会的生产力水平极为低下，人类对生命的维

---

① 参见[法]埃米尔·迪尔凯姆：《自杀论》，冯韵文译，北京：商务印书馆，1996年，第153、154页。

② 参见[法]弗朗索瓦·德·桑格利：《当代家庭社会学·引言》，房萱译，天津：天津人民出版社，2012年，第1～5页。

持大体上依赖于简单、自然的工具;有时人们借助巫术、神术、宗教等前现代"生命技术",试图与神秘力量"沟通"来寻求对人的生命的庇佑。在低度复杂性、低度流动性的农业社会中,社会统治者管理生命行为的手段简单而粗暴,是单向度、同一化的管理。

在现代社会,宗教改革、文艺复兴、启蒙运动等社会思潮与社会运动深入批判了古代社会对人权的践踏和对人性的压制。工业革命的发生以及现代意义上的国家的建立将人的生命权作为人的基本权利确立下来。科学技术尤其是医疗技术的发展,在积极层面上极大地促进人们对生命价值与生命权的关怀和重视。然而,由于工业社会对技术理性的过度张扬以及对价值理性的忽视,社会管理者对人的生命价值的认知出现偏差,在一些领域中制定了错误的生命行为管理政策,导致生命行为管理在一定程度上或者在具体的领域中侵犯了人权与贬低了人的生命内在性价值。

在后现代社会,基于生命科学技术的进步、社会成员对生命价值认知的深化及社会非群体化趋势的增强,社会管理者反思既往的生命行为管理政策,从法律制度与组织建设层面,以尊重与保障个体的生命权利、促进人的生命价值实现实质上的平等为宗旨进行生命行为管理。后工业社会中的生命行为管理区别于前工业社会与工业社会中的生命行为管理,生命行为管理的主体、价值导向、目的宗旨与手段方式等均发生变化,技术因素、价值因素与社会形态变迁共同作用于生命行为管理。

直至今天,当人们回顾20世纪初期至20世纪中叶欧美等国"优生运动"时仍不禁有许多感慨。一般来说,人们认为德国、意大利等纳粹政权实施的种族灭绝政策极其荒谬与极不合理,但是人们较少注意到20世纪早期美国、加拿大等国家的"优生思想"与"优生运动"的谬误之处。事实上,纳粹政权的"种族卫生政策"发生在美国"优生运动"之后,可以说纳粹政权的"优生运动"直接借鉴并参照美国、加拿大等国家的"优生运动"。美国弗吉尼亚州1924年设立的"癫痫与弱智集中营"强制性规定对"弱智"和"不合格的人"强制绝育。1927年,美国巴克诉普莱迪案的判决结果——规定对凯丽·巴克进行强制性绝育,后来为德国纳粹所借鉴,并于1933年演变为《德国遗传健康法》。第二次世界大战以后,纳粹战犯的律师援引《德国遗传健康法》为纳粹官员的种族大屠杀行为辩护,其理由就是这一政策起源于美国,而美国最高法院在巴克诉普莱迪案中宣布诸如此类的法律合法。

按照今天人类社会对基因的认知，人体内并不存在所谓的“优等”基因与“劣等”基因；纳粹政权的基因清洗政策根本没有科学依据。然而将人的基因划分等级这一在今天看来匪夷所思的观念，在20世纪上半叶的美国、加拿大等国家中，竟然能够得到许多自诩“正常人”或者“优等人”的社会成员的认同与支持。

这一历史现实表明，在不同的历史发展阶段，人的生命价值观念及人类社会对生命行为的认知在不断更新与进步。这也为当代生命行为管理敲响了警钟：当代生命行为管理需警惕那些实质上不合法的法律、政策、法规及相关文件。历史无数次证明，将人类推向灭绝或者趋向灭绝的道路的，恰恰是那些违背人性的法律，而不是违背这些法律的人。当生命行为管理政策或措施与人性相背离时，社会主体必须反思与重构生命行为管理运行机制。

第三章　生命行为管理的张力

现代社会的进步观以自然科学的进步与人类理性的作用为核心。然而，自然科学及人类理性无力应对堕胎、代孕、安乐死等个体生命行为选择造成的诸多复杂问题。生命科学技术的研发与应用可能加速人类的进化，也有可能将人类社会导引向错误的进化方向。同时，人类能力的局限性、所掌握知识的不完备性以及人在道德上的不完美性等因素决定了人类理性的有限性。生命行为的新思维拷问以自然科学进步与人类理性作用为核心的现代进步观，争辩主要在三个方面展开：人的进化方式、人的进化程度及自然人的正当性。人的生物性本能以满足个人的生命诉求为最优先考虑因素。然而这并不意味着在任何时候人都会为其生物性本能所支配。生命行为管理必须权衡生命个体的生命权诉求与生命群体优化社会利益的需求，明确个体的生命权与生命行为的限度，以及公权力的掌控者进行生命行为管理的界限。

第一节　生命行为的新思维考问现代进步观

17～18世纪科技革命的发生，不仅体现在天文学、物理学等领域的变革，还引发了解剖学、微生物学、化学和植物学等领域的彻底变革。英国数学家牛顿是新的科学方法的集大成者。在当时，他的宇宙理论如此完善和令人信服，以至于其影响远远超过了科学领域，人们猜测，理性分析对人类行为和制度同样有效。与近代早期科学家一样，欧洲和美洲的思想家们抛弃了亚里士多德的哲学、基督教以及其他传统权威，改用纯粹的理性分析来审视人类。启蒙思想家们预设人类的知识会像近代科学一样发展，并坚信对人类和自然界的理性思考将会开创一个不断进步的全新时代。“进步”实际上已经成为哲学家的一种意识形态，他们坚信自然科学将会让人类更有力地支配整个世界,而人类理性则引领每一个人走向自由,并建立起一个繁荣、公正、平等的社会。[①] 强调自然科学进步及人类理性的重要作用,是现代文明的进步观的核心内容。

试管婴儿、无痛苦致死术、克隆等技术的进步促使人们探索并尝试施行新型智能技术引导下的生命行为。代孕、安乐死、人的克隆等生命行为一方面可能帮助人们强身健体、优化个人身体机能,另一方面可能导致许多潜在的社会问题。此前,人们过于乐观地看待生命科学技术的进步与发展,现在人们则发现生命科学技术是一把“双刃剑”:一旦操作不当,人类就有可能打开“潘多拉的盒子”,令生命科学技术对人类社会造成不可挽回、不可逆的负面影响。生命科学技术恰如人类进化过程中所使用的武器,它能够帮助人们更完美、更快地进化,也有可能反噬人类本身,将人类导引向错误的进化方向。在这个意义上,自然科学及人类理性都有可能将人类社会引向进步的反面。在一些领域,生命行为的新思维正在挑战现代文明的进步观,在三个方面引发了激烈争辩:第一,人的进化方式;第二,人的进化程度;第三,自然人的正当性、或者说自然人的不可替代性。

一、关于人的进化方式的争辩:自然选择或人工选择

所谓“进化”(evolution),拉丁文古意为“某种现存的东西的展开和扩延”。自 18 世纪中叶起,“进化”被用作生物学术语,指生物由简单到复杂、由低级到高级的逐渐发展变化。[②] 从人的生物进化角度来看,以达尔文进化理论为代表的现代社会的进步观认为,人的进化是一种自然选择的进化机制,其中自然选择与性选择因素共同作用于人类进化。自然选择指的是人类所生存于其中的自然界从各种角度对人类施加正面的、反面的及其他方面的影响,不适应自然环境的个体及其基因被淘汰,而适应自然环境的个体及基因便得到遗传并获得发展。长期自然选择的结果使人类进化出各种适应生存的能力,人体各部分器官及其功能便越来越显示出其适应性特征。[③]

随着生命科学与生物技术的进步,在自然选择的人类进化方式之外,还出现

---

① 参见[美]杰里・本特利、赫伯特・齐格勒:《新全球史:文明的传承与交流》,魏凤莲、张颖、白玉广译,北京:北京大学出版社,2007 年,第 696、697 页。

② 参见黎群武、黎妮晓宇:《关于进化论的生命科学质疑》,《医学与哲学》(人文社会医学版)2008 年第 5 期。

③ 参见林君桓:《人类进化与人体美》,《福建师范大学学报》(哲学社会科学版)2003 年第 2 期。

了人类通过生命科学与生物技术改造自身，人为地加速或者更改人的进化的方式，这一进化方式就是人工选择的人类进化方式。关于人类物种的演进路径及其进化方式的观念，经历了由神创论与生物不变论向生物进化论的转变。总体来说，神创论、生物不变论及生物进化论都确认人的自然进化。基于新型智能技术的发展与进步，人们开始思考人的进化方式应当是怎样的：自然选择抑或人工选择，孰优孰劣？

（一）人的自然选择进化方式

从古至今，关于人类这一物种的演进路径及其进化方式的观念，经历了由神创论与生物不变论向生物进化论的转变。

亚里士多德将古希腊时期人们所知悉的540种动物按照性状的异同分为有血和无血两大群，每群之下又分为若干类。他提出“生物等级”即“生物阶梯”的概念，认为自然界所有生物从低级到高级依次排序，组成一个逐渐上升的阶梯，即从植物一直到人逐渐完善起来的直线系列。这种朴素的生物进化思想将物种看作上帝创造的、永恒不变的所属物，其中，人类位于生物进化的顶端。

近代科学诞生以后，人们对生物进化的认知发生变化。瑞典植物学家林耐首先打破亚里士多德提出的“自然界的伟大链条”，构建了一条分支式的生物进化链，将人归为哺乳动物纲灵长类下的众多物种之一。尽管如此，在林耐绘制的生物进化宏图中，生物彼此之间并无亲缘关系。他将生物视为上帝创造的产物，并认为生物进化在时间序列上是静态的，是神创论与生物不变论的代表人物。

法国博物学家布丰提出生物进化的动态观念，强调环境对生物的直接影响，认为物种生存环境的变化尤其是气候与食物性质的变化可引起生物机体的变化。布丰认为欧洲人是人类的原型，而其他种族的人是受物种生存环境的影响、由人类的原型退化而成的，劣等种族的形状与猿的形状类似。其后，法国生物学家拉马克用环境作用的影响、器官的用进废退和获得性的遗传等原理解释生物进化过程。然而，拉马克的进化观却是直线性的，仍将人视为物种进化的目的和顶峰。

直至19世纪60年代，达尔文在《物种起源》一书中论证了地球上现存的生物由共同祖先发展而来，并用自然选择学说解释生物的演进与进化。至此，生物进化的神创论与生物不变论方被否定，静态的、直线性的进化链条论为动态的、分支式的进化序列论所取代。从亚里士多德的“生物阶梯”概念到达尔文提出的“自然选择”学说，进化观范式的转变可以用图3-1概括为四类：

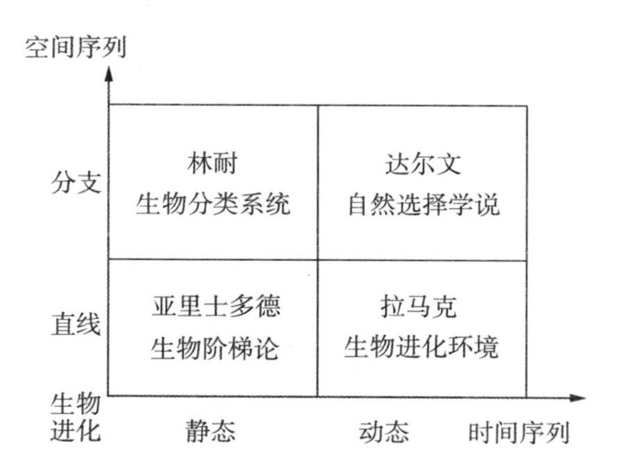

图 3-1 生物进化观念与范式的四种类型

在动态的、分支式的进化序列论内部仍存在三种主要的进化观念：进化论、协同论、逃避论。进化论强调生物由低级到高级进化，适者生存，弱肉强食，优胜劣汰。协同论认为生物多样性是绝对的，无所谓优胜劣汰，低等与高等同在、简单与复杂并存、协同进化发展。逃避论则认为生物多样性的现状不是有序进化、协同进化的结果，而是生物在世界演变的缝隙中生存和“逃避”“天灾”的结果。①尽管各有差异，这三种进化观均代表了一种自然进化的倾向。其中达尔文提出的物竞天择、适者生存的进化观暗合工业文明的逻辑，使其在工业社会广受推崇。

达尔文的生物进化论脱胎于工业社会年代，其观念暗合工业文明的各种运作假想。可以说，达尔文主义是“基于市场中适者生存观念的英国政治经济学以及英国式竞争性民族精神，使得英国人倾向于用竞争的思维去理解植物、动物和人”，它是在“资本主义发展最强劲的时间和地点”崛起的。②人的自然选择进化方式即指向达尔文所提出的优胜劣汰的自然选择进化论，强调人这一物种物竞天择、适者生存。

(二)人的人工选择进化方式

自人类出现以后，特别是在人类科学技术高速发展的今天，人类已能利用自

① 参见邹文雄主编：《生命的密码：解读人类生命基因工程的秘密》，北京：中医古籍出版社，2000年，第170页。

② 参见[美]杰里米·里夫金：《生物技术世纪——用基因重塑世界》，付立杰、陈克勤、昌增益译，上海：上海科技教育出版社，2000年，第208页。

己的智力所产生的成果干扰着地球上生物进化的历程。人类在选择和干预其他生物进化的同时,也试图利用自己发明的技术对人类自身进行选择和控制,也就是利用现代医学和现代生物技术操作人类的遗传基因,改良我们的遗传组成,并使这种改变能够遗传给下一代,使人类的某些生物性状获得永久性的改变或消失,改变着人类自身进化的命运。这种人类自我控制性的进化,被哈佛公共卫生学院院长、医学伦理学家哈维·芬伯格称作"人类的新进化"。[①] 其实质是人的人工选择进化方式。

关于人类通过人工智能、生物技术、虚拟技术、遗传工程和电子人技术导致自身由纯粹的自然人、肉体人向机器—自然人、电子—自然人的进化,在发达国家得到许多科学家、科幻小说家和哲学家的认同与支持。马多克斯(Maddox)将这种由自然和技术共同缔造的人类称为"后达尔文的生命概念"或"后人类"。"后人类"的出现意味着作为一种自然过程的人类进化被一种加速推动物种发展的技术过程所代替。这种技术介入的进化过程通常由两种不同方式组成:一是基因工程或无性繁殖;二是技术种植。[②] 生命科学与生物技术应用于人类本身,极有可能造成人的自然进化的中断,令自然选择的进化方式转变为人工选择的进化方式。

例如,赫胥黎描绘了一个美丽的新世界——人类生活在一个以"社会、本分、稳定"为准则,一切人类生产标准化的世界里。在这个美丽的新世界中,群体或者社会管理者通过生物化学方法控制人的胚胎发育过程,培养出阿尔法、贝塔、伽马、德尔塔、伊普西龙(分别为希腊字母 α、β、γ、δ、ε)五大种姓的五类人。机器在人的胚胎期就对其进行培养和刺激,使胚胎具有不同的特性,以满足不同的工作需要。当人出生以后,由国家机器灌输的潜意识教育贯穿人的整个生长发育过程,通过儿童期的睡眠教育和条件反射刺激使人形成一辈子也无法逆转的心理定势。潜意识教育使人们相信"每个人彼此相属",人们享受丰富的物质生活欲望、无限制的性生活,但反对固定的情感关系。为了社会稳定,胎生被禁止,与之相关的"婚姻""家庭""父亲""母亲"等成为"令人作呕的字眼"。与野蛮人生、老、病、死的人生经历不同的是,文明人不会衰老——"我们给他们保健,不让他们生病,人工维持他们的内分泌,使内分泌平衡,像年轻人一样。我们不让他们的镁钙比值降低到 30 岁以下。我们给他们输进年轻人的血液,保证他们的新陈

---

① 参见李训仕:《人类进化与人类的新进化评析》,《医学与哲学》2013 年第 5 期。
② 参见张之沧:《技术进步与人类进化》,《上海交通大学学报》(哲学社会科学版)2004 年第 3 期。

代谢永远活跃，因此他们就不会老"，但是，"这儿大部分人还没有活到这位老人(野蛮人老者)的年龄就死了。很年轻，几乎毫发无损，然后，突然就完了"。[①] 在这个美丽新世界中，人的一切生命行为都受到严格的规制，所谓的"野蛮"与"文明"之间壁垒森严。

在赫胥黎所描绘的美丽新世界中，由国家机器主导的人工选择进化完全取代了人的自然选择进化。倘若人工选择成为人类进化的主要甚至唯一的方式，人类数千万年来的生活方式将被彻底颠覆。其中两种情形令人警惕：一是由生命群体主导的整个社会范围内的人工选择进化。这将个体的性行为、生育行为、缔结婚姻行为等人们一直进行的生命活动与生命行为全部排除，致使生命个体的选择让步于生命群体的抉择，个体的生命权诉求让位于群体的优化整体福利的需求。二是由生命个体主导的有限范围内的人工选择进化。这一人工选择的进化方式尊重个体的生命诉求，然而它会使人取代"神"，会使人成为可被制造出来的商品，从而破坏了人的主体性地位，造成人的生命价值的贬值。由于人工选择的进化方式可能带来的不可逆影响，即使是最疯狂的科学家、社会学家、政治家，也不敢将这一幻想付诸现实。

二、关于人的进化程度的争辩：人的有限性或可完美性

从古至今，关于人们追求健康长寿、希冀俊美聪慧的观念及实践的记载有许多。很少有人不向往完美的自我。在词典中，"完美"解释为"完备美好，没有缺点"。"完美的人"指向至少两个维度：德行完美与身体健全。"金无足赤，人无完人""士之立身如素丝然，慎不可使点污，少有点污则不得为完人矣"中的"完人"指向人的道德完美。沈括《梦溪笔谈·艺文》中"纵其精神筋骨犹西施、王嫱，而手足乖戾，终不为完人"中的"完人"指向人的身体机能完美。那么，人能够成为完美的人吗？

为了实现人的完美性，人必须在生物进化与文化进化两方面都达到完美点或者说制高点。从现代文明的进步观来看，这几乎是不可能实现的任务。人的自然选择进化充斥着偶然性与不确定性，并不能保证人的身体机能的完美性，更不用说与个体的后天培育密切相关的道德完美了。无论是人的生物进化还是人的文化进化，均存在一定的上限。但在当下社会中，生命科技与生物技术及其社

---

① [英]阿道斯·伦纳德·赫胥黎：《美妙的新世界》，孙法理译，南京：译林出版社，2010年，第98页。

会影响使人的进化出现另一种方式，即人工选择的进化方式。现代文明的进步观认为人的进化是有限的，这是由自然选择的进化机制下人类进化的偶然性、不确定性所决定的；但人工选择的进化方式将人类进化的偶然性与不确定性降至最低程度：通过修饰基因、优化基因，人甚至能够"定制"生命，将诸多"完美"或者"优秀"的基因加诸人类本身。然而，人类企图塑造"最完美的人"的追求，有可能会相反地导致人的完美性的损耗。我们需思考以下问题：人工选择的进化方式能促使人进化到何种程度？人是有局限的存在物还是没有局限的完美存在？

（一）人在生物学意义上的持续进化：生物进化

正如斯特林格所言："进化始终在发生，你不必进行干预，进化从根本上说是极其不可预测的。"[①]直线性的进化观认为，人类是生物进化的目的并且位于生物进化的顶峰。这一进化观认为人类将越来越强大，譬如加拿大人类学者卢塞尔和赛格京就认为，随着人类对脑力的依赖性大大超过体力，未来人将呈现出"大脑袋、大眼睛、细长四肢"的体貌特征。稳定进化理论则认为，人类与其他物种类似，人类的进化不会沿着直线发展，因此不能以单纯的形体改变或大脑的变化来作为人类进化的标志。稳定进化理论认为，未来人的体貌特征与现代人相比不会有太大差异，但亦承认未来人的智力水平将会得到大幅度的提升。两者均认可人类的进化尚未终结。在人类从古猿进化到智人以后，人的体貌特征、人的智能水平（以脑容量为例）等身体特征基本上处于稳定不变的状态。单纯从人的形体特征来看，人的生物进化似乎已经停滞，或者说人已经到达生物进化的顶峰。但在人的身体内部，基因仍在推动人的生物进化缓慢进行。遗传学家们对人的基因的研究表明，人类仍处于缓慢的进化之中。

人的生物进化仍在继续的原因包括：其一，科学技术的进步促使自然选择起作用的环境和条件发生变化，进而推动自然选择的进化进程。其二，人类生活方式的改变可能促使人的体貌特征再度进化，以适应社会环境发展。譬如有学者猜测，长期伏案工作将使未来人的腿部萎缩、手臂和手指向外延长；更多的脑力劳动而不是体力劳动将使未来人的脑部变大等。其三，生命科学及生物技术的应用甚至加速了人类的生物进化。通过基因筛选、基因修饰、基因改良等人工选择的进化方式的实现，人们更易有选择、有步骤地强化其身体机能，推动人在生物学意义上的继续进化。前两个原因指向自然选择的进化方式，最后一个原因

---

① 转引自李训仕：《人类进化与人类的新进化评析》，《医学与哲学》2013 年第 5 期。

则是人工选择的进化。

人的生物进化并未停滞，而是缓慢前行。那么，人的进化是否存在制高点？当人进化到某个程度时，人将成为完美的人吗？达尔文说："人这样地兴起而攀登到了生物阶梯的顶层，固然并不是由于他自己有意识的努力，但若他为此而感到几分自豪，也是可以理解而受到原谅的；这样地兴起，而不是一开始就现成地被安放在地面上这一事实会给他希望：他还可以提高，提向遥远未来中的一个更大的幸运。"[①]尽管人无法准确预测自身进化的最终结果及所能够达到的高度，但大部分人本能地追逐更优、更高阶段的生物进化。如今，生命科学与生物技术为人的完美化提供了技术支撑，人甚至能够去"定制"符合自身偏好的"完美"婴儿。

（二）人在社会学意义上的持续进化：文化进化

人类进化包括人类体质特征的生物进化与人类社会文化进化这两个相伴而行、密不可分的进化过程。两种进化相互促进、相互协调，共同推动着人类成为今天地球上具有霸主地位的生物类群。这两种进化在人类进化史中并非处于同等的地位和作用。在人类进化的早期，人类进化主要是由以自然选择为驱动力所带来的人类基因组的改变。特别是涉及语言和脑部发育等重要基因上的改变，使人类在生物学表型特征上有别于我们的猿类祖先，促使人从猿类独立出来。自人类出现以后，特别是近几个世纪以来，随着科学技术的高速发展，人类的社会文化进化似乎占据着主导地位。英国学者斯宾塞在《第一原理》中写道："进化乃是物质的整合和与之伴随的运动的耗散，在此过程中物质由不定的、支离破碎的同质状态转变为确定的、有条理的异质状态。"他所说的"进化"指一切物质的发展规律。以摩尔根、泰勒和巴斯蒂安等为代表的古典进化学派承继并改构了斯宾塞的社会文化进化思想，提出社会进化的时间序列。他们认为人类同源，具有一致的本质与共同的心理，因此人类社会能产生同样的文化、社会发展具有共同的途径，即由低级向高级进化。[②]

以怀特（Leslie A. White）、斯图尔德（Julian H. Steward）和 M. 萨林斯等为代表的新进化论学派在对待社会进化的原因和方式等问题上与古典进化论学派观点不同。怀特将文化分为技术系统、社会系统和观念系统，认为人类文化是不断从低级向高级的进步。怀特所用的标尺不是食物和生产工具，而是人类对能量的发现、利用和控制，文化进化的动力只能来自能量。他以人类对能量的控制

① ［英］达尔文：《人类的由来》，潘光旦、胡寿文译，北京：商务印书馆，1986 年，第 939 页。

② 参见李训仕：《人类进化与人类的新进化评析》，《医学与哲学》2013 年第 5 期。

和利用技术的发展来代替生产技术和工具的发展作为文化进化的重要因素。斯图尔德认为,人类社会没有完全一致的进化路线。他从生态环境的角度研究文化进化,强调世界上不同地区生态环境具有多样性;文化类型各不相同,进化的路线也各不一样,提出文化进化的“多线进化论”。人类的进化再不只是生物进化,伴随着的是人类社会文化的进化,人类再不只是通过自己的身体去适应生存的环境,而是可以自己制造工具,借助这些工具从事生产实践活动,并对环境加以改造,主动适应所生存的环境。特别是近100多年来,人类在科学技术上的发展突飞猛进,人类认识世界和改造世界的能力不断增强,在生存和获取物质财富方面取得了惊人的成功。这种以科学技术为基础的人类的进步和精神方面的进化,被科学技术哲学研究学者称为“人类的新进化”。①

人类的新进化既不单纯是人的社会属性的进化,也不单纯是人的生物属性的进化。它是在社会发展的基础上,通过改变人的社会属性来使人的生物属性进化的特别方式延续下去。思维方法的进步发生在肉体器官之内,交往工具的演化则发生在体外,体内进化和体外进化共同构成人的新进化。人类科学技术的进步、新技术革命给人类的环境产生的巨大影响,工具的发展构成人的进化的重要内容。② 最突显的人类新进化就是由生命科学与生物技术的发展与应用而产生的。随着人类文明的进步,人的文化进化也在持续性地进行。在应然状态下,人对客观世界的认知水平越高,人的智能与智慧越强,人的文化进化就越趋于“完美”。在实然状态下,由于人类能力的局限性和直接表征人类能力的知识的不完善性,人的文化进化远未达到“完美”。

(三)人的有限性与人的可完美性之论争

个体选择行为的理性与非理性之分的根源在于单个主体决策过程中的不确定性,而群体选择行为的演进也在于个体行为的不确定性具有非可加性。影响选择行为不确定性的因素可以大体划分为两类,一类是行为主体对知识(或者信息)的掌握程度;一类是行为主体的计算能力,或者称之为对不确定性的“度量能力”,具体而言就是选择行为主体对其选择行为导致的各种可能结果赋予概率分布的能力。在现实经济生活中,人类不可能符合“经济理性人”假设,不是全知全能的,不可能完全掌握选择行为所需的知识、信息,同时由于行为主体的计算能

① 参见李训仕:《人类进化与人类的新进化评析》,《医学与哲学》2013年第5期。

② 参见李训仕:《人类进化与人类的新进化评析》,《医学与哲学》2013年第5期。

力有限,也不可能对不确定性进行精确的度量。①

理性主义传统认为,人可以凭借理性填平理想和现实之间的"沟壑",可以突破生活中的困境,进而创造完美的生活。英国哲学家以赛亚·伯林的思想瓦解了这一传统。② 在伯林看来,人的理性是有局限性的、人性是不完美的。人类需求的多样性正是源于人类本质的多样性。其一,人类理性的有限性。理性——人性的理智层面有其局限性。伯林指出,西方思想史上一直存在一种信念,认为在人类社会的某个地方、在某个时间存在着完满的生活。在其中,所有好的东西、所有积极的价值都是相互包容甚或相互支持的,例如自由、平等、公正、幸福、安全或公共秩序。人类也一定能找到实现这种生活的"最终的解决之道",所凭借的手段就是理性。③ 这一观念的实质是对理性的迷信,罔顾人类理性的有限性。其二,人性的不完美性。人性的不完美既体现在人的能力上,也体现在人的道德上。人类能力的局限性和直接表征人类能力的知识的不完善性,使得允许人在不同方向上进行选择成为必要——没有人确切知道该如何行事才是正确的。不同的人会有不同的选择,这体现了人的特殊需求。保证每个人都有机会实现自身的需求,这是人类尊严的体现。伯林在评价约翰·斯图亚特·穆勒时,借穆勒之口又重复了一次这样的观点:"把人与其他自然事物相区别的,既非理性思想,也非对自然的控制,而是自由选择与自由试验。"④之所以把自由选择与自由试验看作人类的本质特征,是因为他认识到了蕴含在人类本性之中的人类能力的局限性。因此,完美生活的理想亦不切实际。⑤

人性的不完美,以及人在能力和道德上与生俱来的局限性,决定了人的理性不能得到无限的扩展。而西方理性主义传统的核心是,人能凭借理性实现完美的生活模式。价值的多元性决定生活的不完美性。在一个终极价值不能完全相容的世界里,人必须在各种同样值得追求的价值之间进行选择。承认多样性的人类类本质和多元但不完美的生活,不等于否认了人类生活能够得到改进的可能。伯林指出,人性无法停止对真理、幸福、创新、自由的寻求,人在本性上是具

---

① 参见高宇、侯小娜、孙日瑶:《从不确定性到模糊性:人类选择行为不确定性理论的演进及其展望》,《山东行政学院学报》2012 年第 1 期。

② 参见[英]约翰·格雷:《伯林》,马俊峰、杨彩霞、路日丽译,北京:昆仑出版社,1999 年,第 5、34、53 页。

③ 参见[英]以赛亚·伯林:《自由论》,胡传胜译,南京:译林出版社,2003 年,第 240、243、317 页。

④ [英]以赛亚·伯林:《自由论》,胡传胜译,南京:译林出版社,2003 年,第 284 页。

⑤ 参见魏春雷:《伯林的人性观——伯林思想的现代性价值》,《中国矿业大学学报》(社会科学版)2011 年第 1 期。

有创造性的。而在单一而完美的模式里,不会存在创造性。但是,人的创造性和进取之心既无法预测,也不能保证有所收获。①

宗教人类学认为,在“人”之上存在一个全能的完美的“神”。人是神按照自己的形象创造出来的,因此人具有许多与神类似的特性,人甚至能像神一样完美。拉比约瑟夫·索罗威奇克认为,人类几乎可以无止境地行使他们的权力。他的宗教人类学的首创精神指出:“法典之民一心想要看到创世的不足得到完善,创世的梦想乃是律法意识的核心内容——其观念关乎人作为万能上帝创世的合作者的重要地位,关乎人作为世界创造者的重要地位。”而对哈曼特而言,赞颂人类的有限性则意味着宗教生活可以肯认和接纳现世的局限和不完美。“有限的人类接受了他们的受造性,知道自己与造主保持着距离。”②法国学者孔多塞曾宣称:“对人类官能的改进没有任何固定的界限……人类的可完美性是绝对无限的……这种可完美性的进步因此超越任何可能影响它的每一种控制力量,而且除了自然造就的地球所经历的时间外没有任何限制。”③社会生物学新学派创始人威尔逊由孔多塞的观点得出了最终结论。在他的《论人性》中,威尔逊呼吁由社会承担以完善人类为目的的“人类进化设计师”的责任。

生物技术允许通过“完善”人类本性和人类以外的自然界完成现代主义者的“征途”,实现人类社会的终极进步。然而在这一过程中,人可能不再拥有他的“人性”,长久以来人类社会追寻和艰难保存的个人和公共安全,可能在人们追求完美自身的遗传改造过程中不可逆地丧失。④ 人类企图塑造“最完美的人”的追求,有可能会相反地导致人的完美性的损耗,未来人造人是否是“完美的人”仍值得商榷。

三、关于自然人的正当性的讨论:克隆人能否替代自然人

随着后工业社会的到来,许多学者对现代文明的进步观提出质疑。托夫勒就认为,工业现实观的三个盘根错节的信念,即征服自然的观念、社会进化的观

---

① 参见魏春雷:《伯林的人性观——伯林思想的现代性价值》,《中国矿业大学学报》(社会科学版)2011 年第 1 期。

② [美]迈克尔·桑德尔:《公共哲学:政治中的道德问题》,朱东华、陈文娟、朱慧玲译,北京:中国人民大学出版社,2013 年,第 187~189 页。

③ 转引自林德宏:《物质精神二象性》,南京:南京大学出版社,2008 年,第 635 页。

④ 参见[美]杰里米·里夫金:《生物技术世纪——用基因重塑世界》,付立杰、陈克勤、昌增益译,上海:上海科技教育出版社,2000 年,第 172~176 页。

念以及进步原则，已不再适应随第三次浪潮而来的社会变革。所谓“征服自然的观念”，指的是不同意识形态的双方，都建立在人类要面对自然、征服自然的思想上；“社会进化”的观念，主要指社会达尔文主义所认为的工业化是社会进化的更高阶段、第二次浪潮文明最为优越；而结合征服自然与社会进化的“进步原则”，则指向工业化社会的精确计算时间并把它标准化，这是信奉进化和进步工业现实观的先决条件。[①] 第三次浪潮的到来使得进步再也不能以技术和生活的物质标准来衡量。托夫勒指出，在道德、美学、政治、环境等方面日趋堕落的社会，无论它多么富有和具有多么高超的技术，都不能被认为是一个进步的社会。[②] 承认自然人的正当性、承认人的自然权利是现代社会的基础价值导向。人们关于自然权利、自然法的认知以及对于宪法制度的构建均建立在人的正当性之基础上。而现今，人的人工选择进化对自然人的正当性发起挑战。

通过人工选择的进化方式，人的身体机能更趋完美，人的基因更显优化，这有可能从总体上推进人的生物进化向更高阶段发展。然而人工选择的进化方式有可能造成两种对立的人：“人造人”与“自然人”，进而引发如下思考：人造人是否具备自然人的主体性地位？人造人与自然人孰优孰劣？人造人的权利如何去界定？

自文艺复兴、宗教改革、启蒙运动后，现代社会不再将宗教作为思想界限和价值来源，然而，现代社会脱离了宗教却没有脱离宗教性。现代性的宗教性，或者说现代性的精神实质，集中表现为人定胜天的进步观和人权观。人权被认为是现代社会最大的进步之一。现代社会的进步观和人权意味着人的神化与人的主体性。人的主体性意味着，人蕴含并且解释了一切价值，人具有绝对的神圣性质。[③] 这里人的主体性、人的绝对神圣性质均指向自然选择进化机制产生的自然人，而不是人造人。人的自然选择的进化机制决定了人的生命的偶然性与多样性，导向自然人的正当性。

生物学工具将有可能终止数千年进化史的自然选择，从而重塑地球上的生命，引发人类生活方式的彻底变化。譬如人类基因、细胞、器官和组织的专利将

---

① 参见[美]阿尔温・托夫勒：《第三次浪潮》，朱志焱、潘琪、张焱译，北京：三联书店，1983 年，第 12 页。

② 参见[美]阿尔温・托夫勒：《第三次浪潮》，朱志焱、潘琪、张焱译，北京：三联书店，1983 年，第 365 页。

③ 参见[美]迈克尔・桑德尔：《反对完美：科技与人性的正义之战》，黄慧慧译，北京：中信出版社，2013 年，导论。

被为数不多的跨国公司、研究机构和政府所拥有，他们得以凭借前所未有的影响力支配或者左右我们以及子孙后代的生活方式；通过大型细菌培养槽，传统农业土地种植为室内农业所取代，包括发达国家和发展中国家在内的无数农民不得不离开自己的土地，从而触发世界史上最剧烈的社会动荡；人工制造和繁殖克隆的、杂交的或者转基因的动物，可能意味着野生动物世界将被生物工业世界所取代；某些双亲可能选择试管受精和体外人工子宫孕育来生育后代，父母们可以为自己的后代设计某些遗传特征，从根本上改变为人父母的基本观念；人们将可得到自己详尽的遗传读本从而了解自己的生物学前景，但同时，学校、单位、保险公司和政府机关也可能用同样的遗传信息来确定人们受教育的潜力、工作表现的前景、保险费用等，英才教育可能让位于基因优势教育，注重实绩、论功行赏的管理体制将可能让位于基因优势统治，社会观念和平等的概念可能由此发生变化。[①] 人工进化甚至会危及自然人的正当性。

人类基因组计划不仅标志着生命科学已进入了“大科学”或者说工业化科学的阶段，而且也标志着生命科学与资本之间结成了一种新的关系。人类遗传学与优生学之间存在着一种长久而频繁的消极联系，因为有关差异的科学从未出现在一种奉行平等主义的社会之中。因此，对新遗传学的大量资助大大增加了进一步加强社会等级制的风险。科学评论家们更关注的是一个政治难题：应该由谁来决定什么是“有缺陷的”基因，又有谁来决定什么是“正常”的甚或是“完美”的基因。[②] 从功利论的视角来看，若存在“完美”的基因，人们毫无疑问应接受改良或改造；从道义论的视角来看，无论人的基因是否完美，改造人自身、将人自身视为手段是不可取的。

人们对基因修饰的过度推崇、基因改良的大规模应用，会使人类在若干年后分化为两种人：基因改良人和自然状态人，而后者往往又可能是因为贫穷而无法利用基因技术的人，这将造成实质上新的社会不公平。国际人类基因组计划总协调人柯林斯博士发表声明说：“无论是基因人还是克隆人，任何企图利用生物技术重新设计甚至制造人类的想法是永远不可能实现的。任何科学行为都应以尊重人类的自由和尊严为前提，对于滥用基因、制造基因人的行为我们都应坚决

---

① 参见[美]杰里米·里夫金：《生物技术世纪——用基因重塑世界》，付立杰、陈克勤、昌增益译，上海：上海科技教育出版社，2000年，第1～4页。

② 参见[英]芭芭拉·亚当、[英]乌尔里希·贝克、[英]约斯特·房·龙编著：《风险社会及其超越：社会理论的关键议题》，赵延东、马缨等译，北京：北京出版社出版集团，2005年，第100页。

反对。”人类基因组计划的核心人物之一兰德博士亦指出：“我们不能制造人类，也不能改变人类。人类基因组计划的目的是了解基因组，而不是去改变基因组。”①基因改良人与自然状态人的对立还不是最极端的情况，更为可怕的是人的完全复制，即人的克隆。它从根本上动摇了自然性的主体性与自然性的正当性。

生物科学技术的发展为人类生命权价值的实现提供了多样化途径，同时也带来了许多负面后果。基因重组、器官移植、克隆等技术的发展使人类自身有可能沦为技术制造的产物，从而改变人的基本定义，使人失去人的尊严和价值，甚至直接影响到人的正当性。② 一旦生命成为“发明”，那么生命内在价值和利用价值的界限均将消失，生命本身被降格为一种客观状态，没有任何可以区别于纯粹的机器的独特或基本品质。③ 一旦人取代“神”、人能够制造人，人的自然正当性即可能被颠覆。

从人的克隆可能导致的影响来看，一旦克隆人成为现实，确实有可能令人类分化为克隆的人与自然交配而出生的人两类；另一种情况是人们选择定制婴儿，即剔除一些人们认为不好的基因，筛选出“健康”“金发碧眼”“长寿”的基因等等，人造人与其他自然交配而出生的人相比更加“完美”且更具竞争力。人造人的大规模“生产”可能造成自然出生的人被“优胜劣汰”。人的克隆、定制婴儿等新形式的生命行为均有可能引发人类社会对于自然人的自然性与正当性的质疑。

第二节　生命行为管理的内在张力

一方面，生命的专属性决定了生命权的不可转让、不可让渡性。个人是生命的载体，生命行为的实现必须依附于个人才能实现，国家、社会、他人均不能代替个体作出相应的生命行为选择。毫无疑问，在应然层面上，个人拥有配置自己的生命资源、通过一定的生命行为完成生命活动的自主权。在这个意义上，国家与社会均不能限制人的生命自主权，亦不能干预个人基于自由意志而进行的生命

① 转引自李异鸣编著：《人类灭亡的10种可能》，北京：新世界出版社，2004年，第238页。

② 参见韩大元：《生命权的宪法逻辑》，南京：译林出版社，2012年，第7页。

③ 参见[美]杰里米·里夫金：《生物技术世纪——用基因重塑世界》，付立杰、陈克勤、昌增益译，上海：上海科技教育出版社，2000年，第43～46页。

行为抉择。

另一方面，人类的社会性生活决定了人无法脱离社会而存续发展，作为社会动物的人不可避免地面临着人与人之间、人与社会之间的关系问题。生命行为不仅是个体自身可控的行为，亦与他人、与社会攸切相关。在实然层面上，生命个体与生命群体、生命行为的差异性与趋向一致性、个人的生命权诉求与优化社会总福利的需要之间的对立冲突，使人的生命行为自由与社会管理之间的张力不可避免地暴露出来。

一、生命个体与生命群体的内在特质

每一个鲜活的个体都是生命权的载体和生命行为的主体。同时，人是社会动物，聚居在一起形成了多姿多彩的生命群体，并形成了全人类这样一个生命的共同体。人的生命行为的差异性与趋向一致性、个人的生命权诉求与优化社会总福利的需要之张力在生命个体与生命群体的关系之中彰显出来。这是由生命个体与生命群体各自内在的特质所决定的。

理查德·道金斯在《自私的基因》中写道："基因是最自私的，所有生命的繁衍、演化，都是基因为求自身的生存和传衍而发生的结果；更严酷地说，我们只不过是机器人的化身，是基因在主宰我们这部机器！"[①]所谓"自私的基因"正是指向了人的生物性本能，或称为人的"自然性本能"。"本能"是有机体先天固有而又受意识支配的活动，譬如达尔文所说的"本能促使杜鹃迁徙并且使它们把蛋下在别种鸟巢里"[②]。人性是人与生俱来、生而固有的本性，但这并不意味着人性就仅仅等于人的本能。在人的自然性之外，人还具有社会性，人性是人的自然性与人的社会性的统一。正是人的社会性的存在，使由许多个体组成的人类生命群体与一般性的群居动物区分开来。动物世界中的"群居习性"与人类社会中的"社会性"不同。人类的生命群体介于非社会化的社会与"真社会性"社会之间。

（一）生命个体：人的自然性与社会性对立统一

关于人的本质、人性等人对于自我认知的问题探讨可谓源远流长、聚讼不休。在近现代西方各种有关于人的哲学中，叔本华强调意志，尼采强调生命力的竞争，柏格森强调直觉，杜威强调使用工具的活动，海德格尔强调面对恐惧和生

---

① 转引自[美]罗纳德·德沃金：《生命的自主权——堕胎、安乐死和个人自由的辩论》，郭贞伶、陈雅汝译，北京：中国政法大学出版社，2013年，第268页。

② 转引自王海明：《人性是什么？》，《上海师范大学学报》（哲学社会科学版）2003年第5期。

存终结的体验。自然主义人性论认为人的本质在于人的自然本性，理性主义人性论则认为人的本质在于理性。这些学说往往割裂了人的自然性与社会性，难以对人的本质作出正确说明。[①] 历史唯物主义在历史上第一次将人的自然性与人的社会性统一起来，认为人性就是自然属性与社会属性的统一。所谓人的自然属性，或者说人的自然性，是人在生物学和生理学方面的属性，例如吃、穿、住、繁殖后代等；人的社会属性，或者说人的社会性，指的是人区别于动物的本质属性的总和。历史唯物主义认为，人的自然属性不同于"动物本能"，人的自然属性区别于动物的本能性，在于它始终不能脱离人的社会性而独立存在。[②] 那么，人的类似于"动物本能"的本能性、动物性是否隶属人性的一部分？

唯物史观实际上将"动物性"排除在人性之外。其理由是：人的自然属性不是纯粹的"自然要求"，而是具有社会内容的生理需求。满足这些需求的手段、方式和途径是社会化的。这一观念否定了人与动物相联系的方面。其实，人的自然属性正指向人所具有的动物性本能，人的动物性本能与其他动物极为类似，人的动物性本能同样是人性不可或缺的重要部分。尽管满足人的生理需求的手段、途径和方式是社会化的，但不能否认的是，人的生理需要在内容上与动物的生物性需求无异。[③] 正如冯友兰所说："人不仅是人，而且是物，是生物，是动物。所以凡是一般物，一般生物，一般动物，所同之性，人亦有之。"[④]认为人性不包含动物性的观念是片面的。

事实上，人的动物性不仅属于人性的部分内容，而且它与人区别于动物的其他特性相比，显得更为基础。按照马斯洛的需求层次理论，人的基本需要和欲望由低级到高级大致分化为五种：生理、安全、爱、自尊、自我实现。只有在第一层级的需求和欲望实现的基础上，人才会去寻求高一层级的需求和欲望。只有当人的生理需要得到了满足或者相对满足后，人的安全需要、爱的需要、自尊需要以及自我实现的需要才会被提出。总的来说，人的生理的需要和欲望，亦即人的动物性，乃是引发人的一切行为的最终动因。[⑤] 只有在满足了人的生存需求的基础上，人们才能够去追寻更高层次的生命需求；也就是说，只有在满足人们的

---

① 参见朱贻庭主编：《伦理学大辞典》，上海：上海辞书出版社，2011年，第55页。

② 参见朱贻庭主编：《伦理学大辞典》，上海：上海辞书出版社，2011年，第56页。

③ 参见刘彩红：《人性、人的本质与人的本性探析》，《内蒙古农业大学学报》（社会科学版）2008年第4期。

④ 冯友兰：《三松堂全集》第4卷，郑州：河南人民出版社，1986年，第92、93页。

⑤ 参见王海明：《人性是什么？》，《上海师范大学学报》（哲学社会科学版）2003年第5期。

维系和延续生命以及进行生命再生产(繁衍)的需要所进行的一切自觉和不自觉的活动之后,人们才开始进行摄食、求偶、抚幼行为之外的与生命的维系或终止、生命的繁衍直接相关的各种行为。

人性是人生而固有的本性,它一方面是人生而固有的自然本性,另一方面则是人生而固有的社会本性。冯友兰把人的特性叫作“人之性”,而称人的动物性为“人所有之性”。他认为“一般物、一般生物、一般动物所同有之性,人亦有之。此诸性虽亦为一切人所同有,但非人之所以为人而所以异于禽兽者,故此只为人所有之性,而非人之性”①。在《关于费尔巴哈的提纲》中马克思指出:“人的本质不是单个人所固有的抽象物,在其现实性上,它是一切社会关系的总和。”②无论是冯友兰所说的“人所有之性”与“人之性”的区分,还是马克思所言“一切社会关系的总和”,都指向人区别于动物的特性:人的社会性。人的本性之根本特征,就在于人的自然性(或者说动物性、生物性)与社会性的对立统一。

(二)生命群体:介于零社会性与“真社会性”之间的人类社会

自然界中生存着许多群居动物。与独居动物相比,群居动物以集团或团体为单位,共同摄食、休憩、迁徙等。绝大多数的犬科动物、昆虫、海洋动物、食草动物、啮齿目动物、灵长目动物等属群居动物,而猫科动物(狮子除外)等则为典型的独居动物。以社会化程度对动物进行区分,可以简单地将动物分为三类:不具社会性的独居动物、具有社会性的群居动物以及具有“真社会性”的群居动物。人类社会介于非社会化与“真社会性”之间。

一般来说,位于食物链底端的、食草类动物比较倾向于选择群居,因为群居更容易合作觅食、抵御天敌,能够增加其生存机会。部分位于食物链顶端的、食肉类动物也会选择群居,例如猫科动物中的狮子。群居动物往往存在复杂的社会组织以及一定的社会分工,甚至出现相应的等级划分,这些构成动物的“群居习性”。动物的群居习性可以简单地定义为:动物有机体为了适应生存环境的变化和满足物种延续的需要,在长时间的进化过程中形成的自然结果。动物的群居习性与人类的社会性不能等同。群居动物的社会分工与人类社会中的社会分工不同:前者的社会分工往往是无意识的,而人类社会分工是有意识的、具有主观能动性。

在生物学的意义上,绝大多数生物都不具备社会性。所谓“一个奔跑的鹿群

① 冯友兰:《三松堂全集》第4卷,郑州:河南人民出版社,1986年,第92、93页。

② 《马克思恩格斯选集》第1卷,北京:人民出版社,1995年,第60页。

就是一群奔跑的鹿”——它们仅仅是凭借本能、碰巧聚集在一起的“乌合之众”。有些高度社会化组织的生物则走在相反的极端：它们聚居成群，繁殖分工，世代重叠、合作照顾未成熟个体。膜翅目中的蚂蚁、胡蜂以及蜜蜂是典型的真社会性群体。在大多数的蚂蚁群中，工蚁的主要职责是筑巢、采集食物、饲育幼虫及蚁后，兵蚁专司保卫蚁群，蚁后则承担整个蚁群的繁殖；各类蚂蚁间有明显的个体分工与等级分化。这便是昆虫学家苏珊·巴特拉所提出的“真社会性”(eusociality)场景。真社会性社会中秩序分明、等级森严，个体的生理条件与其承担的社会责任与义务完全吻合，整个社会是一个全然自洽的单一实体，因而具有极高的效率。[①] 博物学家、社会生物学家爱德华·威尔逊进一步对此作出解释。他在研究蚂蚁的通信方式和蚁群社会结构的基础上，试图说明基因不仅决定了人类的生物形态，还塑造了人类的本能，对人类的社会性及其他个性特性起到决定性的影响。人类的社会性生活在弗朗西斯·福山的著述《政治秩序的起源：从史前猿人到法国大革命》中得到了充分的阐述：“人类的社会属性并非经由历史或者文化而习得，而是深深刻在人类的天性之中的。”[②]在威尔逊看来，真社会性物种是生命历史上最成功的物种。这一观点在生物学界引起了激烈的争辩和质疑，理查德·道金斯、罗伯特·特里弗斯等都提出了反对和批评意见。

从理论上来看，关于这一新提出的人类社会的演化模型是否能真正解答人性的奥秘还未可知；从社会实践来看，我们从直观的日常生活中可以观察到，在生物世界中，人类实际上介于非社会化生物与“真社会性”生物之间：人类社会具备积极的社会性，但并非绝对的真社会性。在长期的社会发展中，人类社会凭借其社会性世代延续。凭借生物科学技术，人类社会甚至可以走得更远。赫胥黎所描绘的美丽新世界，其实质就是生物学意义上的“真社会性”的人类社会。在赫胥黎刻画的“真社会性”的人类社会中，社会高度同化为单一的实体，个体的一切差异都被消除，个体的生命行为的差异性为生命共同体的高度一致性所取代。

人们满足于现有的社会性生活吗？人类的社会性生活将走向何方？事实上，人的生物性与社会性是人类行为的两大驱动力。人的生命行为的生物性与社会性之张力与价值比照体现为，在现实生活中个体生命行为的差异性与群体

---

① 参见 ENT：《超人：真社会性的文明何去何从？》，2013 年 6 月 25 日，http://www.guokr.com/article/437142/.

② Howard W. French. “E. O. Wilson’s Theory of Everything,” *The Atlantic*, http://www.theatlantic.com/magazine/archive/2011/11/e-o-wilsons-theory-of-everything/308686/3/, November 3, 2011.

生命行为的趋向一致性。人类社会性生活的走向存在两个极端:其中的一极是人类的社会性不断深化,促使人类社会过渡到"真社会性"场景;另外一级则是人类的生物性不断突显,极度张扬人的个性与自由,使人类社会步入完全不受约束的、彻底的个人主义时代。

二、生命行为的差异性与趋同性之矛盾

正如"世界上没有两片完全相同的树叶",人作为万物之灵长拥有得天独厚的自然禀赋,不同人的相异禀赋使人成为不同的个体。人的自然性决定了人的生命行为的个性;而人的社会性又使生命行为的共性成为维系社会有序发展的必要条件。人的生命具有专属性,生命行为必须依托特定的生命主体来实现,特定生命主体所进行的生命行为不能由他人来代替完成。人的生物差异性决定了个体生命行为的独特性;同时,无数个人构成人类生命共同体,为满足人类生命共同体延续发展的需求,个体不得不遵守一致性的社会规范,导致生命群体中个体生命行为的趋同性。

(一)生命的个体性与生命的社会性

每个人都是独立的生命个体,但人并不能孤独地生活在世界上,人与他人以一种"共在"的方式生存。正如马克思所言:"人是最名副其实的政治动物,不仅是一种合群的动物,而且是一种只有在社会中才能独立的动物。"[①]在高度社会化的群居世界中,人与人之间的行为相互影响、相互作用。人作为社会动物不能脱离社会存在,无数个体的生命构成人类生命的共同体。

作为独一无二的个体,人的生命行为必须依托于一个个独立的生命载体而实现,人的自然性决定了生命行为的个性。作为社会动物中的一员,人的生命行为不可避免地会对他人与社会产生影响,为了维系社会秩序的一致性而对人的生命行为予以规范,人的社会性决定了生命行为又趋向一致性。

生命的个体性意味着个性,指每个人的生命都作为一个独特的世界而存在,每个人的存在都是不可置换的。生命的个体性意味着差异;从肉身到精神,每个人的生命素质、生命境遇都是不同的,差异性是人的生命存在的客观事实。人总是作为有差异的个体而不是作为标准件而生活着;生命的个体性意味着多样,正因为每个人的独特性、差异性的存在,这个"人类"的"生命世界"才成了一个丰富

---

① 《马克思恩格斯选集》第2卷,北京:人民出版社,1995年,第2页。

多彩而非千篇一律的“生活的世界”。[1]另一方面，生命的社会性意味着共性，人与人之间存在某种共通性、一致性。正是这种“共性”，将人连成一个“人类”的世界，使人与人之间的共同生活成为可能。生命的社会性意味着交往，共性来自人类的共同生活实践，人的差异性的存在使人与人之间的交流不仅必要而且可能。生命的社会性意味着合作，人的生活实践总是基于某种合作性上的实践，社会中的他人总是或显或隐地出现在个人生活的世界之中。生命的社会性意味着统一，每个生命作为独立的个体，凭借人与人的现实交往，凭借社会生活中人与人之间的共通性和共同生活的基本规则，而结成统一的整体。[2] 生命的个体性与社会性是不可分割的。

（二）生命行为的自然效应与社会效应

马克思在《1844年经济学哲学手稿》中指出，人的生命活动与动物不同，“人把自己的生命活动本身变成自己的意志和意识的对象。他的生命活动是有意识的……有意识的生命活动直接把人跟动物的生命活动区别开来”[3]。人的意识发生在人的生命活动中，人的生命活动又在人的意识之中。人的身体是承载其意识、思想的载体，人的主体性蕴于人的生命活动之中，可以说，人正是通过他的生命行为与外界发生关系、产生影响。马克思指出：“全部人类历史的第一个前提无疑是有生命的个人的存在。因此，第一个需要确认的事实就是这些个人的肉体组织以及由此产生的个人对其他自然的关系。”[4]个人对其他自然的关系，是指人通过他的生命活动与生命行为，产生的对他人与社会的影响与效用。人的生命行为对其他自然的关系或者说人的生命行为所产生的效应，可分为自然性效应与社会性效应。

生命行为的自然性效应体现为生命行为对个人产生的效应与影响，主要指涉对个人的生命权利、个人的主观价值等方面。生命行为的社会性效应体现为生命行为对他人及社会产生的效应与影响，主要指涉生命群体的整体利益与公共生活的善，甚至于人类的存续发展、人类的生物多样性等。当生命行为的个人效应与社会效应相互吻合、趋向一致，能够促使个人与社会两者均受益时，政府

---

① 参见刘铁芳：《生命与教化——现代性道德教化问题审视》，湖南师范大学博士学位论文，2003年。

② 参见刘铁芳：《生命与教化——现代性道德教化问题审视》，湖南师范大学博士学位论文，2003年。

③ ［德］马克思：《1844年经济学哲学手稿》，北京：人民出版社，1979年，第50页。

④ 《马克思主义经典著作选读》，北京：人民出版社，1999年，第5页。

应对这样的生命行为予以肯定与认同；当生命行为的个人效应与社会效应发生冲突，个体的生命行为对他人与社会产生负的外部性时，两者的冲突要求社会管理者予以协调与治理。

三、个体的生命权诉求与社会利益之张力

爱德华·威尔逊指出，有两种对立的力量在驱使着人类的行为——群体选择和个体选择，二者同时发挥作用。"群体选择带来美德，而与之竞争的个体选择带来罪恶，当然这是过度简化了。一言以蔽之，这就是人类的处境。"[①]威尔逊强调群体进化的重大作用。在研究蚁群社会结构时，威尔逊注意到蚁群普遍存在的利他现象。他认为在一个群体内部，自私者更易成功，但在群与群的竞争之中，利他者组成的群获胜几率更大，由此可见人性中的自私和无私行为之间的复杂作用。群体选择与个体选择这两种力量是对立统一的，它们共同作用于人类行为，构成人类行为的驱动力。

群体选择与个体选择并不总是对立，有时两种选择趋向一致，能够同时满足个人与社会的需求。一方面，群体选择并不总带来美德。当群体选择侵入私人领域、损害到个体的合法权益时，无论这一群体选择的结果是否促进社会利益的增加，我们都应认为这一群体选择是"恶"的选择，应予以遏制和纠正。另一方面，个体选择并不总带来罪恶。基于个体的生命权诉求而进行的个人选择若不危及他人、社会的合法权益，那么这一个人的选择应被视为"善"的选择，个人的正当需求尤其是关于生命权的诉求应当受到尊重和得到满足。个体与群体间的抉择，构成人的生命行为动力机制的两极，形成个体的生命权利与社会的整体利益之张力。

（一）个人与社会的权、责界限

个人与作为现代生活共同体的社会的关系问题，即个人与社会的关系问题，是社会学的元问题，也是探讨人的生命行为规范与准则的基础性问题。齐美尔在《社会学的基本问题：个人与社会》中指出，个人之间处在不断地互相作用的过程之中，由个人的互相作用而联系起来的网络就是社会。社会学的任务是要阐明个人与社会的关系，即阐明个人怎样互相交往而形成群体，群体又怎样制约个

---

① Howard W. French. "E. O. Wilson's Theory of Everything," *The Atlantic*, http://www.theatlantic.com/magazine/archive/2011/11/e-o-wilsons-theory-of-everything/308686/3/, November 3, 2011.

人的。在个人与社会关系问题上,争论的焦点是社会本位主义,还是个人本位主义。社会中的个人是有价值标准、有行动目的、与他人发生联系和互动的个体;社会是由个人互动而联结起来的网络,个人就是这张网络中的纽结。[①] 社会学对于个人与社会关系问题的设问是变化多样的。由于现代社会生活的具体事实本身是不断变动的,人们出于不同的利益需要、价值取向和理想追求,对问题的选择也像来回晃动的钟摆,或侧重个人或偏向社会,在个人和社会所构成的二重性之间动荡不居。[②]

社会与个人的关系问题是社会学家必须首先面对的基本问题。虽然绝大多数社会学家都承认社会是由个人组成的,但对个人是如何组成社会的以及组成社会的个人与他们生活于其间的社会究竟处在一种怎样的关系之中,不仅社会学家,而且在现代社会学形成之前的哲学家们也没有停止过争论。这种争论的典型是近代以来在欧洲哲学中出现的社会唯名论(nominalism)和社会唯实论(realism)之争:前者以霍布斯、斯密等为代表,他们充分肯定个人和个人利益的重要性,认为"社会"只是一个虚幻的存在物,是标示这个虚幻存在物的一个名称;后者则以欧陆理性主义者斯宾诺莎、孟德斯鸠和黑格尔等人为代表,他们认为社会固然是由个人组成的,但个人一旦组成社会,社会就具有了独立存在的特性,或者说具备了单个个人所不具备的"突生性质"(emergent property)。因此,它是一个实在的整体。[③] 个人与社会对立统一,生命个体与生命群体间因个人利益与集体利益的不一致而存在矛盾与冲突。

个人利益指个人生存和发展的各种需要,它是个人活动的前提和动力。集体利益亦称"社会利益",指社会整体生存和发展的各种需要,或组成集体的各个个体的共同利益或根本利益。[④] 个体利益与集体利益是对立统一的,当个体利益与集体利益发生矛盾和冲突时,明晰个人与社会的权、责界限非常有必要。桑德尔认为,我们(每个个体)是分散的、独立的个体,每个人都拥有自己的目的、利益以及善观念,它寻求一种权利框架,这种权利框架使我们能够作为自由的道德

---

① 参见杨心恒、刘豪兴、周运清:《论社会学的基本问题:个人与社会》,《南开学报》(哲学社会科学版)2002 年第 5 期。

② 参见郑杭生、杨敏:《论社会学元问题与社会学基本问题——个人与社会关系问题的逻辑结构要素和特定历史过程》,《华中科技大学学报》(社会科学版)2003 年第 4 期。

③ 参见周晓红:《唯名论与唯实论之争:社会学内部的对立与动力——有关经典社会学发展的一项考察》,《南京大学学报》(哲学·人文科学·社会科学)2003 年第 4 期。

④ 参见朱贻庭主编:《伦理学大辞典》,上海:上海辞书出版社,2011 年,第 13 页。

主体以实现自己的能力,并与他人类似的自由相一致。[①] 边沁亦指出,应把个人利益看作社会利益的基础,个人利益是唯一的现实利益,社会利益只不过是个人利益的总和。[②]

密尔在《论自由》中写道:“唯一能配得上自由这一称号的,就是我们以自己的方式追求我们自己的善,只要我们不试图剥夺他人的善,或阻碍他们获取善的努力。”“任何人的行为,只有涉及他人的那部分才须对社会负责。在仅涉及本人的那部分,他的独立性在权利上则是绝对的。对于本人自己,对于他自己的身和心,个人乃是最高主权者。”[③]从自由主义的角度来看,只要个体的生命行为不侵犯他人与社会的权益,社会管理者就应当保障个人的生命权诉求、尊重个人的生命行为选择,不得干涉个体的生命行为自由。许多自由主义者也不会怀疑:人类任何特立独行的行为或行动最终都会受到某种程度的约束。人们应当拥有选择是否需要彰显公共精神的自由。否定人们的这种权利,是违背了自由以及自我选择的原则。

社群主义者则持反对观念。他们认为:社会先于个体而存在。人生活在一个有着既定文化规范和价值观的社会中。在成长的过程中,人的行为方式以及自主性的特征无不带着这些文化规范和价值观的深深烙印。[④] 虽然个人自主性被认为是人的幸福的一个重要先决条件,但这种自主性必然要受到人所处的社会环境的制约。人是一种社会存在,这一事实决定了人的行为和选择;而人的行为和选择并不是一系列交换关系或契约关系的堆积。[⑤] 亚里士多德在《政治学》中甚至认为:那些不是理想国中的人,要么是野兽,要么是神。“没有国家归属的任何人,不是太低级就是太崇高,不是低于常人就是超越常人……那些无须参与我们称之为国家的社会交往的人,就可能如低等动物;同样的,那些拥有完善的自足系统,且没有任何的需求的人,就可能如神。他们都不从属于国家。”总之,共同体是人类的一种基本需要,它所构成的自足系统可以满足人类的合群需求,并让人类获得一种归属感。共同体也是人类生活的一个基本构成。共同体是事

---

① 参见[美]迈克尔·桑德尔:《公共哲学:政治中的道德问题》,朱东华、陈文娟、朱慧玲译,北京:中国人民大学出版社,2013年,第139页。

② 参见朱贻庭主编:《伦理学大辞典》,上海:上海辞书出版社,2011年,第11页。

③ [英]约翰·密尔:《论自由》,许宝骙译,北京:商务印书馆,1998年,第4页。

④ 参见[英]保罗·霍普:《个人主义时代之共同体重建》,沈毅译,杭州:浙江大学出版社,2010年,第134页。

⑤ 参见[英]保罗·霍普:《个人主义时代之共同体重建》,沈毅译,杭州:浙江大学出版社,2010年,第135页。

关人类幸福的一个必要条件。① 政府可以而且应该通过各种途径干预民众的事务，以便引导他们的行为与塑造他们生活其中的社会。但是，这不等于政府或国家可以大规模地干预社会生活；否则，它将侵害到民众的自主性，而这种自主性则是人类幸福的重要构成因素。②

自由主义与社群主义的论争与争辩直指人与社会的权责界限问题。在生命行为管理中，明晰人与社会之间的权责界限极为重要。一方面，社会管理者必须保障人的生命行为选择自由权，回应与应对个体的生命权诉求；另一方面，社会管理者从维系社会有序运行、促进社会利益优化的方面，又必须引导、规范与约束多样化的个体的生命行为选择。在这个意义上，个体生命行为选择的自由与权利是有限度的。

（二）个体选择与群体选择：个人权利抑或公共的善

当个体的生命行为选择自由与群体的公共善相悖时，人们必须在两者的对抗与冲突间进行衡量与抉择。按照功利论准则，功利主义认为只要增加的权利总额大于减少的权利总额，就应该选择增加多数人的权利而牺牲少数人的权利。然而功利主义原则并非在所有情况下都能够符合社会公平与社会正义的要求。个人的权利与多数的善，两者谁更优先，这是考量生命行为管理与人权必须解决的问题。

在城邦制度下，人们承认个人的生命具有某种社会价值，但是人们认为这种价值完全属于国家。因此，城邦可以任意处置个人，而个人对自己却没有同样的权利。在现代社会中，个人获得了某种使他凌驾于自身和社会之上的尊严。关于人与社会之间的关系也发生了变化。随着社会变得更加庞大，人口更加稠密、社会变得复杂、分工更加细化，个体的差别不断扩大而且逐渐接近这样的时刻：同一个人类群体的所有成员再也没有任何共同之处，除了他们都是“人”这一共同点之外。集体情感不得不依附于它所剩下的唯一对象，并且由此赋予这个对象——“人”一种无与伦比的价值。③ 现代性的精神实质就是肯定并且认可人的至高价值。现代文明的进步观赋予“人类万物之灵长”的至高地位，人的自由与人的权利被视为最基本的自然权利，其中生命权不仅仅作为人权的子项、更被视

① 参见［英］保罗·霍普：《个人主义时代之共同体重建》，沈毅译，杭州：浙江大学出版社，2010年，第142页。

② 参见［英］保罗·霍普：《个人主义时代之共同体重建》，沈毅译，杭州：浙江大学出版社，2010年，第146页。

③ 参见［法］埃米尔·迪尔凯姆：《自杀论》，冯韵文译，北京：商务印书馆，1996年，第361～364页。

为“第一人权”，人们愈发清晰地认识到生命权是人的基本人权，人的生命权神圣不可侵犯。

自由主义与社群主义关于“权利”与“公共的善”谁更优先展开激烈辩争。康德、罗尔斯以及诸多当代自由主义者认为权利在两个方面优先于善：第一，某些个体权利“胜过”或在价值方面超过对“公共的善”的考虑。第二，正义原则的正当性并不依赖于任何特殊的关于“好的生活”的观念。与之相对，社群主义者（又称为“共同体主义者”）则认为，作为道德主体的人，不仅受制于我们为自己所选择的目的和角色，还有义务实现某些我们并没有选择的目的，例如，由自然或者上帝所赋予的目的，或者由我们作为家庭成员、民族、文化和传统的身份所赋予的目的。①

关于“正义能否脱离善”这一论题，政治哲学家们有着不同的考量。阿拉斯戴尔·麦金太尔、查尔斯·泰勒、迈克尔·沃尔泽、迈克尔·桑德尔等对以权利为导向的自由主义的挑战，通常被描述为是“共同体主义”对于自由主义的批评。关于权利之优先性的争论，集中于不同的人的观念以及人应当如何理解个人与个人的目的之间的关系。罗尔斯在《正义论》中将权利的优先性与唯意志论的、或者是广泛意义上的康德式的人的观念联系起来，认为“自我”优先于“目的”。罗尔斯认为人是自由的、独立的自我，不受先在的道德关系所束缚，并能够自己选择各种目的，人是自由和平等的理性存在物。他的“自我”优于“目的”的论断支撑了“权利”优先于“善”的论断。② “自我所有权”的观念认为，政府没有权力干涉个人使用自己身体或处理自己生命的自由。③ 这类观念强调个人自由的绝对优先性。

约翰·密尔的观念则是对个人权利与功利主义哲学的调和。他所提出的中心原则是：倘若不伤害到他人的话，人们应该可以自由地去做任何他们想做的事情。政府不能为了保护人们不受到伤害而干涉个体的自由，或将大多数人关于怎样最好地生活的观念强加于每个人。密尔认为，一个人要对社会负责的唯一一种行为，就是会影响到他人的行为。而“只要我不伤害到任何他人”，那么，我

---

① 参见[美]迈克尔·桑德尔：《公共哲学：政治中的道德问题》，朱东华、陈文娟、朱慧玲译，北京：中国人民大学出版社，2013年，第194～198页。

② 参见[美]迈克尔·桑德尔：《公共哲学：政治中的道德问题》，朱东华、陈文娟、朱慧玲译，北京：中国人民大学出版社，2013年，第194～198页。

③ 参见[美]迈克尔·桑德尔：《公正该如何做是好》，朱慧玲译，北京：中信出版社，2012年，第76页。

的“权利的独立性就是绝对的。个体是他自己，是自己身体和思想的最高统治者”[①]。从长远来看，尊重个体自由会导向最大的人类幸福。强迫一个人根据习俗、传统或流行性的观点而生活是错误的，因为这妨碍他达到人类生活的最高目的——对其人类能力充分而自由的发展。在密尔看来，强制性顺从是最佳生活方式的敌人。个体价值之所以重要，并非由于蕴含其中的幸福感，而是它折射出了人的品格。“一个人如果连欲望和冲动都不是自己的，他就没有品格而言，就像一个蒸汽机没有品格一样。”[②]

在公共健康史上经常发生对个人权利的粗暴侵犯，而对个人权利与自由的干预和限制却缺乏伦理论证。在应对公共健康危机时，人们常常给予公共健康对个人权利的绝对优先性，认为为了保护公共健康而对个人权利施加任意限制是不证自明的。在现代社会，任何以公共利益之名对个人权利施加的限制都必须承担论证责任。当然，完全不侵犯个人权利也难以达到保护公共健康的目标，因此，必须给侵犯个人权利施加一个限度，这就需要探讨在何种情况下对个人的何种权利可以施加何种程度的侵犯。由于公共健康总是以共同善的面目出现，因此公共健康领域个人权利与公共健康的冲突，实质上就是个人权利与共同善的冲突。从共同善的立场上，个体的各种不利于公共健康的权利都应受到不同程度的限制。然而，尽管公共健康是个人健康的集合，但这并不表明公共健康与个人权利就是完全一致的。个人权利与公共健康之间的冲突是不可避免的，这就使得理解和厘清个人权利与公共健康之间所必然存在的“交易”这一点变得很重要。[③] 在生命行为管理的各个具体领域，比如生育行为、人体交易行为、性行为与婚姻行为、终止生命行为与定制生命行为中，由于不可避免的个体之生命权诉求与群体优化社会利益之张力，而或多或少地存在个体权利与公共的善两者之间的矛盾，因此生命行为管理必须协调理顺个体与社会之间的关系。

---

① 转引自[美]迈克尔·桑德尔:《公正该如何做是好》,朱慧玲译,北京:中信出版社,2012 年,第 53～56 页。

② [美]迈克尔·桑德尔:《公正该如何做是好》,朱慧玲译,北京:中信出版社,2012 年,第 53～56 页。

③ 转引自史军:《权利与善:公共健康的伦理研究》,清华大学博士学位论文,2007 年。

第三节　生命行为管理的基本尺度

进入现代文明社会以来，随着启蒙思想家们颠覆了宗教神权与世俗王权的合法性并公开宣布人的生命权，人的自然合法性及人的自然权利逐步以法律的形式确定下来。围绕着人的生命与生存等议题，“生命是自然的赐予”和“上帝赋予人类生命”的拥趸者，都将生命权不可克减、生命权不可让渡作为逻辑上不证自明的定论。在当下社会中，尽管在少数国家或地区仍存在侵犯人权的客观事实，但认同并保障人的生命权已成为不容置疑的普世价值，并在绝大多数国家内以法律的形式确定下来。面对多样的权利冲突，我们必须承认个体生命权的行使有其限度，同时社会管理者所施行的生命行为管理亦有其边界。生命行为管理的基本尺度，即明确人的生命权与生命行为的限度以及生命行为管理之边界。

一、生命权的限度及其定位

人的自然选择进化具有偶然性与不确定性，这一条件导致人类存在的多样性。马克思在论及人性时说：“人以其需要的无限性和广泛性而区别于其他一切动物。”[①]按照马斯洛提出的需求层次理论，人的需求从低到高按顺序分为五个层次，包括生理需求、安全需求、社交需求、尊重需求以及自我实现的需求。尽管马斯洛所论人的需求层级并不一定合乎事实，例如人即使处在食不果腹或贫病交加的状态中，即便人的生理需求没有得到完全满足，人仍然具有安全需求、社交需求、尊重需求以及自我实现的需求，然而，马斯洛关于人的需求的层次性与多样性的论述与马克思所言人的需求的无限性、广泛性，共同构成了人的权利冲突的根源。生命权作为第一人权和人最基本的自然权利，具有不可让渡性。但这并不代表生命权可以不受任何限制，生命权有其限度。

（一）生命权具有不可让渡性与生命权的限度

权利分为可让渡的与不可让渡的权利这两大类，一般来说，生命权应是不可让渡的权利。生命只能由本人拥有，不能转让给他人或者社会。首先，这是因为生命的载体——身体无法与他人或其他主体互换，而人的生命、人的生命活动及

---

① ［德］马克思：《1844年经济学哲学手稿》，北京：人民出版社，2000年，第52页。

生命行为都必须依托于人的身体才能够实现，人的生命具有专属性。其次，生命行为的发生具有偶然性与多样性，个体的生命长度、生命质量等因人而异，人在体貌特征、心理心智上也存在差异，人的生命具有独特性。由于生命个体与生命群体之间的诉求不同，个体的生命权诉求可能与群体优化社会总体福利的需求发生冲突；为了调和两种需求之间的张力，个体的生命权需加以限制。

（二）现实生活中关于生命权的法律保护以及对生命权的限制

基于生命权的主客体高度同一化的特殊性，可以将生命权的价值分为积极价值与消极价值。前者是生命权主体主动行使生命权所直接体现出的价值，后者是生命权被侵害后通过相应的救济措施，生命权主体被动行使生命权所间接体现出的价值。目前的宪法制度主要是在消极层面保障生命权价值，即对于违背个人意愿的、非法的生命权侵害行为予以法律保障。世界上的绝大多数国家都将侵害他人生命的行为定义为法律上的犯罪行为，禁止他人侵犯个人的生命权，并对侵犯他人生命的行为追究其法律责任。关于生命权的积极价值的立法保障在现实生活中较为罕见。

在西方法律史上，最早明确宣告人享有固有的生命权的法律文件是 1776 年 6 月 12 日的美国《弗吉尼亚权利法案》和在其之后 22 天（即 1776 年 7 月 4 日）所公布的《独立宣言》。《弗吉尼亚权利法案》第一条中规定："一切人生而同等自由、独立，并享有某些天赋的权利，这些权利在他们进入社会的状态时，是不能用任何契约对他们的后代加以褫夺和剥夺的；这些权利就是享有生命和自由，取得财产和占有财产的手段，以及对幸福和安全的追求和获得。"《独立宣言》对生命权又作了如下表述："我们认为这些真理是不言而喻的：人人生而平等，他们都从他们的'造物主'那里被赋予了某些不可转让的权利，其中包括生命权、自由权和追求幸福的权利。"[①]其他典型的人权立法文件还包括英国《大宪章》（1215 年）、英国《权利法案》（1689 年）、法国《人权和公民权宣言》等国内人权文件，美洲国家国际会议法学家委员会《人的权利和义务宣言》（1946 年）、美洲国家国际会议《美洲人权公约》（1969 年）、欧洲理事会《欧洲人权公约》（1950 年）等国际性的人权约法，以及联合国大会《世界人权宣言》（1948 年）、《公民权利和政治权利国际公约》（1966 年）等国际性的人权公约。

1948 年联合国大会通过的《世界人权宣言》第三条中规定："人人享有生命、

① 转引自赵雪纲：《论人权的哲学基础——以生命权为例》，中国社会科学院研究生院博士学位论文，2002 年。

自由和人身安全。"1966 年联合国大会通过的《公民权利和政治权利国际公约》第四条第二项中规定：即使在社会紧急状态威胁到国家生存时，也有一些权利决不能被暂时剥夺，而生命权就是不可克减的权利之一。①《世界人权宣言》与《公民权利和政治权利国际公约》可谓最重要的国际人权文件，其中明确了生命权作为第一人权。

生命权作为一项宪法权利，最早规定于 1776 年美国《弗吉尼亚权利法案》和《独立宣言》。而从基本权利的发展历史来看，生命权被宪法规定或受宪法保护，则始于第二次世界大战以后。② 国际上相关的人权文件中有关生命权的规定如表 3-1 所示。

表 3-1　　第二次世界大战以后的国际人权文件有关生命权的规定

国际人权文件	有关生命权的规定
《世界人权宣言》(1948 年)	第三条　人人享有生命、自由和人身安全。
《公民权利和政治权利国际公约》(1966 年)	第六条　人人有固有的生命权，这个权利应受法律保护，不得任意剥夺任何人的生命。
旨在废除死刑的《公民权利和政治权利国际公约》第二项任择议定书(1989 年)	第一条　在本议定书缔约国管辖范围内，任何人不得被处死刑。 每一缔约国应采取一切必要措施在其管辖范围内废除死刑。
《欧洲人权公约》(1950 年)	第二条　任何人的生存权应当受到法律的保护。不得故意剥夺任何人的生命，但是，法院依法对他所犯的罪刑定罪并付诸执行的除外。
《欧洲联盟基本权利宪章》(2000 年)	第二条　生命权 人人均享有生命权。 不论何人均不受死刑判决或受死刑执行。

① 参见赵雪纲：《论人权的哲学基础——以生命权为例》，中国社会科学院研究生院博士学位论文，2002 年。

② 参见韩大元：《生命权的宪法逻辑》，南京：译林出版社，2012 年，第 9 页。

续表

国际人权文件	有关生命权的规定
《亚洲人权宪章》(1998年)	3.2生命权为诸权利之首,其他/她/它权利和自由均由此产生。生命权绝非局限于物理性或动物性的生存,而应涵盖人得以享有生命的任何体能与智力。生命权意味着获得合乎起码人性尊严之权、维持生计之权、居留成家之权、受教育之权、享有清洁和健康的环境之权。倘若缺乏这些权利,生命权将无法落实并有效地行使或享有。国家亦当竭尽可能预防婴儿的夭亡,消除营养不良和疾病传染,经由清洁和健康的环境,以及充分的预防和医疗设施来延长寿命。此外,更应提供免费的义务基本教育。
《美洲人的权利和义务宣言》(1948年)	生命、自由和人身安全的权利。 人人享有生命、自由和人身安全权。
《美洲人权公约》(1969年)	第四条　生命的权利 1.每个人都有使其生命受到尊重的权利。这种权利一般从胚胎时起就应受到法律保护。不得任意剥夺任何人的生命。
《美洲人权公约关于废除死刑的议定书》(1990年)	第一条　本议定书各缔约国不应在其领土内对受其管辖的任何人适用死刑。
《非洲人权和民族权宪章》(1981年)	第四条 人是神圣不可侵犯的。每一个人的生命和整个人格均有权受到尊重。任何一个人均不得被剥夺此项权利。
《伊斯兰世界人权宣言》(1990年)	第二条　生命是真主赐予的礼物,人人的生命权受到保护。个人、社会和国家的责任是保护这种权利免遭任何侵犯,除伊斯兰教法规定的原因外,禁止剥夺生命。 禁止采取可能导致人类灭绝种族的手段。 在真主意欲的整个时间期限中保全人的生命是伊斯兰教法规定的责任。 防止身体遭受伤害是一项受保障的权利。保障这项权利是国家的责任,除非伊斯兰教法规定的原因,禁止伤害身体。 第三条　1.在使用武力和发生武装冲突的情况下,均不得杀害非参战人员,如老者、妇女和儿童。伤者和病者应有权得到医疗待遇。战俘应有权获得食物、庇护所和衣服。禁止肢解死者身体,有责任交换战俘和安排由于战争而分离的亲属探望或团聚。

资料来源:韩大元:《生命权的宪法逻辑》,南京:译林出版社,2012年,第21～25页。

二、生命行为的限度及其依据

从生命行为管理的内在张力——个体的生命权利与社会利益之张力来考量，确认生命行为的限度具有三方面的判断标准：其一，个体的生命行为是否侵犯其他人的自由与权利；其二，个体的生命行为是否会造成社会整体福祉的减少；其三，个体的生命行为是否符合正义的价值。

（一）个体的生命行为是否侵犯他人自由

生命权被视为第一人权。在现代宪法学的视野中，人的尊严与生命权是人类享有的最基本、最根本的权利，构成法治社会的理性与道德基础。① 在应然层面，个体侵犯他人的生命权或因不恰当的个体行为造成他人利益受损的生命行为应当受限。

约翰·密尔认为，倘若不伤害到他人的话，人们应该可以自由地去做任何他们想做的事情。政府不能为了保护人们不受到伤害，而干涉个体的自由，或将大多数人关于怎样最好地生活的观念强加于每个人。一个人要对社会负责的唯一一种行为，就是会影响到他人的行为。只要我不伤害到任何他人，那么，我的“权利的独立性就是绝对的。个体是他自己，是自己身体和思想的最高统治者”②。人的生命具有偶然性与多样性。每个个体关于生命价值、生活方式的理解和认知存在差异，对堕胎、代孕、安乐死等生命行为的判断也不尽相同。哲学家们论证，既然人们对于什么赋予生命意义和价值的问题存在分歧，政府就不应该通过立法把一些特定的回答强加于这样的问题上；相反，应该按照一个人自己对什么样的生活值得过的信念，尊重他生和死的权利。作为个人尊严和自治的中心的个体作出选择的权利，包括“定义自身生存观、意义观、宇宙观和人类生命奇迹”的权利。③ 在个体生命行为无害于他人及社会的前提下，个体的生命权诉求应予以尊重和满足，以确保生命权作为第一人权的优先性与正当性。判断生命行为限度的首要标准即为：个体的生命行为是否侵犯他人自由。损害他人自由或侵犯他人生命权的生命行为应予以取缔。

---

① 参见韩大元：《生命权的宪法逻辑》，南京：译林出版社，2012 年，第 1 页。

② 转引自[美]迈克尔·桑德尔：《公正该如何做是好》，朱慧玲译，北京：中信出版社，2012 年，第 53～56 页。

③ 参见[美]迈克尔·桑德尔：《公共哲学：政治中的道德问题》，朱东华、陈文娟、朱慧玲译，北京：中国人民大学出版社，2013 年，第 102 页。

侵犯他人自由权利的生命行为诸如犯罪个人或者团伙贩卖妇女儿童、窃取他人肾脏等人体器官、强迫妇女堕胎、强迫妇女卖淫、谋杀他人性命等等。

（二）个体的生命行为是否降低社会福祉

以公权力为主导的社会管理者在一定程度与一定范围内限制个体的生命行为选择及自主权，其目的之一是促进社会整体福利的优化。例如，政府限制精神病患者、家族遗传病患者的生育行为，以防止他们生育出存在“缺陷”的人从而降低社会的整体福利。因此，当个体的生命行为虽没有侵犯他人自由，但却造成社会总福利的损失时，诸如此类的生命行为同样应当受限。由于人的生命的特殊性，判断个体的生命行为是否降低社会福祉，除了要考察经济、社会、政治发展等具体方面之外，还需考量维系人类种族延续、人类生物多样性发展，增益人类生命价值等抽象方面。

在关于堕胎行为合法性的争辩中，反对堕胎合法化的人们对于胎儿的生命权的描述实质上蕴含着两种非常不同的概念。第一种主张假设所有人都具有权利与利益，堕胎违反了胎儿免于被杀害的权利；认为政府应该根据这个理由来禁止或规范堕胎的人们，相信政府有保护胎儿的衍生性责任。第二种主张认为人类生命具有与生俱来的内在价值，堕胎无疑侮辱了这种与生俱来的机制、神圣的特质；认为法律应该根据这个理由来禁止或规范堕胎的人们，相信政府有超然性责任，来保护生命的内在价值。① 德沃金同时指出，从安乐死的脉络来看，政府之所以拥有反对个体实施安乐死的权力，是因为人类生命的内在价值并非建立在任何和病人权利或利益有关的假设上，人的生命具有神圣的内在价值。② 上述反对堕胎及安乐死的超然性观点认为这两种生命行为造成人的生命内在性价值的贬值，这亦成为生命行为存在限度的理由之一。

（三）个体的生命行为是否符合正义的价值

评价个体的生命行为是否符合正义的价值，从社会层面来看，是判断公众评价生命行为的方式是否正确，这是确认生命行为限度的最后也是最重要的标准。尤其是当“个体的生命行为是否侵犯他人自由”与“个体的生命行为是否降低社会福祉”无法权衡生命行为或者两个标准之间发生冲突时，就必须依靠第三个判

① 参见[美]罗纳德·德沃金：《生命的自主权——堕胎、安乐死与个人自由的辩论》，郭贞伶、陈雅汝译，北京：中国政法大学出版社，2013年，第11、12页。

② 参见[美]罗纳德·德沃金：《生命的自主权——堕胎、安乐死与个人自由的辩论》，郭贞伶、陈雅汝译，北京：中国政法大学出版社，2013年，第13页。

断标准。

以前述政府反对堕胎与安乐死的衍生性观点与超然性观念来看，按照“个体的生命行为是否侵犯他人自由与权利”这一标准，堕胎与安乐死都涉及多个主体的利益。如果因堕胎与安乐死侵犯了胎儿或者病人权益而反对堕胎与安乐死，那么母亲与临终患者本人的权益就被忽视了。这一判断标准难以权衡生命行为选择中多元主体的利益优先度。按照“个体的生命行为是否降低社会福祉”这一标准，堕胎与安乐死行为造成人的生命内在性价值的贬低。然而，堕胎能够消除社会将为胎儿（尤其是患有先天性遗传性疾病的胎儿）支付的各项可能的成本，安乐死能够减少医疗资源对恢复希望渺茫的病者的投入，从而将更多的医疗资源用来救助那些更易恢复健康的病者。这一判断标准亦难以权衡不同种类、不同程度的社会总福利。

自由至上主义者们认为：人们不应当被仅仅当作促进他人福利的手段而加以利用，因为这样侵犯了根本性的自我所有权。我的生命、劳动力和人格属于我且仅属于我，它们并不是任由社会整体随意处置的东西。然而，这种不受限制的自我所有权观念，有可能造成不可挽回的后果——一个不受约束的市场，不给落后之人提供安全的防护网；一个放弃了任何缓和不平等和推进共同善的手段的最小政府；一种对自由的彻底赞颂，以至于它允许人们自行冒犯人类的尊严。[①]“个体的生命行为是否符合正义的价值”这一标准直指人的生命的本质意义与本质价值，不受限制的生命自由权则有可能背离合乎正义的价值。

三、生命行为管理的标尺与边界

生命行为管理的“标尺”，即如何确立生命行为管理的标准这一问题，或者说，是用什么标准判断生命行为的限度的问题。人的生命历程中存在许多生命行为，其中包括摄食行为、睡眠行为、攻击行为、防御行为等与其他动物的动物本能相似的生命本能，也包括其他动物无法完成的人类有意识去进行的社会性的生命行为。社会管理者不得肆意干预或者阻挠人的生命本能，因为一旦人的生命本能被阻止，人无法得到生命能量的补充，人的生命就可能会夭折或者中断。而个人与他人及社会相互交往、发生关系的社会性生命行为，却必须由社会管理

① 参见[美]迈克尔·桑德尔：《公正该如何做是好》，朱慧玲译，北京：中信出版社，2012年，第144页。

者施以适度的干预。

具体而言，社会管理者必须施以适度干预的生命行为包括三类：第一，必须禁止或限制的生命行为；第二，需要激励或救济的生命行为；第三，应当引导与规范的生命行为。除此之外，社会管理者对个体生命行为的过度干预往往是不正当的。

以政府干预个体的生育行为为例，二战期间纳粹德国政权针对某些人群（犹太人、吉卜赛人、同性恋者、反对者等）的“种族卫生政策”，就是因为纳粹政权武断地认为部分人群的生育行为会导致德意志民族的种族、血统被玷污，会造成德意志民族整体福祉的降低，因而从政策层面对他们进行绝育。其实，犹太人、吉卜赛人、同性恋者或者（政治上的）反对者的生育行为并没有侵犯他人权益与自由，亦没有降低社会福利——没有证据表明犹太人等是低劣人种或具有低劣的人性，政府一概禁止上述群体的生育行为是没有依据和不正当的。

小结　生命行为管理：群体选择与个体选择之辩

生命行为管理的内在张力集中体现为生命个体的生命权诉求与生命共同体优化群体利益的需求之张力。在个体的生命权诉求与群体的优化社会总福利需求之间，过度强调任何一者都会导致生命行为管理的失衡。一方面，过度彰显个体的生命行为的自由选择权，有可能侵犯他人与社会的权益，进而造成社会整体利益受损。另一方面，社会管理者过度干预个体的生命行为选择、或苛求个体生命行为的规范性与一致性，有可能削弱个体生命行为的差异性、甚至使个体生命行为的多样性丧失。

调节生命个体与生命群体间的冲突、调和个体生命权诉求与群体优化社会总福利的需求之间的张力，需要明确生命行为的限度及判断标准。

第一个判断标准是个体的生命行为是否侵犯他人自由。倘若个体的生命行为没有侵犯他人自由或权益、没有降低社会福祉，个体评价生命行为的方式正确，那么社会管理者就不得干预个体的生命行为选择。第二个判断标准是个体的生命行为是否降低社会福祉。倘若个体的生命行为侵犯他人自由或权益，或者尽管个体生命行为没有侵犯他人权益与自由、但却造成社会福利的净损失，社会管理者应干预个体的生命行为，并规定个体生命行为的限度。第三个判断标准是个体的生命行为是否合乎正义的价值。即便个体生命行为没有侵犯他人权益也没有降低社会整体福利，若个体的生命行为不符合正义价值，社会管理者亦应规范该生命行为选择。

总体而言，生命行为管理要求社会管理者平衡个体的生命权诉求与群体的利益优化，确认生命行为管理中个体的生命行为限度及公权力主体（群体）的职能边界。

第四章　当代若干国家生命行为管理与相关政策审视

随着生命科学与生物技术的进步，人类社会对生命价值认知的深化以及由此带来的生命权利意识的日益觉醒，人们对各种生命行为问题的感知日益明晰。基于公共管理必须依循公共性、服务性、合作共治性的共识，政府官员、学者、媒体与公众反思此前政府施行的生命行为管理措施，并根据生命行为管理政策环境的诸多变化调整乃至重新制定生命行为管理之策。这一端倪出现于20世纪三四十年代若干国家与地区对其管辖区域内生育政策的调整，其缘起是公众对此前侵犯人权的生育政策发起诉讼。在那之后，以不同领域生命行为管理存在的争议为引导，不同群体、阶层、个体之间关于生命行为管理发生了许多论争。相关案例分析所涉及的主题包括优生、堕胎、代孕、器官买卖、性服务、同性婚姻、安乐死、人的克隆等。本章审视若干国家不同领域的生命行为管理，通过深入剖析若干领域的典型案例，揭示当代生命行为管理的焦点问题及其论争，以及20世纪中叶以来生命行为管理的进步及其存在的缺陷。

第一节　生命的起始：生育政策综论

随着人们对生育行为与生育权认知程度的提高、生育技术水平的提高以及社会发展模式的嬗变，人们的生育权利意识增强，生育行为的选择方式增多。大多数国家的生育政策亦经历数次调整与转向：从放任人们自觉生育，到管控人们的生育行为，到尊重和承认人们的生育选择权利。综观若干国家生育行为管理的立法实践，生育行为管理呈现出保障个人的生育权利、尊重个人的生育选择的转向，然而个人的生育自由仍然面临两大挑战。其一是公权力对个人生育权的限制。德国纳粹政权的“种族卫生政策”属典型的公权力暴力干涉生育权，巴克诉贝尔案（也称“巴克诉普莱迪案”）、罗诉韦德案等均是公民对公权力暴力侵害生育权的抗诉。其二是私权力对个人生育权的挑战。在传统习俗大于民主法治的偏远区域，宗族、家族与家长对个人生育行为、个人生育选择的干涉至今仍未得到根本纠正。

案例1　美国巴克诉普莱迪案(1927年)：生育政策限制特定群体生育需求的争议

在优生优育思想的影响下，美国弗吉尼亚州议员和癫痫及弱智集中营的行政官员奥博雷·斯特罗得提出一项议案，即允许对“弱智”或“不合格的人”进行强制绝育。1924年弗吉尼亚州采纳了这一提案。艾玛·巴克通过卖淫及慈善救济养家糊口。1920年4月1日，艾玛·巴克被送到弗吉尼亚林奇伯格的癫痫和弱智集中营。她的女儿凯丽·巴克被爱丽丝·多伯斯收养，然而凯丽17岁怀孕，她表示是被多伯斯的儿子强奸。在多伯斯的要求下，1924年1月24日凯丽被送进癫痫和弱智集中营。时任集中营管理者的普莱迪医生宣布凯丽·巴克弱智，应该实施强制绝育。

1924年11月19日，巴克诉普莱迪案在阿姆赫斯特县巡回法庭开庭，奥博雷·斯特罗得为普莱迪辩护，集中营请欧文·怀特海德为巴克辩护。普莱迪的证词如下：“凯丽·巴克如果做了绝育就不会再给社会制造负担，就会根除产生不计其数的弱智人的根源。她的不生育会为提高人类平均的智力水平做出贡献。”1925年2月，戈登法官批准了弗吉尼亚绝育法案，并命令对凯丽·巴克强制绝育。

欧文·怀特海德上诉至弗吉尼亚上诉法院（该案件现在被称为“巴克诉贝尔案”，因为普莱迪死后贝尔接替了集中营管理者的职务），上诉法院支持巡回法院的裁定。奥利弗·温德尔·霍尔姆斯于1927年宣布了最高法院几乎一致通过的裁定：“我们已经不止一次地看到公共福利往往需要最优秀的公民牺牲他们的生命。如果不能使那些本来已经削弱我们社会力量的人群做出相对较小的牺牲，这将是人人称怪的事情。这是对整个世界有益的事情，与其等到因为犯了罪再去处决她们的子孙，或者让她们因为低能而饿死，不如让社会阻止那些确实证明不适合繁衍后代的人生育子孙。支持强制绝育的根据是广泛的，足以阻断弱智人群的输卵管。”20世纪30年代，与弗吉尼亚州法律类似的法案在其他30个州相继制定颁行，5万人被强制绝育，其中包括凯丽·巴克的妹妹多里斯。

资料来源：

(1)沈东:《生育选择引论:辅助生殖技术的社会学视角》,沈阳:辽宁人民出版社,2011年,第325～327页。

(2)[美]爱德华·W.耐普曼:《美国要案审判》上卷,北京:新华出版社,2009年,第339～343页。

案例简析：

巴克诉普莱迪案关涉的焦点问题是:公权力能否限制公民的生育权?尤其是针对患有先天性、遗传性疾病的特殊人群,能否以优化社会整体福利的名义对公民施以绝育?如果可以的话,公权力对个体生育权的剥夺有没有限制条件?这些问题引发人们的广泛争议。1927年,美国巴克诉普莱迪案的判决结果——规定对凯丽·巴克实施强制性绝育,后来为德国纳粹所借鉴,并于1933年演变为《德国遗传健康法》。第二次世界大战以后,纳粹战犯的律师援引《德国遗传健康法》为纳粹官员的种族大屠杀行为辩护,其理由就是这一政策起源自美国,而美国最高法院在巴克诉普莱迪案中宣布诸如此类的法律合法。在当代美国,这一案件已经被美国最高法院推翻。

案例2 美国罗诉韦德案(1973年):生育政策强制公民生育意愿的合法性之争

德克萨斯1854年的一项禁止堕胎的法律规定,"除非是为了保护母亲的生命",任何人不得堕胎或协助他人堕胎。1969年,美国德克萨斯州21岁的女招待诺尔马·麦科维不慎怀孕。摄于法律的规定,没有一位医生愿意为麦科维实施堕胎手术。麦科维化名简·罗,在1970年3月3日,将其所在县的检察长亨利·韦德告上了法庭,指控德州的堕胎禁令侵犯了她的"个人隐私",要求联邦法院宣布该法违宪,并下令禁止韦德继续执行该法。德州联邦地区法院依照"格里斯沃尔德案"中的推论,作出支持麦科维的判决,但拒绝颁布禁止达拉斯县继续执行该法的法院禁令。原告、被告上诉到联邦最高法院。

问题的争议在于:其一是妇女的选择权和婴儿的生命权,其二是个人的隐私权。

1973年1月22日,法院宣布由布莱克蒙大法官起草的判决书。从三个方面,布莱克蒙论述了妇女拥有自由堕胎权的宪法依据。首先,胎儿并不享有宪法规定的各项公民权利,问题的关键应当是州政府制定的禁止堕胎法是否侵犯了怀孕妇女的平等宪法权利,而不是堕胎是否侵犯了胎儿的平等生命权。其次,自由堕胎权是隐私权的重要组成部分，除非涉及特别重大的社会公益，否则州政府不能随意加以干涉。第三，法院把妇女的孕期分为三个阶段，确定了孕妇和州政府各自拥有的权利。在怀孕最初三个月，胎儿尚未成形，堕胎对孕妇一般不会造成伤害，妇女有充分的自由来决定是否堕胎。在怀孕的中间三个月，州政府虽可以对堕胎作一定的管理，但仅限于规范堕胎的程序，以切实保护孕妇的身体健康，堕胎决定应当由孕妇与医生协商后作出。只有在怀孕的最后三个月，由于胎儿已基本发育成熟，具有"生存能力"，且此时堕胎会给孕妇带来很大风险，州政府禁止堕胎"才拥有了逻辑学和生物学上的合理性"。据此，布莱克蒙明确指出，德州的禁止堕胎法没有对不同怀孕阶段的妇女分别作出规定，这种"过于宽泛和模糊"的规定，使一切希望堕胎的孕妇失去了自由堕胎的权利，因而侵犯了孕妇的平等宪法权利，故必须予以推翻，德州和达拉斯县政府应当按照本案的判决终止对该法的执行。

资料来源：

任东来、陈伟、白雪峰等：《美国宪政历程：影响美国的25个司法大案》，北京：中国法制出版社，2004年，第311～321页。

案例简析：

堕胎是美国政治和社会生活中无法回避的问题，美国罗诉韦德案是宣告禁止堕胎法违反妇女宪法权利的典型案例。该案例所涉及的焦点问题是：胎儿的生命权与孕妇的选择权之争，以及对个人的隐私权的尊重。在此案例中，最高法院实际上判定美国49个州相关严禁堕胎的法律无效；但这份判决非但不能消除长期形成的意见分歧，而且还催生了美国社会中完全对立的两派：反对堕胎合法化的生命派和支持堕胎的选择派。

一、生育政策的界定与演进

人类主要依靠生育行为获得生物性的再生产。从生物学与分子生物学的角度来说，生育意味着生命组织的复制，生育包括一系列的遗传信息传递，基因的结构、复制、转录、翻译、表达调控和表达产物的生理功能，以及细胞信号的传导等。从经济学的角度来说，生育是人口再生产的表现形式，生育存在着通常意义上的投入和产出，需要支付一定的成本。从人口学的角度来说，人口学关注的是统计学意义上的生育和"出生率"。从法学的角度来说，生育是一种权利和义务，也是社会对生育的法律地位的认定或否定过程。[①] 自人类诞生以来，生育现象就一直存在；但是社会对人的生育行为的控制与约束，直到早期复杂社会才开始出现。人类生育行为大致经历了自然生育阶段、生育义务阶段与生育权利阶段。直到18～19世纪，生育行为作为个体的合法权利才被视为正当和正确。

（一）生育政策的界定：生育政策与计划生育政策

一个国家或地区用来影响和干预人口运动过程以及人口因素发展变化的法规、条例和措施的总和即为人口政策，它包括广义人口政策和狭义人口政策，其中狭义人口政策的主导或核心即为生育政策，指国家直接调节和直接影响人们生育行为的法令和措施的总和。[②] 总体而言，生育政策的目标不外乎鼓励人们的生育行为、限制人们的生育行为以及稳定人们的生育行为三类。生育政策的三类目标，大体上与人口政策的目标——促进人口增长、限制人口增长、稳定人口数量相对应。无论是鼓励生育还是抑制生育，其目的都在于缩减理想家庭规模与实际生育人口数量之间的差距。可以说，无论是广义上的人口政策还是狭义上的生育政策，其本质目的都在于实现人口因素与影响社会发展的其他因素之平衡。

1966年，"计划生育"概念第一次出现在联合国文件中。大会通过的《关于人口增长和经济发展的决议》指出："每个家庭有权自由决定家庭规模。"1968年，联合国在伊朗德黑兰召开的世界人权会议第一次将计划生育确认为基本人权，《德黑兰宣言》第16条宣布："父母享有自由负责地决定子女人数及其出生间隔的基本人权。"1969年12月，联合国大会通过的《社会进步和发展宣言》重申了《德黑兰宣言》中的计划生育概念，并且提出应为计划生育提供手段和方法。1974年，联合国在布加勒斯特召开的世界人口会议通过了《世界人口行动计划》，被视为联合国开展国际人口活动和指导各国人口活动的宪章。《世界人口行动计划》规定："所有夫妇和个人都享有自由负责地决定其子女数量和生育间隔并为此而获得信息、教育与方法的基本权利；夫妇和个人在行使这种权利时，应考虑他们现有子女和未来子女的需要以及他们对社会的责任。"1984年，联合国在墨西哥城召开国际人口与发展会议，通过了《墨西哥城宣言》及《进一步执行〈世界人口活动计划〉的8条建议》，计划生育的内容由"自由""负责"扩充为"自

---

① 参见沈东：《生育选择引论：辅助生殖技术的社会学视角》，沈阳：辽宁人民出版社，2011年，第5、7页。

② 参见阎海琴：《生育政策的哲学思考》，《贵州社会科学》1993年第2期。

由”“负责”和“不受任何强制”三个方面。1994 年，联合国在开罗召开国际人口与发展会议，通过了《国际人口与发展会议行动纲领》，将计划生育作为一项基本人权，并指出尽管“人口目标是政府发展战略的一个合理部分，但不应以指标或配额方式强迫推行计划生育”，强调夫妇和个人在生育数量和间隔上具有自由地与负责地作出决定的基本权利。[①]

依据上述国际宣言或建议可知，西方社会对计划生育这一概念的界定体现为，计划生育纯粹是一种家庭或个人计划，是夫妇和个人根据自己和家庭的利益作出的。这一观点体现出西方社会对于人权与人的生命权的尊重。在应然层面，按照计划生育的定义，夫妇和个人的生育行为不受国家与社会干预。事实上，人的生育意愿与生育行为受到多种社会因素的制约。生育行为的受限主要体现在两个方面：第一，私权对生育行为的限制；第二，公权对生育行为的限制。在本节中主要讨论的是第二点：公权力对生育行为的管理与规制。

（二）生育政策的核心问题：生育权与生育行为

生育权的概念最早出现于 19 世纪后期。随着西方女权主义运动的兴起，女权主义者要求获得“自愿成为母亲”的权利，生育权代表着女性对自身生育控制的要求。[②] 在最初，理论界围绕着妇女的生育权展开辩论，认为生育权是指女性对生育、避孕、堕胎控制的权利。其后，关于生育权的界定由女性权利变为夫妻权利，强调生育主体的身份，认为生育权是在夫妻共同合意的前提下行使的人身权利，应被纳入身份权的范畴。最后，关于生育权的界定强调生育权与人格权的关联，认为生育权是宪法赋予自然人的基本权利，属于人身权中的人格权而不是身份权。[③]

生育事实的存在并不等于生育权利的存在。作为一项法定权利，生育权指所有夫妻和个人为追求和维护生育利益而进行生育方式、生育时间、生育间隔、生育次数的选择，并因社会承认为正当而受国家保护的行为自由，以及为生育或不生育行为而受到阻碍、侵害，有请求法律保护的权利。[④]生育权最直接的表现为生育行为自由选择的权利，包括决定是否生育的自由、选择生育伙伴的自由、选择生育时间的自由、选择生育方式的自由、决定生育数量的自由、选择生育质

---

① 参见杨胜万、陶意传：《对联合国文件中有关计划生育概念的分析与评价》，《人口研究》1996 年第 2 期。

② 参见周平：《生育与法律：生育权制度解读及冲突配置》，北京：人民出版社，2009 年，第 7 页。

③ 参见周平：《生育与法律：生育权制度解读及冲突配置》，北京：人民出版社，2009 年，第 15 页。

④ 参见王淇：《关于生育权的理论思考》，吉林大学博士学位论文，2012 年。

量的自由等等。总的来说，生育权可以界定为生育主体保有和支配自己的生育能力，知悉相关信息、支配自己的生育行为，决定是否通过生殖方式直接获得自己享有亲权的孩子的权利。[①] 目前，由生育事实转变为生育权利主要依靠法律实现。

人们对生育权的认知经历了将生育权视作特权、将生育权视作夫妻权利、将生育权视为自然人的权利三个阶段。第一个阶段，将生育权作为特权，指的是从医学、社会学等维度，排除部分特殊社会群体的生育权利，甚至对部分特殊社会群体实施绝育。在巴克诉普莱迪案中，负责审理此案的法官霍尔姆斯指出，支持强制绝育的根据是广泛的，“足以阻断弱智人群的输卵管”。他的主要依据即为，生育权并非是人人都能享有的一般权利，而是一种特权；他据此认为“那些确实证明不适合繁衍后代的人”应当为社会做出相对较小的牺牲——实施绝育手术。第二个阶段，将生育权视作夫妻权利，指将生育行为限定在婚姻家庭内部，认为合法夫妻才享有生育权，排斥法定婚姻之外的生育行为。1968 年联合国世界人权会议上通过的《德黑兰宣言》指出：“父母享有自由负责地决定子女人数及其出生间隔的基本人权。”该宣言将生育权视为夫妻间的权利。第三个阶段，将生育权视为自然人的权利。1974 年布加勒斯特世界人口会议上通过的《世界人口行动计划》第 14(F)款写道：“所有夫妇和个人都享有自由负责地决定其生育子女的数量和间隔以及为此目的而获得信息、教育与方法的基本权利；夫妇和个人在行使这种权利的责任时，应考虑他们现有子女和未来子女的需要以及他们对社会的责任。”这一界定将享有计划生育的权利主体从“父母”扩展到“夫妇和个人”。[②] 社会及公众对生育权利的认知不断明晰。

在生育问题上，个人权利和公共利益既有契合也有冲突。立法对生育行为的规制往往是平衡个人利益和公共利益的结果。[③] 在 1974 年布加勒斯特世界人口会议上通过的《世界人口行动计划》指出，夫妇双方在行使计划生育权利时，需考虑现有子女和未来子女的需求，以及他们对社会的责任。依据这一条款，计划生育权利不是一项绝对的权利，而是存在一定的限制。事实上，生育权本身的行使亦受到主客观因素的限制：在主观方面，夫妻一方权利的行使要征得对方的

---

① 参见周平：《生育与法律：生育权制度解读及冲突配置》，北京：人民出版社，2009 年，第 49 页。

② 参见杨胜万、陶意传：《对联合国文件中有关计划生育概念的分析与评价》，《人口研究》1996 年第 2 期。

③ 参见周平：《生育与法律：生育权制度解读及冲突配置》，北京：人民出版社，2009 年，第 259 页。

同意，只有在双方意思一致的基础上，生育权才有实现的可能；在客观方面，生育权受到生育能力和国家法律的限制。① 本书要探讨的是个体的生育权与公权力的冲突。

当下社会，公权力对公民生育权的限制，一方面指的是规定公民合法生育的数量、间隔，并以指标或配额方式强制推行计划生育；另一方面则指向公权力对"生育少数群体"的生育权之限制。所谓的"生育少数群体"是相对于"生育多数群体"而言的。生育的多数群体，也就是大多数人过去和目前正在实践着的生育模式，即选择异性配偶，结婚并组成家庭。生育少数群体主要包括以下人群：患有不孕症并希望生育子女的人群、同性恋并希望生育子女的人群、未婚并希望生育子女的人群与其他由于特殊原因希望借助于辅助生殖技术生育子女的人群。②

英美法系国家关于生育权的规制主要是通过制定法、判例两种方法进行；而在大陆法系国家，对生育权的规制由宪法、民法典和特别法乃至判例协力完成。例如，美国 1873 年《康斯托克法》明确规定禁止卖淫和反对堕胎。但随着时间的推移和人们对自己的隐私权利越来越关注，关于《康斯托克法》的争议越来越大。女权主义者希望找到一个具有重大影响力的案例，上诉联邦法院，废除反对堕胎法案。1973 年的罗诉韦德案，审议法官布莱克蒙援引 1965 年格里斯沃尔德诉康涅狄格州禁止避孕法案中对于隐私权的论证，宣布妇女拥有根据自己的意愿决定是否继续怀孕、堕胎的权利，尽管这项权利不是绝对的。总的来说，美国法院确认公民的生育权，认为它是隐私权的重要组成部分。③ 总体而言，在英美法系国家，个体生育权利的积极行使几乎是不受限制的，未成年人、未婚者、同性恋者均可行使生育权，美国的一些州的法律对于人工授精、代孕都不加禁止。而在大陆法系国家，个体的生育权普遍受到限制，其中最集中的体现就是对堕胎的限制。

（三）生育政策的演进：人类社会的生育控制

考察人类生育史或者更详细地说人类生育选择、生育控制的历史有多种维度。从生育行为的性质来看，人类的生育史可以大致分为自然化的生育、作为义

---

① 参见李冬：《生育权研究》，吉林大学博士学位论文，2007 年。

② 参见沈东：《生育选择引论：辅助生殖技术的社会学视角》，沈阳：辽宁人民出版社，2011 年，第 11 页。

③ 参见周平：《生育与法律：生育权制度解读及冲突配置》，北京：人民出版社，2009 年，第 9～14 页。

务的生育及作为权利的生育三个阶段；从生育行为的方式来看，人类的生育史可以大致分为自然生育、计划生育与选择生育。这两种维度在本质上是一致的，作为国家与社会义务的生育行为，是国家与社会约束、控制人的生命行为，实施计划生育的前提条件；生殖技术、医疗技术的进步为生育行为提供更多的选择，是生育行为由义务演变为权利的基础。

在人类生育史的第一阶段——自然生育阶段，生育处于无规范、无控制的状况，既非权利亦非义务，完全是一种自然而然、带有浓烈生物色彩的活动阶段。由于生殖和性在观念上的分离，人类早期不可能有意识地通过避孕来控制生育。生育在人类早期更多体现为自然的属性，是性生活的附属品。[①] 从人类数百万年的历史来看，人类的生育方式在大多数时期里处于原始状态。在人类生育的原始状态中，人类的生育历史经历了原始的泛性群婚时期、血缘限制群婚时期，最后从群体生育走向个体生育。[②] 尽管人类的生育方式发生变化，但群体对个人生育行为的影响力、辐射力、甚至控制力并没有消失。农耕文明需要有足够的定居人口来支撑，由于战争、病疫等自然因素对人口增长的限制，古代社会统治者往往施行强制规定人口增殖的生育政策。

在人类生育史的第二阶段——生育义务阶段，社会管理者们规定，社会成员有义务为国家利益、宗族利益等生儿育女。波斯纳研究指出，古希腊、罗马上层社会的妇女不被允许工作，这些妇女最重要的角色被限定为繁育后代——由奴隶从事本来由自由妇女从事的工作，而“妻子的唯一功能就是繁育后代”[③]。农耕文明以来，世界人口总数不断增加；进入工业文明后，人口在提供大量劳动力的同时，也在一定程度上增加了社会发展的压力。为了减缓环境、经济等方面的压力，在马尔萨斯等人口学者的呼吁下，许多国家实施鼓励节育的生育政策。

在人类生育史的第三阶段——生育权利阶段，随着生物技术的发展，人们最终将面临着如何从质量方面摆脱自然生育的历史和超越计划生育的历史，真正实现人类的选择性进化。生物技术的进步推动人类生育行为的革命，促使自然生育方式向人工选择、人工控制的生育方式转变，甚至导致人工选择的人类进化方式。

---

① 参见周平：《生育与法律：生育权制度解读及冲突配置》，北京：人民出版社，2009 年，第 3 页。

② 参见樊新民：《生育革命：对基因工程时代人类选择生育的社会学探讨》，北京：中国社会科学出版社，2003 年，第 86、88 页。

③ 参见[美]理查德 · A. 波斯纳：《超越法律》，苏力译，北京：中国政法大学出版社，2001 年，第 399 页。

在人类历史上，集权国家为了种族和国家的利益，经常对个人的生育自由进行干涉，如强迫民众早婚、惩罚不婚，甚至强迫老年男性公民将年轻的妻子送给强壮者交配以便生出健壮的战士。生育被看作国家、民族、种族的“公事”。公民只有生殖的义务，而没有生育的权利。而在当下社会，生育权作为基本的人权已被写入诸多国际人权公约，并作为法律权利在国内法中得到认可。[1] 人们在专制制度下的生育过程往往不以个人的意志为转移，国家的专制、家庭和婚姻的专制、社会思想的专制等等必然导致对生育的控制——生育者无力摆脱的生育控制加上生产力水平低下和医疗技术水平的不发达，导致个人对生育的选择方式与权利是非常有限的。[2] 总体来说，个人的生育行为选择更趋自由，以公权力为主导的社会主体对个体生育行为的介入与干预更加宽容与理性。

二、生育政策的政策环境考察

从自觉的生育行为、作为义务的生育行为到成为自然人权利的生育行为，生育行为逐步权利化、生育权利逐渐制度化。其中影响因素主要有：第一，生命科学技术尤其是生殖技术的进步促使生育与性分离、性与生育分离，生育选择、生育控制方式多样发展；第二，生产力水平的提高与经济发展促使农业社会向工业社会过渡，人口相对过剩一方面使生育行为作为一种社会义务的基础坍塌，另一方面使限制人的生育需求与生育权成为必要；第三，社会生育文化与社会成员的生育意愿由蒙昧走向文明，传统的单一的生育观为新型的多元的生育观取代，生育权被提出并被认可，更能够接受新形式的生育选择、生育控制方式。

（一）全球人口数量、人口结构变迁

据一些学者估计，在 4 万年前的新石器时代早期，全球人口约为 300 万人；在公元前 8000 年的农牧时代，全球人口约为 500 万人；到公元初年，世界人口仅有 2.3 亿；到公元 1 世纪，世界人口仅为 3.05 亿。此间，世界人口的年平均增长率不过 0.02%。在公元前 500 年到公元 500 年间，瘟疫、饥荒、自然灾难等因素常常导致人口的急剧减少。[3] 而到了近代早期，以欧洲社会为例，随着农业生产

---

① 参见周平：《生育与法律：生育权制度解读及冲突配置》，北京：人民出版社，2009 年，第 79、80 页。

② 参见沈东：《生育选择引论：辅助生殖技术的社会学视角》，沈阳：辽宁人民出版社，2011 年，第 240 页。

③ 参见[美]杰里・本特利、赫伯特・齐格勒：《新全球史：文明的传承与交流》，魏凤莲、张颖、白玉广译，北京：北京大学出版社，2007 年，第 321 页。

水平的提高以及医疗水平的进步，曾长期在欧洲肆虐的天花、疟疾、流感、肺结核、斑疹伤寒、黑死病等疾病失去了往日威风。尽管人口出生率没有大幅提高，但死亡率的降低使得欧洲人口迅速增长。到16世纪，欧洲人口增长到1个亿。17世纪中期的三十年战争以及伴随而来的饥荒和病患导致欧洲人口下降甚至锐减。而到了18世纪，欧洲人口数量又出现反弹，并增长到1.2亿的水平。到19世纪，欧洲人口达到1.8亿。[①] 自此，人类社会就几乎一直保持着人口增长的趋势，全球人口的过快增长还带来了许多新的社会问题。

18世纪的工业革命改变了以农业为主的生产方式，劳动生产率大大提高，促进了世界人口的增长。到19世纪时，全球人口出现急剧膨胀的态势。马尔萨斯主义在欧洲的出现正是对19世纪全球人口增长的一种回应。马尔萨斯认为，当人口出现过剩时，由于自然规律的作用，就会出现抑制人口的力量。一种力量是“积极性抑制”，通过提高人口死亡率来减少现存人口，其手段包括战争、瘟疫、饥荒和各种疾病。另一种力量是预防性抑制，通过限制出生人数来控制人口增长，其手段包括晚婚、避孕、流产、杀婴和节欲。保罗·埃利希的“人口炸弹”理论将人口、资源、环境联系在一起，此后他又与安妮·埃利希共同提出“人口爆炸”理论；罗马俱乐部的《增长的极限》等均是马尔萨斯的坚定支持者。[②]

（二）生育文化及生育意愿的嬗变

马林诺夫斯基认为，“生殖作用在人类社会中已成为一种文化体系。种族的需要绵延并不是靠单纯的生理行动及生理作用而满足的，而是一套传统的规则和一套相关的物质文化设备活动的结果。这种生殖作用的文化体系是由各种制度组织成的，如标准化的求偶活动，婚姻，亲子关系及氏族组织”[③]。正如前文所述，人类生育的历史经历了自觉生育、因义务而生育、因权利而生育三个阶段。

在这三个阶段中，伴生了不同的生育文化，社会成员的生育意愿也有所不同。

第一个阶段是自觉生育阶段：将生育视为超自然、神秘力量赐予。早期社会中，由于生产力水平、技术水平与认知水平的低下，人们尚未发现性活动与生育

---

① 参见[美]杰里·本特利、赫伯特·齐格勒：《新全球史：文明的传承与交流》，魏凤莲、张颖、白玉广译，北京：北京大学出版社，2007年，第686页。

② 参见沈东：《生育选择引论：辅助生殖技术的社会学视角》，沈阳：辽宁人民出版社，2011年，第41页。

③ 转引自费孝通：《生育制度》，北京：商务印书馆，2008年，第47、48页。

行为之间的因果联系。此时的性活动完全由人的生物本能或者说是生理机能控制。在这样的历史条件下，人类的生育行为完全处于自然状态之下，生育行为既不是人的权利也不是人的义务。在自觉的生育行为阶段，人类社会对应的生育文化将生育视作超自然的、神秘力量的赐予。此时人类的生育需求虽处于懵懂状态，但大致可以界定为多子多福、子孙繁茂。

第二个阶段是因义务而生育阶段：将生育视为可控制的人的生理行为。随着知识的增加，人们逐渐认识到生育是在性活动的支配下完成的。此前人们将生育视为自然状态，或者更具体地说将生育视为女性的本能与天职的生育文化，被将生育视为可控制的人的行为的生育文化所取代。在这一阶段，自然条件的异常恶劣加之人的个体生存能力低下，人口生产成为人类族群生存繁衍的必然需求。无论男性还是女性，他们的生育行为都由社会控制，女性更是作为生育人口的工具而存在。此时人类的生育需求更多被赋予社会意义。

第三个阶段是因权利而生育阶段：将生育视为可选择的个人自由。人类社会向工业文明推进的过程中，由于人口的不断繁衍，自然、社会资源日益紧张，人们的生活质量愈来愈多受到爆炸式人口的影响。人类繁殖的社会功能的弱化以及生殖技术的不断发展，使生育变成一个可控制的技术性的活动。社会保障机制的完善也为生育权的实现提供了可能，扭转了以“养儿防老”为生育动机的传统生育观念。最后，权利观念的增强使生育权在法律制度上的确立大大加速。[①]此时对应的生育文化以尊重个人权利与个人自由为导向，强调尊重个人生育选择。

生育文化及生育意愿的嬗变还有一个显著方面，就是社会逐渐接纳并认可个人排斥生育(不生育)的需求。《希波克拉底誓言》宣誓“尤不为妇人施堕胎手术”，这一医学誓词至今仍存在潜在的影响。19 世纪末 20 世纪初，人们普遍将避孕、堕胎、同性恋、智障和有遗传病的人的生育视为罪恶、淫邪或堕落。随着优生学、神经病学和心理分析学派的出现，有些生育行为又被形容为反常、变态和病态。而后，社会学将这些生育行为视为脱轨，一般社会成员则将其视为非传统和非主流。在当下社会，传统社会中不被接纳的那些不合伦理规范的生育行为逐渐被视为正常的和符合常规的。例如，传统社会中人们认为非婚生育是不道德、不正常的，这种判断在今天已有很大改观，单亲妈妈群体开始被更多人所接

① 参见王淇：《关于生育权的理论思考》，吉林大学博士学位论文，2012 年。

纳。尽管非婚生育在道德上的合法性仍有许多争论,但在制度层面、管理层面,政府主体对非婚生育子女的人权和财产保护已有较完备的法律规范和制度保障。

(三)生育选择方式多样化导致生育范式的变化

人类的历史有数百万年,智人的历史也有 20 万～50 万年。在人类漫长的演化进程中,生育行为的历史大部分是以群体为依托单位,而以一夫一妻制家庭为依托单位的生育历史只有数千年。尽管在今天,以家庭为生育单位仍是世界上主要的生育方式,但是家庭新形式不断出现,人们的生育方式选择变得更具弹性。

现代生育选择从 19 世纪蓬勃发展的自然科学、社会科学开始——当时他们用一种引人入胜的方式开始讨论人类的由来、人类的生育、人类的家庭、婚姻、性等问题。[①] 狭义的生育选择直接指向生育的生物学或医学的选择,是针对生育手段和技术的选择,如避孕、堕胎、自然受精、人工授精等,反映的是生育的物质形态以及物质形态的发展与变化。广义的生育选择是围绕生育所处的社会的、家庭的社会环境形态,以及社会的思想、观念、伦理、道德、法律和行为规范等诸多方面,反映的是生育的历史与变动、发展与创新的社会意识形态,以及这种意识形态与物质形态相互之间的变换与转换。[②] 随着社会的发展与进步,社会成员的生育选择方式增多。

按照人们对生育行为的两类需求:生育需求或者排斥生育的需求,当下社会存在的生育形态与生育选择可以大致分为两类,一类是符合生育需求的生育形态,包括婚前生育(又包括未婚生育与单亲生育)、婚内生育、婚外生育以及可能实现的同性生育;一类是符合排斥生育需求的生育形态,包括人工流产以及丁克家庭等。此外,性与生育呈现出分离的趋势,避孕、堕胎等生育行为将性与生育分离,领养儿童、代理母亲、人工授精等生育行为实现了生育与性的部分分离。

三、若干国家现行生育政策检视

人类历史上的生育控制可粗略分为生育前控制、生育后控制两类。前者针

---

① 参见沈东:《生育选择引论:辅助生殖技术的社会学视角》,沈阳:辽宁人民出版社,2011 年,第 4 页。

② 参见沈东:《生育选择引论:辅助生殖技术的社会学视角》,沈阳:辽宁人民出版社,2011 年,第 8 页。

对的是未出生的人口，对育龄人群通过避孕、人工流产等手段进行生育控制；后者针对的是已出生的人口，对相对过剩的人口通过溺弃、杀戮等方式进行生育控制。无论是生育前控制还是生育后控制，又可以分为自然生育控制、人为生育控制两类。瘟疫、灾荒、战争等带来的人口骤减可视作自然生育控制；近代以来的计划生育则是人为生育控制。[①] 第二次世界大战后，各参战国实行的鼓励生育的政策效果显现出来，二战后的婴儿潮给社会发展带来许多压力，世界开始关注人口增长问题，但是关于人口政策各国仍然存在争论。1974 年在布加勒斯特召开的世界人口大会上，关于人口增长问题的解决途径成为争论的焦点，印度等多数发展中国家秉持“发展是最好的避孕药”的观念，而以美国为首的多数发达国家则强调必须通过控制生育的方式来减轻人口增长的压力。20 世纪 80 年代，各国尤其是发展中国家开始认识到人口快速增长成为发展的障碍。在 1984 年墨西哥国际人口大会上，发展中国家政府已改变此前的观念，赞成实施计划生育项目。20 世纪 90 年代以来，世界各国已达成共识：承认各国在充分尊重个人权利的情况下制定人口政策。各发展中国家的人口计划生育政策也由单一的数量控制逐渐转变为实现人口素质的提高和人口结构的改变，发达国家则愈来愈关注过低的生育率给社会经济发展带来的负面效应。[②] 人口政策随着全球人口数量、人口结构的变化也出现了不同的价值导向和政策取向。

（一）计划生育政策检视：对公民生育需求的限制

西方社会人口政策研究经历了数次转向。古希腊的柏拉图等哲学家提出，理想的城邦应遵循一定的人口规模；19 世纪初，以马尔萨斯为代表的人口学者提出人口极限理论；19 世纪末 20 世纪初，西方社会人口学者创立了现代适度人口理论。随着人口问题研究的推进，发达工业国家首先形成了节制生育、计划生育的思想观念。这些思想观念逐步传播到世界上的其他国家，并转变成一些国家的生育政策。[③] 墨西哥会议秘书长关于审查和评价《世界人口行动计划》的报告对出于降低或提高生育率的目的而采取的社会和经济奖惩措施持否定态度，认为近年来大部分这类奖惩措施对计划生育影响甚微，在有些情况下还会起反

---

① 参见宋健、[韩]金益基：《人口政策与国情：中韩比较研究 · 前言》，北京：光明日报出版社，2009 年，第 13 页。

② 参见宋健、[韩]金益基：《人口政策与国情：中韩比较研究 · 前言》，北京：光明日报出版社，2009 年，第 1 页。

③ 参见樊新民：《生育革命：对基因工程时代人类选择生育的社会学探讨》，北京：中国社会科学出版社，2003 年，第 90 页。

作用，并且它还会影响夫妇和个人对生育和家庭规模的决定，影响基本生育权利的实现。[①] 从生育控制政策的目的来看，若干国家现行生育政策可以分为两类：其一，旨在控制人口质量的特定群体节育计划；其二，旨在控制人口规模的家庭计划生育计划。从生育控制政策的作用方式来看，若干国家现行生育政策同样可以分为两类：其一，政府主导下的强制性政策工具；其二，市场主导下的自愿性政策工具。

1. 按照生育控制政策的目的分类

按照生育控制政策的目的分类，两类政策分别为：旨在控制人口质量的特定群体节育计划，以及旨在控制人口规模的家庭计划生育计划。前者指向政府针对特定群体的生育行为管理。从医学与生理学的视角来看，一般来说，患有精神病、严重家族遗传病、艾滋病等遗传性可能较大的疾病，或者侏儒、吸毒重症者等可能严重影响胎儿健康的特定群体，有可能被剥夺生育的权利；在中国、韩国等国家均由相关法律法规进行限制。后者指向政府针对多数生育群体的生育行为管理。从社会学、人口学、经济学、政治学等的视角来看，在一定时期内，一个国家或地区的人口总数有一个阈值，人口数量过少会导致人口结构失衡、社会发展动力不足等问题，人口数量过多则会给环境、政治、经济带来压力。政府以生育率、出生死亡率等指标衡量国家内或区域内的人口数量，制定鼓励生育或节制生育的生育政策。在韩国、新加坡等国家，近十几年来，适龄妇女的生育率一直保持较低水平，人口增长长期处于低水平，甚至部分国家出现人口的零增长、负增长。这些国家往往实施鼓励生育的生育政策。越南赋予单身母亲生育权，并使非婚生育合法化，借此增加人口；印度、中国、非洲国家人口基数较大，庞大的人口总量为其经济、社会发展带来许多问题，非洲许多国家的人口出生率仍高达 30%。这些国家往往实施节制生育的生育政策。

2. 按照生育控制政策的作用方式分类

按照生育控制政策的作用方式分类，两类政策分别为：政府主导下的强制性政策工具，以及市场主导下的自愿性政策工具。自愿性政策工具的典型代表是新加坡政府的自由市场优生政策。20 世纪 80 年代新加坡总理李光耀担心，受高等教育的新加坡妇女比教育程度低的妇女生育较少的孩子。“如果我们持续以这种不平衡的方式生育”，他说，“将无法维持现有的水平”。为了避免后代的

---

① 参见杨胜万、陶意传：《对联合国文件中有关计划生育概念的分析与评价》，《人口研究》1996 年第 2 期。

“人才衰退”,政府制定政策鼓励大学毕业生结婚生子,政府提供网络约会服务、奖金鼓励受高等教育的妇女生育,在大学开办求婚课程,以及为单身的大学毕业生免费提供“爱之船”邮轮旅游等。同时,给没有高中文凭的低收入妇女 4000 美元,作为其购买廉价公寓的首付款——假如她们愿意绝育的话。[①] 1983 年的这一项目在几年后被取代,原因是政府断定新加坡的总人口还太少,因此还应不加区分地鼓励所有人生育,所以削弱了新加坡人口政策中的优生学维度。[②] 相比较而言,多数国家采取的是政府主导的强制性政策工具。

(二)节育、堕胎相关政策检视:对公民排斥生育需求的限制

人类主要采取三种技术手段进行生育控制,即避孕、人工流产、绝育技术。后两者,尤其是绝育技术,由于较多关涉个体生命行为与社会公共管理之张力,实践中一直伴随着争议。在西方,绝育作为个人的权利基本已经得到社会的承认;出于社会因素而进行的绝育受到较多批评。二战期间,纳粹法西斯为保持德意志血统的纯洁性、清理德意志的基因库而颁布《防止具有遗传性疾病后代法》(1933 年),对患有各类精神和肉体疾病的病人实行强制绝育。随后颁布的《反危险惯犯法》(1933 年)和《安全和改革措施法》(1933 年)授权将反社会者关进国营医院,对性犯罪者实行阉割手术。1935 年 9 月颁布的《帝国公民法》和《德意志血统和尊严保护法》(二者统称“纽伦堡种族法”)正式在法律上排斥犹太人、吉卜赛人、黑人。1935 年 10 月颁布的《保护德意志民族遗传卫生法》,即《婚姻卫生法》,要求对整个人口进行甄别审查,防止患有遗传性退化疾病的人结婚。[③] 到了今天,世界上的绝大多数国家已明令禁止类似针对特定种族、特定群体的作为优生目的的强制性绝育,但是关于个人的绝育、节育、堕胎等出于治疗或个人意愿的排斥性生育需求,仍存在许多争议,在许多国家还有诸多限制。

第一,对公民排斥生育需求的确认。由于技术手段的匮乏及伦理观念的限制,直到 20 世纪五六十年代以后,避孕、绝育和堕胎合法化才在部分发达国家实现,并逐渐影响到发展中国家。[④] 英国 1989 年吉利克案确定了儿童对于包括避

---

① 参见[美]迈克尔·桑德尔:《反对完美:科技与人性的正义之战》,黄慧慧译,北京:中信出版社,2013 年,第 68 页。

② 参见[美]理查德·A. 波斯纳:《性与理性》,苏力译,北京:中国政法大学出版社,2002 年,第 581 页。

③ 参见邹寿长:《优雅的生——人类辅助生殖技术的伦理思考》,湖南师范大学博士学位论文,2003 年。

④ 参见宋健、[韩]金益基:《人口政策与国情:中韩比较研究·前言》,北京:光明日报出版社,2009 年,第 13 页。

孕在内的医疗行为具有相对的自治权,并在判例法中得到确认:“当儿童的理解力和智力足以决定关于自己的事项时,父母的权利屈从于儿童的自我决定的权利。”[①]美国1965年格里斯沃德诉康涅狄格州案确认了妇女避孕、节育的权利,宣告“康涅狄格州规定任何人(包括已婚者)‘为了防止怀孕的目的,使用任何药品、医药用品或器具’都是犯罪”违宪。随后罗诉韦德案(1973年)进一步确认已怀孕妇女堕胎的权利,宣告德克萨斯州禁止堕胎法违宪。其理由是,尽管美国宪法中没有任何规定赋予已婚夫妇使用避孕用品的权利,但宪法中有些规定确实保护了这种或那种形式的私隐。在作为整体的宪法文件中,存在一种未言明的“婚姻隐私权”。[②] 美国最高法院法官奥康纳在“关于宾州限制堕胎案意见书”中阐述宪法保护妇女堕胎决定的理由时,对于生育问题与个人尊严和自由的关系有过这样一段精辟的论述:“我们的法律提供了宪法保护,允许个人去决定婚姻、生育、避孕、家庭关系、抚养子女和教育。这些事务涉及人在一生中可能做出的最秘密和私人的抉择;这些抉择对人的尊严、自主以及第十四修正案所保护的自由具有中心意义。在自由的中心,乃是个人行使权利,已自行定义其存在、意义、宇宙以及人类生命奥秘的观念。假如这些信念在州政府的强制下形成,那么它们将不能定义人格的特征。”[③]上述阐述可谓公民的排斥生育需求正当、合理性的最好诠释。总体来看,多数国家承认公民可以选择不生育的自由权利。

第二,对公民排斥需求的限制。萨尔瓦多、智利、马耳他、尼加拉多、孟加拉国等国宣布堕胎完全违法,但治疗性堕胎例外。即使在严禁堕胎的国家也允许下列治疗性的堕胎手术实施:(1)为拯救怀孕妇女的生命;(2)为了维护妇女的身体和精神健康;(3)由于胎儿有重大先天性疾病或致命性疾病;(4)为减少堕胎妊娠的健康风险而实施的减胎术。[④] 在其他一些认可堕胎合法的国家内,堕胎的实现存在诸多限制条件。美国1973年罗诉韦德案推翻了德州和达拉斯县政府的禁止堕胎法。根据此案的决议,最高法院实际上判定49个州的相关法律无效,已经通过堕胎合法化法律的纽约除外。但这份判决不能消除美国社会长期以来形成的意见分歧。20世纪90年代,共和党连续执政12年,所谓的“里根革命”推动了美国社会趋向保

---

① [美]凯特·斯丹德利:《家庭法》,屈广清译,北京:中国政法大学出版社,2004年,第230页。

② 参见[美]理查德·A.波斯纳:《性与理性》,苏力译,北京:中国政法大学出版社,2002年,第435页。

③ 转引自张千帆:《西方宪政体系》上册,北京:中国政法大学出版社,2000年,第253页。

④ 参见沈东:《生育选择引论:辅助生殖技术的社会学视角》,沈阳:辽宁人民出版社,2011年,第275、276页。

守。在这一背景下，最高法院对堕胎问题的看法发生了微妙的变化。在1977年马厄诉罗和1980年哈里斯诉麦克雷两案中，最高法院裁定，政府不得向堕胎妇女提供医疗补助金。在1989年韦伯斯特诉生育健康服务中心案中，最高法院认可了密苏里州的一项法律，它禁止利用政府基金资助堕胎和禁止在州政府机构中实行堕胎。在1992年计划生育联盟宾夕法尼亚州东南分部诉凯西案中，最高法院部分地支持宾夕法尼亚州的一项管制堕胎的法律。该法规定18岁以下孕妇在堕胎前必须征得父母同意，而且她们必须在咨询过有关机构24小时后，才能进行堕胎。虽然最高法院并没有推翻罗案确立的司法先例，但已经从其当初所持的最大限度保护妇女堕胎权的立场后退了不少。[①] 总体上，生育政策对公民不生育的需求及其实现仍有诸多限制。

第二节　生命的“交易”：人体交易行为管理

目前，在世界上的许多国家都存在不同形式的非法或合法的人体交易行为，例如头发买卖、血液买卖、肾脏等人体器官买卖、贩卖胎儿(代孕行为)、贩卖儿童等等。头发买卖合法，血液买卖与儿童买卖非法已成为基本共识。人的头发等属于人体部位中的可再生部位，在操作合法的前提下，购买人的头发不会伤害或危及交易者的身体健康及生命安全。关于血液买卖，除了在少数一些贫穷的国家或地区仍存在极少数的圈养卖血等胁迫行为外，世界上的绝大多数国家均禁止任何形式的购买血液行为，而施行无偿捐赠血液机制。关于贩卖儿童，联合国儿童权益基金会等严禁并打击贩卖儿童的犯罪活动。然而，其他一些人体交易行为，如人体器官买卖、代孕行为却广受争议。本节拟针对人体器官交易行为、代孕行为的不同管理方式进行讨论。

案例　美国M宝宝案(1987年)：代孕婴儿的归属，自然父亲还是自然母亲

伊丽莎白·斯特恩患有严重的多重硬化症，若她怀孕可能加重病情。为此，斯特恩夫妇决定采取代孕的方式生养下一代。1985年2月5日，通过纽约诺尔·基恩不育中心，斯特恩夫妇与怀特海德夫妇达成代孕协议。理查德·怀特

① 参见任东来、陈伟、白雪峰等：《美国宪政历程：影响美国的25个司法大案》，北京：中国法制出版社，2004年，第320、321页。

海德同意他的妻子玛丽·贝丝·怀特海德接受威廉·斯特恩的精子进行人工授精。理查德·怀特海德作为他妻子生产的任何一个孩子的合法父亲,同意"放弃对孩子的直接的监护权"并"放弃他的抚养权"。玛丽·怀特海德同意接受人工授精孕育并生产婴儿,将孩子及其抚养权给威廉·斯特恩。怀特海德夫妇"同意冒一切风险,包括死亡的危险,这在胚胎孕育和生产过程中都是可能出现的情况"。协议写明威廉·斯特恩支付1万美元给玛丽·怀特海德作为相关"服务和花费"的补偿,但1万美元不应"理解成终止抚养权的费用或换取放弃抚养权的费用"。随后,诺尔·基恩不育中心从斯特恩夫妇那里得到1万美元的费用。

1986年3月27日,玛丽·怀特海德生下一个女婴,为其起名为莎拉·伊丽莎白·怀特海德,并拒绝将女婴交给斯特恩夫妇。斯特恩夫妇提请诉讼,1987年1月5日法院开庭支持斯特恩夫妇的诉讼请求,这个被称为"M宝宝"的孩子判给斯特恩夫妇,玛丽·怀特海德每个星期可以有两个小时的探视时间,且必须在"隐蔽的严格监控的环境下,以避免冲突或伤害"。1987年3月31日,法院判决合同有效,并发给斯特恩夫妇领养证书。

然而,1988年2月3日,新泽西最高法院推翻了这一判决,认为它违反了领养法,并因为代孕合同中有金钱的交易而宣布其无效。法官们将争议归结为"自然父亲和自然母亲"之间的争议,两者具有均等的权利。最终法院达成这种立场:法庭将"M宝宝"的监护权判给威廉·斯特恩,继续让孩子与斯特恩夫妻同住,因为他们的家庭和性格给予孩子一个更好的成长环境。斯特恩夫妇的领养合同被取消,法院判定怀特海德女士拥有孩子的探视权。由于新泽西法院的审判结果,到1992年美国另外16个州通过立法限制商业代孕合同或宣布其非法。

资料来源:

(1)沈东:《生育选择引论:辅助生殖技术的社会学视角》,沈阳:辽宁人民出版社,2011年,第152、153页。

(2)[美]爱德华·W.耐普曼:《美国要案审判》下卷,北京:新华出版社,2009年,第745~750页。

案例简析:

美国M宝宝案例论争的焦点问题是:商业性代孕是否合法,或者说有偿的代孕合同是否有效?代孕行为中母亲这一角色的定位是什么?商业性代孕有可能导致实质上的胎儿买卖,致使人成为商品,使人的生命内在性价值贬值,因而带来许多复杂的社会伦理问题。

一、人体交易的界定以及历史考察

(一)人体交易的界定

人体的每一个部位,小至毛发、骨头、韧带、角膜、心脏、血液,大至整具遗体,都有可能成为人体交易市场上的商品。人体交易可以简单地定义为将人体组织、器官或整个人以租赁、出售的方式转让给他人,并获取相应收益(主要是经济收益)的行为。广义的人体交易行为指向人体的每一个部分,包括可再生人体部位与不可再生人体部位;狭义的人体交易行为仅涵盖不可再生、或可能对人体健康造成较大伤害的人体部位,例如人体器官交易、代孕行为交易等。

多数人都知道,人类的特别之处不只在于人的肉体存在,还在于伴随生命而来的存在感,这种存在感可以被称为“人的本性”“人的天性”。在人体交易市场上,人体的组织、器官乃至整个人从带有人性的某种存在转变、“贬值”为只具有市场价值的商品。用于交易的人体的价值不仅以金钱计算,还关涉人的血统、人的身份、社会地位等,总的来说是根据获救与失去的生命所具有的无可言喻的价值来计算其价格。更特殊的是,购买人体意味着担负了人体来源的责任:其一,伦理道德责任;其二,前任拥有者延续下来的生理史与基因史责任。①

在早期农业社会(公元前 3500 年到公元前 500 年),原始人类因身体崇拜而自发或者被迫向神灵或者统治者献祭自己的身体,这一过程并不属人体交易。例如中美洲的玛雅社会以放血仪式向神灵献祭。玛雅祭司认为,众神用自己的血灌溉万物、滋润玉米田地,同时希望人类能效仿他们所做的牺牲来表达敬意。玛雅人意欲通过流血取悦神灵,从而确保生命之源的水能给他们的土地带来丰厚的收获。他们确信放血仪式对降雨和农业社会的延续具有根本性的作用,因此不仅在敌人身上,也在自己的身上制造疼痛的流血创口。他们在将战争俘虏斩首之前,先要砍下他们的手指末端,或者划破他们的身体,由此造成大量的出血来向神致敬。② 尽管玛雅社会的放血仪式看似实现了血液与神灵庇佑的交换,但这一交换奠定在身体崇拜、神灵崇拜的信仰之上,其中一方的交易主体并非实际存在,也没有任何强有力的契约来保证交易的实施。同样,在古典社会(公元前 500 年到公元 500 年)时期,奴隶、农奴以自己的身体向奴隶主、领主交

① 参见[美]斯科特·卡尼:《人体交易》,姚怡平译,北京:中国致公出版社,2013 年,第 14、15 页。

② 参见[美]杰里·本特利、赫伯特·齐格勒:《新全球史:文明的传承与交流》,魏凤莲、张颖、白玉广译,北京:北京大学出版社,2007 年,第 141 页。

换庇佑，由于交易双方明显差等的社会身份与社会地位，这一交易亦不属于人体交易。但奴隶主或领主之间，将奴隶或农奴当作商品交易而获利，应属人体交易行为。概括来说，人体交易的必要因素包括：确认交易主体拥有拟交易身体的所有权与支配权，交易双方拥有至少形式上平等的社会身份或社会地位，交易方式基于双方自愿等。

（二）人体交易的核心问题：身体权与身体处置行为

人体交易之所以引发复杂的道德、伦理、社会及法律问题，在于人体交易直指个人的身体归属、个人的身体权和以身体为载体的人的尊严等因素。这里涉及人体交易的核心问题：身体权与身体处置行为的限度。身体权是指自然人维护其身体组织完整并支配其肢体、器官和其他身体组织的权利。身体是生命的物质载体，是生命得以产生和延续的最基本条件，是生命行为得以运行的最基本场所，生命权与健康权均须依托人的身体来实现，人的生命行为同样不能脱离身体而进行。身体权意味着个人对其身体组织的支配权，在应然层面，人可以按照自己的意愿自由支配其身体，无论是出于利己、利他或者商业目的；然而，在实然层面，个体对其身体的支配权受到其他社会主体的限制，个体的身体支配行为与人类生命共同体休戚相关。从道德与社会伦理的视角来看，代孕、性交易、器官交易等人体交易行为对现有的宪法秩序及社会伦理造成冲击，并在一定程度上影响社会的有序运行，为此社会主体必须对个体支配身体的生命行为进行引导与规制。

（三）人体交易的种类及形式

最早的人体买卖可以追溯到公元500～1000年的奴隶买卖。在奴隶社会与封建社会，奴隶被视为“会说话的工具”，奴隶主与封建领主可以任意处置奴隶，买卖奴隶更是司空见惯的社会现象。尤其是在撒哈拉以南，由于人们无法通过积聚地产致富，奴隶的增多使个人或家庭的农业产量增加，从而提高了他们在社会上的地位，因此奴隶成为一种重要的私人财富，奴隶贸易和奴隶占有则成为撒哈拉以南非洲社会的显著特色。大约在9世纪以后，穿越撒哈拉和印度洋的贸易网络不断扩展，刺激了非洲奴隶贸易。从750～1500年，运往外地的非洲奴隶已超过1000万人。巨大的需求导致非洲内部出现了奴隶供给网络，为后来几个世纪里的大西洋奴隶贸易奠定了基础。① 在奴隶贸易中，非洲人获得欧洲工业

① 参见[美]杰里·本特利、赫伯特·齐格勒：《新全球史：文明的传承与交流》，魏凤莲、张颖、白玉广译，北京：北京大学出版社，2007年，第528页。

产品。奴隶买卖是把奴隶的全部身体交易给他人,这一交易过程根本不考虑奴隶本身的意愿。一旦成为奴隶,便不再拥有人身权利和公民权。①

在奴隶贸易被取缔之后,随着医学技术的进步,人们发现可以在不伤害人的性命的情况下,转移人的部分身体组织或器官给需要的他人。在当时较为粗浅的医学认知下,许多濒临死亡或想要改善身体健康状况的病人,愿意以金钱购买他人的身体组织或器官;在一些欠发达的、因过度贫穷而将自己的身体视为最后的社会安全网的国家或地区,人们出卖自己的身体组织或器官来谋取生存。器官移植供体的匮乏带来非法器官买卖,出现器官黑市和"器官移植旅游"等现象。器官交易是生命行为主体或者器官交易的中介商把身体的一个部位(身体组织或者器官)交易给他人,交易主体通过这一交易行为可能获得金钱或者其他收益。

生殖技术的进步导致性与生育相分离的趋势,产生代孕等新形式的人体交易行为。代孕分为无偿代孕与有偿代孕两种。无偿代孕指不涉及任何金钱或物质酬谢,完全利他的代孕行为。有偿代孕根据收费的多少又可进一步区分为补偿性代孕与狭义的有偿代孕。补偿性代孕又被称为"商业性代孕",是受孕夫妻必须向代孕者支付代孕契约中约定的费用,包括怀孕和生产的医疗费、营养费、怀孕生产期间收入的损失等。狭义的有偿代孕,即代孕者为代孕收取超过合理补偿的费用,有偿代孕的另一种形式是代孕双方通过中介代孕机构完成彼此的合作,由该机构收取酬金后安排代孕,为双方提供联络和咨询等服务。② 代孕行为的特殊性在于母亲交易的是其身体器官——子宫的使用权,而不是交易子宫的所有权。或者说代孕母亲交易的对象为她的身体器官的再生产性的"物"。总体而言,当下社会中的人体交易行为包括人体组织与器官交易、代孕、性交易与性服务等等。

二、器官交易管理政策:器官捐赠与器官交易

相比于发达国家等候捐赠器官的冗长名单,第三世界国家的可用器官供应量充裕,这一不均衡的器官供求状况促成了国际性的人体器官交易的产生。国际性的人体器官交易网络主要由人体器官购买者(多为亟待器官移植以延缓生

---

① 参见[美]杰里·本特利、赫伯特·齐格勒:《新全球史:文明的传承与交流》,魏凤莲、张颖、白玉广译,北京:北京大学出版社,2007年,第748页。

② 参见张燕玲:《论代孕母的合法化基础》,《河北法学》2004年第6期。

命衰竭的病患)、人体器官卖家(多为改善所处的社会经济条件)、中间商或掮客构成。在器官交易合法的国家,人体器官交易网还包括国家或政府的监管机构。由于信息的不对称、国家与政府监管的缺失或缺位以及器官买卖双方实质上的不平等(一般来说,器官买卖往往发生在社会地位较高或者拥有较多社会财富的富人,向社会地位较低的穷人购买器官,而极少发生相反的交易),人体市场的交易链条中充斥着剥削现象,甚至可能存在胁迫手段。

自 1985 年国际社会签署《制止人体器官交易宣言》,号召全球各国政府采取有效措施制止人体器官的商业化利用以来,大部分国家和地区都颁布了规范人体器官移植的法律,明确将人体器官买卖作为犯罪来加以处罚。英国、美国等许多国家均采用无偿捐赠机制,鼓励公民志愿捐献自己的身体组织或器官给需要帮助的人。1984 年,美国参议院经过表决通过《国家器官移植法案》,明令禁止贩卖人类器官与组织,禁止对器官捐赠行为给予报酬。除了少数国家之外,贩卖血液、购买肾脏、为领养而购买儿童或死前贩卖自己的骨骼等行为,均属非法行为。

然而,无偿的器官捐赠机制并不能遏制人体交易市场中存在的剥削行为。这一由蒂特马斯所勾勒且被各国广泛采纳的体制存在两个致命的缺陷。第一个缺陷是:在这一体制下,尽管个人无法直接买卖人体,但在人体转移的供应链里,医生、护士、救护车司机、律师、管理人员等却能为自己提供的服务开出市场价格。在明文禁止购买人体部位之后,医院与医疗机构基本上可以免费取得人体部位,但他们的服务却依旧价格高昂,购买人体组织、器官的成本被转移到获得人体捐赠、人体移植的服务成本之中。第二个缺陷是:这一体制没有对医疗隐私权的基本标准作出解释。主流的医疗逻辑认为,若让捐赠者与受赠者之间发生联系,有可能会损及整个捐赠体制,甚至可能让人们不再愿意捐赠自身的组织。匿名捐赠机制的初衷是为了保护捐赠者的隐私与利益,但在实际操作中却使人体组织的供应链不透明,受赠者无法知悉人体部位经由何种途径进入市场。捐赠机制将供应状况隐匿于道德伦理的幕布之下,利他主义与隐私权之间的冲突削弱了两者原本想要保护的高贵理想。[①] 目前,通过供应链追踪人体组织来源的权力,几乎掌握在行政机关的手中。一般而言,这类机关往往资金不足,而且几乎都会跟它们理应监督的医院和掮客相互勾结,国际交易更是无人监管。每

① 参见[美]斯科特·卡尼:《人体交易》,姚怡平译,北京:中国致公出版社,2013 年,第 20～23 页。

一个人体市场的存在，都在充分证明这类机关的失职。[①] 无论是“黑市”中的人体器官交易，还是合法的人体器官捐赠，其中都存在监管的缺位、缺失与不足。

器官移植供给与需求的极度不平衡，是世界上绝大部分国家进行器官交易行为管理面临的首要问题。目前，面对器官移植供需间的巨大缺口，除伊朗坚持执行“有偿的器官移植制度”并因此消灭了伊朗国内肾脏移植的等待名单外，其他国家或地区依然采取部分、或者完全依赖“器官捐献”的器官移植制度。一些国家迫于器官捐献率极低的现状，已开始考虑由政府对器官捐献者进行补偿的“部分有偿的器官移植制度”，新加坡即为此类国家。总的来说，现行的器官交易管理政策大致可分为三类：其一，完全禁止器官交易的政策；其二，部分有偿的器官捐献政策；其三，完全有偿的器官交易政策。

（一）完全禁止的器官交易政策

许多国家都在法律条文中规定，严禁以任何形式进行肾、脾、脏等人体器官的交易。在一些国家实施推定不同意、绑定式的器官捐献制度。自 2011 年 7 月起，英国正式实施驾照申请“绑定”器官捐献注册的器官捐献制度。在英国申请领取驾照时，英国公民必须明确表明死后捐献器官的意愿并注册愿意捐献的具体器官。据英国卫生部门透露，目前约 29% 的英国公民同意死后捐献器官。[②] 美国的大部分州同样实施这种绑定式的器官捐献登记制度。在美国申请领取驾照时，如果美国公民表示愿意在交通事故遭遇不测后捐献器官及其他身体组织，工作人员将在其机动车驾驶执照上标注“器官捐赠”字样，一旦驾驶员在车祸中确认死亡，根据其驾照，医疗机构就可以对其施行器官摘除手术。机动车驾驶执照同时也是一份器官捐献同意书，需填写姓名、拟捐献的器官名称、本人及证明人的签名并随身携带，以便第一时间确认其捐献意愿。德国联邦议会于 2012 年 3 月通过一项关于器官捐献的法律草案，根据这一法律规定，医疗保险公司将定期询问每个年满 16 岁的德国公民是否愿意在死后捐献器官，并将其答案标注在身份证、驾照或者医疗保险卡上面。[③] 英美德等国实行的是推定不同意的器官捐献制度。

在西班牙，实施的是推定同意、选择退出式的器官捐献制度。西班牙《器官

---

① 参见[美]斯科特·卡尼：《人体交易》，姚怡平译，北京：中国致公出版社，2013 年，第 25 页。

② 参见王晓易：《英国规定申请驾照需回答是否愿捐赠器官》，2011 年 8 月 1 日，http://news.163.com/11/0801/07/7ABSNOF80001121M.html.

③ 参见王晓易：《器官捐献：为了生命再度绽放》，2012 年 4 月 8 日，http://money.163.com/12/0408/07/7UI7QJIJ00253B0H_all.html.

捐献法》规定所有西班牙公民均被视为器官捐献者，除非公民本人在生前通过口头或者书面的方式表达了相反的意愿。理论上讲，如果死者生前通过遗嘱表示愿意进行器官捐献，而家人表示反对的话，家人的决定将被视为无效，医疗机关可直接进行器官捐献手术。[①] 法国《生物伦理法》同样规定，如果法国公民生前没有通过任何形式表达过拒绝捐献的意愿，则视为同意死后捐献器官和组织。法国公民可以由本人主动登记"国家拒绝器官捐献表格"，或者由专门的医生和所在医院的协调员向本人、家属或身边的人确定其捐献意愿。未成年人和有监护的成年人进行器官捐献需提供父母和监护人的书面同意书。[②] 瑞士、意大利、葡萄牙等国家亦施行这种"不反对即同意"的选择退出式的器官捐献制度，但规定相对宽松，除逝者生前明确表明不捐赠外，亲近家属也可以拒绝。在最初推行同时也是最严厉推行选择退出式捐赠制度的西班牙，器官的捐赠率一直维持较高水平。

(二)部分有偿的器官捐献政策

2009 年 11 月 1 日生效的新加坡人体器官移植修正法令规定，在严厉打击非法器官交易的基础上，给予器官捐献者合理的补偿。根据这一法规，新加坡器官捐献者最高将有可能得到 2.6 万新元(约 13 万元人民币)的保健补偿。新加坡的这一器官移植制度借鉴了伊朗的做法，通过第三方——新加坡国家肾脏基金会(NKF)来行使补偿器官捐献者的职能，捐献器官的补偿金直接从医院或诊所转到慈善机构。新加坡的 NKF 器官捐献运作模式，其底线是补偿系统能够公平公正地运行。为了实现这一目标以及防范可能出现的"器官移植旅游"，新加坡政府规定仅新加坡人和永久居民有资格申请援助，由公共医院转介并通过 NKF 的支付能力调查，NKF 肾脏活体捐献者援助基金为成功申请者投保医药保险、支付定期体检和跟进检查费用，器官捐献者将免费接受一系列的心理辅导和术后恢复课程，并获得一笔顶限为 5000 新元的现金补还。[③] 美国、加拿大等国通过补贴的方式对器官捐赠进行补偿，例如税收减免和生活费补贴等，作为无偿器官捐赠制度的补充。

---

① 参见王晓易:《器官捐献:为了生命再度绽放》，2012 年 4 月 8 日，http://money.163.com/12/0408/07/7UI7QJIJ00253B0H_all.html.

② 参见王晓易:《法国:器官捐献是一种无偿行为》，2012 年 3 月 19 日，http://news.163.com/12/0319/16/7SVLTBD700014AEE.html.

③ 参见陈晓航:《解读新加坡人体器官捐献第三方补偿》，2012 年 3 月 1 日，http://365jia.cn/news/2012—03—01/C530D3C18EC12BED.html.

(三)有偿的器官交易政策

伊朗是目前世界上唯一实行“政府主导下的器官捐赠补偿机制”的国家。自1988年伊朗政府批准“人体器官有偿移植制度”后,伊朗国内的器官移植例不断上升,到1999年时,伊朗已成为全世界唯一消灭了肾脏移植等待名单的国家。“透析与移植患者联合会”(DATPA)是伊朗器官移植系统的核心。器官捐赠补偿机制具体包括如下内容:首先,由政府来负担公民移植器官的医疗费用,由政府承担包括透析、征集、移植手术、术后抗排异药物和术后康复的所有费用,移植团队由大学的附属医院组成,所有器官移植所必需的医学开销由政府支付。其次,由政府主导下的社会主体,包括政府本身、患者本人、慈善组织等对器官捐献者给予一定的补偿费用。器官移植的补偿包括两部分:第一部分是政府的固定补贴,政府对有偿捐献者提供1200美元的补偿和一年左右的健康保险;第二部分是由DATPA作为中介,患者支付给器官提供者相应补偿;在患者无能力支付补偿的情况下,特定的慈善组织将给予捐献者2300~4500美元的补偿。[①] 有偿器官移植制度处在国家机构的严格监管下,伊朗政府认为这一制度克服了绝对禁止人体器官有偿移植和完全自由市场化所带来的风险。

总体而言,三种器官捐献机制分别有其利弊。完全有偿的器官交易政策极有可能导致人沦为商品或者人成为人体部位的“集合体”,令人丧失人性,成为可交易的物品。完全无偿的器官捐献政策同样存在缺陷,无偿捐赠机制并不能保证器官的来源是否合法,同时医疗费用等相关信息的不对称导致无偿捐赠机制有可能成为地下人体交易市场或者人体交易供应链条上的中间环节。亚瑟·卡普兰写道,采用市场方法来解决肾脏短缺问题,器官中介商们所握有的“选择范围会因高额补偿金而受到局限,这并非因为卖家面对钱失去理性,而是因为对于某些需要钱的人来说,某些出价即使低到有辱人格,仍旧是诱人得难以抗拒”,也就是说,总有人愿意低价贩卖自己的人体部位。[②] 薛柏-休斯亦指出,尽管伊朗政府承担起管理黑市肾脏贸易的责任,但人体器官买卖合法化只是将掮客与肾脏中间人的名称替换为“器官移植承办人”,器官交易的合法化并没有让掮客与肾脏中间人改变动机,相反情况变得更加糟糕,因为掮客与肾脏中间人的违法手段

① 参见李慧翔:《伊朗的“人体器官市场”》,2012年11月23日,http://www.infzm.com/content/83083.

② 参见[美]斯科特·卡尼:《人体交易》,姚怡平译,北京:中国致公出版社,2013年,第74页。

变得合法化了。[①] 总的来说，应对人体器官交易的困境并不在于媒体、政府等强调的器官移植、器官供给的巨大缺口，而在于器官移植的渠道、合法性平台、制度的缺失；政府及其他社会管理者，需要关注的治理对象并不是被胁迫交易人体组织与器官的个人，而是人体部位供应链中的中间人与中介商。

三、代孕行为规范：利他代孕与商业代孕

布莱克法律字典对代孕及代理孕母的定义是：代孕是指通过代孕契约而约定，由一名妇女为其他夫妻怀孕并生产子女，将子女交付该对夫妻并放弃对该子女的亲权的过程，从事代孕的妇女即是代理孕母。[②] 根据代理孕母和中介是否收取超过合理的补偿费用，代孕可以分为无偿代孕（或称"合理补偿代孕"）和有偿代孕（或称"商业性代孕"）。[③] 除了极少数国家之外，商业代孕为大多数国家普遍禁止，但是代孕中的必要合理费用补偿，在法律承认代孕的国家是允许的。

（一）代孕行为的界定与代孕行为中的母亲角色定位

有学者认为代孕的历史可以追溯至公元前 2000 多年的古巴比伦，古巴比伦的法律和习俗允许代孕母亲的存在，不孕女性安排其他女性代替其怀孕产子，其目的是既保证家庭的完整性，又不至于没有后代。还有学者认为古代中国妻妾制度的存在实际上也是一种代孕的制度安排：当嫡妻未能生育时，男性可以通过休妻再娶或纳妾的方式与其他女性生育子女，妾生子女记于正妻名下再纳入家族谱系。[④] 上述观念认为，传统的代孕所采取的方式为自然性交受孕，即直接性的代孕。这种观念并没有厘清代孕行为的概念及本质。

古罗马、古中国社会中的所谓"代孕"，实质上是男性与妻子之外的女性自然性交生育子女后，剥夺生育者的抚育子女的权利，在将生育者的子女转移给其他女性（一般是正妻）的同时，转移承担抚养、监护重任的社会母亲身份。在这一代孕过程中，母亲的角色是割裂的：包括生理母亲与遗传母亲，以及社会母亲。生育者既是子女的生理母亲又是遗传母亲，她的两种身份都将被剥夺；抚育者是子

---

① 参见[美]斯科特·卡尼：《人体交易》，姚怡平译，北京：中国致公出版社，2013 年，第 75 页。

② 参见康茜：《代孕关系的法律调整问题研究——以代孕契约为中心》，西南政法大学博士学位论文，2011 年。

③ 参见康茜：《代孕关系的法律调整问题研究——以代孕契约为中心》，西南政法大学博士学位论文，2011 年。

④ 参见沈东：《生育选择引论：辅助生殖技术的社会学视角》，沈阳：辽宁人民出版社，2011 年，第 144 页。

女的社会母亲，通过记名仪式，又成为子女的生理、遗传母亲。

代孕行为中的生育者被称作“妊娠载体”（Gestational Carrier），即代孕者以自己的子宫为载体，植入协约夫妇的精子和卵子或胚胎，完成妊娠和分娩过程。代孕者仅仅是胎儿的生理母亲，而不是胎儿的遗传学母亲。若代孕者用自己的卵子与协约夫妇的丈夫提供的精子受孕，代孕母亲实际上同时也是孩子的遗传学母亲。[①] 在对代孕行为进行界定之前，应首先厘清代孕母亲（生育胎儿者）在代孕行为中所承担的社会角色。

一般情况下，母亲角色是其社会学角色与生物学角色和遗传学角色的统一体。在这三种角色当中，社会学母亲的角色起到主要的、决定性作用。从人类社会诞生以来，母亲的角色逐渐与婚姻、家庭等社会结构组织联系在一起，母亲角色同时也是婚姻角色和家庭角色的一部分，使“母亲”角色得以确立的便是与“生育”和“收养”联系在一起的角色转换。在社会学范畴内，母亲角色是指与人们的某种社会地位、身份相一致的一整套权利、义务的规范与行为模式，它是人们对具有特定身份的人的行为期望，它构成家庭这个社会群体或组织的基础。下面分析一下“代孕母亲”的社会角色。

首先，代孕者并非是家庭中社会学母亲的外在表现，不用有家庭中母亲的地位。其次，代孕者并不具备母亲在家庭中的权利和义务；恰恰相反，无论是利他性代孕还是商业性代孕，均对代孕者的权利和义务进行了事先的约定和限定。再次，代孕者的生育行为并不是人们对于在婚姻和家庭的范畴内的母亲角色的期待，而是这种期待的外化表现或者称为异化表现。换一个角度说，家庭是通过代孕者的生育行为完成自身的社会功能的。可以说，代孕母亲并非具有母亲这个社会最基本组织的基础地位。[②]

依据罗马法确立的原则，无论妇女与胎儿是否具有基因关系，只要经过分娩，妇女就被视为她所生育的孩子的母亲。这一观念认为，十月怀胎与妊娠分娩的功能优于母亲与孩子的基因关系。但理查德・帕洛斯则认为，传统关于母亲的定义已经因为生殖技术的原因而作废，在非血缘关系的代理孕母做法中，生身母亲不再是法律定义上的母亲，而仅仅是“孩子的妊娠体”。关于代孕行为中对

---

① 参见沈东：《生育选择引论：辅助生殖技术的社会学视角》，沈阳：辽宁人民出版社，2011 年，第 145 页。

② 参见沈东：《生育选择引论：辅助生殖技术的社会学视角》，沈阳：辽宁人民出版社，2011 年，第 150 页。

母亲的确认,目前各国的规定与做法不完全相同。英国《人工授精和胚胎学法案》第 27 条规定代孕母亲因承担母亲的角色,应被视为母亲。[①] 关于代孕行为中母亲角色的定位,是代孕行为规范的重要影响因素。

(二)商业性代孕行为的管理与规制

商业性代孕的合法性是科技伦理、生命伦理中最富争议的议题之一。在西方社会,代孕尤其是商业代孕受到严格的法律限制。许多欧洲国家禁止商业性代孕;在美国,超过 12 个州将商业性代孕行为合法化,另有 12 个州禁止这一行为,而在其他一些州,其合法与否仍然不是很明确。

目前,世界上法律禁止代孕行为的国家有法国、瑞士、德国、西班牙、意大利等。法律允许非商业代孕行为的国家有美国、比利时、荷兰、丹麦、匈牙利、罗马尼亚、芬兰和希腊等。法律允许商业性代孕和生育外包的国家则唯有泰国、印度、格鲁吉亚、乌克兰等少数国家。

由于代孕费用低廉、代孕技术成熟,印度甚至成为世界性的“造婴工厂”,自 2002 年印度将商业代孕合法化后,许多国家的代孕行为购买者纷纷寻求以印度阿肯夏不孕诊所(Akanksha Infertility Clinic)为代表的孕母机构,在印度形成一套医疗与生育旅游产业。印度独特的法律规范与配套服务,使其代孕市场极为繁荣。[②] 然而,印度的商业代孕及生育外包产业不仅存在社会、伦理顾虑,这一代孕合法化的政策也与世界上许多国家的政策相悖,一些国家采取禁止本国代孕、并禁止借助其他国家相关法律法规实现代孕的措施。譬如英国、法国等政府规定,由印度代孕妈妈生下的小孩不能自动获得该国国籍。

英美法系国家将生育权视为个人隐私权的组成部分,政府尊重个人的生育隐私权,因而对生育权的限制不多,人们的生育选择方式较为多元化。例如在美国,家庭事务属于州的立法权限范围,虽然许多州制定了完全或部分禁止代孕的法律,但是美国国会一直没有通过任何禁止代孕商业化的法律。[③] 在大陆法系国家,生育权受到普遍限制,大陆法系国家大多反对代孕,法国、德国、瑞士、西班牙等国都禁止代孕。[④] 具体来说,国外代孕立法可分为“完全禁止”“限制开放”

---

① 参见周平:《生育与法律:生育权制度解读及冲突配置》,北京:人民出版社,2009 年,第 51、52 页。

② 参见[美]迈克尔·桑德尔:《金钱不能买什么:金钱与公正的正面交锋·引言》,邓正来译,北京:中信出版社,2012 年,第 2 页。

③ 参见[美]安德鲁·金伯利:《克隆人——人的设计与销售》,新闻编译中心译,海拉尔:内蒙古文化出版社,1997 年,第 141 页。

④ 参见黄丁全:《医疗、法律与生命伦理》,北京:法律出版社,2004 年,第 310 页。

以及“完全开放”三类。

第一类,完全禁止代孕行为。在法国,无论是商业代孕还是利他性代孕均违法。例如,法国卫生部认为代孕是奴役妇女。根据 1994 年《生物伦理法》以及《法国民法典》的相关规定,代孕被禁止,替人怀孕的妇女必须将生下的孩子归为己有,否则将被追究法律责任。在瑞典,代孕被认为是违反基本法律原则,因此无效。德国 1990 年的《胚胎保护法》规定,人工授精的卵子只能由亲生母亲的子宫来孕育,如植入其他妇女的子宫,丈夫与代理机构将受到惩罚,最高罚款可达 5 万马克;违法实施试管婴儿手术的医生将被判处三年徒刑。泰国、新加坡等国均禁止代孕。①

第二类,限制开放代孕行为。一些国家或地区限制开放代孕行为。美国俄亥俄州、俄克拉荷马州等规定代孕协议违法;新泽西州、密歇根州、肯塔基州、路易斯安那州等则认可代孕协议的效力。美国州法统一委员协商会议出台的《人工生育子女法律地位统一法》(1988 年)有条件地认可代孕协议。英联邦许多国家都有明确的法律条文禁止任何形式的代孕技术,但面临解禁的选择。2006 年 8 月,澳大利亚立法委员会修改已实施多年的相关法律,允许商业性借腹生子的父母成为合法父母。英国《代孕协议法案》《人类授精与胚胎学法》严禁商业性代孕和代孕中介,自愿性的代孕和酬金给付却得以合法化。② 瑞典规定代孕可以比照收养的条例进行,同时允许代孕母亲有权保留孩子,并允许生物学父亲主张权利。加拿大《人类辅助生殖法》(2004 年)规定利他性代孕合法而商业代孕非法。

第三类,同时认可无偿代孕与有偿代孕。在格鲁吉亚和乌克兰,代孕包括商业代孕均是合法的。2002 年,印度最高法院确定商业代孕合法。印度全套代孕方案花费 10000～28000 美元,包括代孕者和全部的医疗费用、代理人费用以及赴印度的往返机票等等,是英国代孕相同过程费用的 1/3,因此印度已经形成相当规模的代孕产业。1996 年,以色列在世界上第一个宣布代孕合法,并由国家任命的委员会批准每一份代孕合同和安排代孕者;对代孕者的要求十分严格,必须是单身、离婚或丧偶的女性,而且只允许异性夫妇聘请代孕者。③

---

① 参见周平:《生育与法律:生育权制度解读及冲突配置》,北京:人民出版社,2009 年,第 261 页。

② 参见周平:《生育与法律:生育权制度解读及冲突配置》,北京:人民出版社,2009 年,第 262 页。

③ 参见沈东:《生育选择引论:辅助生殖技术的社会学视角》,沈阳:辽宁人民出版社,2011 年,第 155 页。

相较于“完全禁止任何形式的代孕行为”与“一切商业或无偿代孕行为合法化”的代孕行为管理之策，允许符合条件的人可以通过无偿代孕生儿育女的“中间道路”更加理性与更富人文关怀。完全禁止任何形式的代孕行为这一政策排斥了那些因为不具备生育能力而只能以代孕方式延续后代的人的正当需求，不符合生命行为管理以人权为本位的宗旨；一切代孕行为合法化，尤其是商业代孕合法化，则有可能导致严重的道德滑坡：妇女在一定程度上沦为生育的工具、胎儿成为可以交易的商品，女性的子宫成为交易的场所，这不符合应然层面评价人的生命行为的方式，应当予以拒斥与禁止。

第三节　生命的相伴：婚姻与性行为规制

美国学者摩尔根所构想的家庭进化理论认为，以亲属为基础所组成的氏族是古代社会的一种古老的组织；但是，还有一种比氏族更早、更古老的组织，即以性为基础的婚级。[①] 人类社会由低级阶段进化到高级阶段的过程中，其家庭形态相继经历了血婚制、伙婚制、偶婚制、父权制及专偶制家庭：“从最初以性为基础、随之以血缘为基础、而最后以地域为基础的社会组织中，可以看到家族制度的发展过程；从顺序相承的婚姻形态、家族形态和由此而产生的亲属制度中，从居住方式和建筑中，以及从有关财产所有权和继承权的习惯的进步过程中，也可以看到这种发展过程。”[②]人类辅助生育技术的出现推动了性行为、婚姻、生育三者的分离，这为人类提供了更多的生育选择自由，其中在性行为与婚姻家庭方面，即为选择生育伙伴、婚姻伴侣的自由。

案例1　“粉红商机”(Pink Dollar)：对同性恋的承认与包容

在西方国家的许多角落，从服饰、旅游到酒吧和俱乐部等行业，长久以来就已经认知同性恋族群的购买力。粉红美元、粉红英镑、粉红卢比……在西方的许

① 参见[美]路易斯·亨利·摩尔根：《古代社会》，杨东莼、马雍、马巨译，北京：中央编译出版社，2007年，第35页。

② [美]路易斯·亨利·摩尔根：《古代社会》，杨东莼、马雍、马巨译，北京：中央编译出版社，2007年，第6页。

多国家，专为同性恋人群设计的“粉红商机”已经蔓延开来。专注于同性恋市场营销的公司 Prime Access 和 Planet Out 调研显示：有 68%至 72%的同性恋消费者更加倾向于购买他们认为具有“同志友好性”的品牌。苹果、绝对伏特加等面向多元化用户的品牌的“同志友好性”程度较高——譬如绝对伏特加专门针对同性恋消费群体推出六色彩虹版包装并分别于 2008 年在芝加哥同性恋大游行、阿姆斯特丹同性恋者大游行中投入游行彩车、彩船，也因而赢得了更多的市场份额。同志营销机构建议企业在进入同志营销市场前先做好企业内部的同性友好工作，实施非歧视企业政策、保护同性恋雇员、提供平等的利益、留意与同志相关的政治事件等。此外，由于目前在世界上的许多国家仍未通过同性恋合法的相关法律法规，同性恋结婚旅游也成为“粉红商机”的重要组成部分。2012 年 7 月 24 日，正值美国纽约的同性恋合法结婚一周年，纽约市市长布隆伯格(Michael Bloomberg)宣布自同性恋合法结婚一年来纽约市经济因此受益 2.59 亿美元。统计报告显示，在同性恋合法结婚的第一年内，纽约市共发出 8200 对同性结婚许可，约占婚姻总数的 10.9%。有超过 20 万名旅客前往纽约参加同性婚礼，下榻约 23.5 万个酒店房间，平均每个房间每晚费用 275 美元。

资料来源：

(1)《同性恋商机很诱人 印度商人追逐“粉红卢比”》，2010 年 5 月 31 日，https://www.danlan.org/remark_list_29365.htm.

(2)《苹果的成功启示：同性恋市场吸引全球知名品牌》，2008 年 8 月 15 日，http://www.danlan.org/remark_list_17616.htm.

(3)张又：《同性恋合法结婚暗含“粉红商机”》，2012 年 8 月 9 日，http://blog.sina.com.cn/s/blog_6ac141e301015xfy.html.

案例 2　泰国、尼泊尔第三性别身份证、第三性别厕所：对性少数人群的保护

泰国的变性人口总数居全球首位，性别多样化已成为泰国社会的普遍现象。在亲眼目睹某位男生在男厕所被同学欺凌，去女厕所又被人大骂为变态时，西提沙克校长向全校师生征求意见，并最终决定建造专用厕所。2010 年 4 月，专用厕所终于建造完成，这对全校 2652 名年龄在 12～17 岁的学生中约 200 名“女性化男生”来说是件好事。很快，此举便得到了泰国不少中小学的效仿。2008 年 9 月，尼泊尔成为第一个官方承认第三性别者的国家，当时尼泊尔政府给 21 岁女子、异性模仿欲者比诺·阿迪卡里颁发了第三性者身份证。2009 年，印度国家选举委员会决定在选举投票人登记或其他相关表格的性别栏目中增加“其他”性

别选项，以方便变性或跨性别者标志自己的性别身份。2011 年 9 月，澳大利亚在护照性别栏中增加了第三种选择，双性人可以在性别选项上勾选 X，而变性人只要出具医生证明，便可更改护照上的性别选项。2012 年 12 月开始，新西兰的护照上用“X”作为第三性别(即未确定/未声明)，并不需要他们同时更改出生证明和公民文件上的性别记录。在未来，“性变态”的称谓将渐渐消失，取而代之的是一个中性的称谓“性少数”。

资料来源：

(1)《第三性成为正式性别，部分国家已区别对待》，2011 年 9 月 26 日，http://365jia.cn/news/2011－09－26/DD4C9F93279A441E.html.

(2)《第三性别》，http://www.baike.com/wiki/.

一、婚姻制度的构建与性行为管理

人类性行为具有两重基本属性，其一是性行为的自然性，即人类性行为的生物本能；其二是性行为的社会性，即人类性行为应接受社会的规制与管理。历史上关于性行为的规制与管理，更具体地说，关于不同类型性行为方式的美好或丑恶、健康或堕落，关于不同类型性行为方式的管理及其管理手段孰优孰劣等问题的争论可谓旷日持久。婚姻制度、婚姻家庭模式是人类社会对男女两性关系的约束。但在婚姻制度之外，还存在一些现有婚姻制度框架之外的人类性行为，譬如婚外两性行为、同性恋行为、商业性行为(性交易或性服务)等等。

当下社会关于异性婚姻的管理与规制已建立起比较完善的婚姻制度，在此不再赘言。性行为管理的主要问题集中在同性或者第三性等仍受到许多排斥的性少数群体之间，可概括为对性反常行为或者说性少数行为的管理。

在西方，希腊人出于残留的人与动物同质的观念，相信人与动物不但可以性交，还可以生育后代。不过，希腊的哲人却在思索“石头到底有没有思想”的同时，按智慧把人与动物分开。随着罗马帝国的灭亡，基督教继承了此前农业社会长期积累的观念，在性领域中把人与兽绝对对立起来。它用婚姻来框定人的性生活，把任何非婚性生活斥为野兽行为。17 世纪后的工业化初期，出于对人类能力的过分信心和狂热的自我崇拜，人们把人与动物之别视为“大自然的秩序”，坚决反对任何可能把人与动物相混同的性生活。直到 20 世纪初期，现代动物学、人类学等学科揭示了更多的人与动物的相同之处，指出人与动物都是生态与社会大系统中平等并存的组成部分之后，这一观念才开始动摇。从这个意义上说，传统的对于“反常性行为”的判定标准已经被重新考虑。[1]

二、同性婚姻政策的政策环境考察

（一）家庭形式走向变更

在当下社会中，尽管现代文明社会的传统婚姻形式——一夫一妻制仍是世界上最主要的婚姻家庭形式，但在一些国家与地区，一夫一妻的婚姻家庭形式已受到挑战。正如阿尔温·托夫勒在《第三次浪潮》一书中提及的“随着第二次浪潮小家庭失去它的优势地位，某种其他形式将取而代之，相反，我们将看到高度多样化的家庭结构”，在由传统向现代化的发展进程中，家庭模式亦不断产生新的组合。这种变动的背后是一个清晰的理性化的选择过程。事实上，当代社会的家庭形式愈来愈多元化，单亲家庭（指由于离婚、丧偶、收养、采用辅助生殖技术等形成的家庭形态）、丁克家庭（指已婚或同居的二人家庭，配偶共同选择不生育的家庭形态）、同性恋家庭、非婚同居家庭、开放式家庭等构成了高度多样化的家庭结构。[2] 在传统社会学中，家庭被定义为“由两个或两个以上个人通过血缘、婚姻或收养关系结成的一个群体”。在家庭中包括婚姻关系、夫妻关系、亲子关系、代际关系等基本的关系形态。西尔弗斯坦和奥尔巴赫分别界定“家庭”定义中的单个核心概念：其一，传统家庭（traditional family）是有一对父母的核心家庭，丈夫负责生计、妻子负责家务；其二，现代家庭（modern family）是夫妻双方都在外面工作、挣取收入的家庭；其三，后现代家庭（postmodern family）如同性恋家庭、单亲家庭或单身家庭等，它们强调健康的家庭不再需要异性夫妻或是必须有一对父母存在。[3] 总体而言，家庭形式呈现更多元的趋势，一夫一妻制的传统婚姻形式受到多种新型家庭形式的冲击与挑战。

（二）婚姻规定趋向宽松

在婚姻制度诞生之初，它对男性、女性权利的规定并不一致，总的来说，男性所拥有的主动权多于女性，尤其体现在解除婚姻关系上。譬如《汉穆拉比法典》分别规定美索不达米亚社会（前 3500～前 500 年）中丈夫、妻子和家庭本身的利

---

① 参见潘绥铭：《性的社会史》，郑州：河南人民出版社，1998 年，第 34～36 页。

② 参见沈东：《生育选择引论：辅助生殖技术的社会学视角》，沈阳：辽宁人民出版社，2011 年，第 49 页。

③ 参见［美］大卫·诺克斯：《情爱关系中的选择——婚姻家庭社会学入门》，金梓译，北京：北京大学出版社，2009 年，第 16 页。

益关系。第 138 条规定:“倘自由民希望与未为其生育子女的妻子离婚,则应给她相当于她聘金数额之银,并将其从父家带来之嫁妆归还,而后得离弃之。”第 141 条规定:“倘自由民之妻出自自由民之家,而决定弃夫而去,以便从事经营,因此忽视其家,(并且)使其夫蒙羞,则她应受检举。倘其夫决定离弃之,则可离弃之,其夫可不给她任何离婚费。倘其夫决定不离弃之,则可另娶他妇,而此妇应留夫家,作为女奴。”第 142、143 条规定:“倘妻憎恶其夫,而告之云‘你不要占有我’,则由议会调查之,倘她谨慎尽责,并无过错,而其夫经常外出,且对其凌辱备至,则此妇无罪,她得取其嫁妆,归其父家。倘她不够谨慎尽责,只知寻欢作乐,而忽视其家,(并且)使其夫蒙羞,则此妇应投于水中。”①在古代西方社会,尽管各地区的宗教信仰各不相同,但伊斯兰教、基督教都强化了父权社会结构。在欧洲古代社会,离婚权只属于男性。古罗马法实行单意的离婚原则:丈夫欲离其妻,则以卖主身份,由第三者假为买主,举行买卖仪式,便为离婚生效。而在中世纪的欧洲,天主教严禁离婚,但天主教承认“别居制度”,即“床桌离婚”:如果夫妻因感情破裂无法同居,可以在食宿方面分开。直到 15、16 世纪新教指出婚姻是世俗之事,教会法庭和特别法院才限制性地允许具备法定离婚理由的夫妻离婚。离婚的法定理由包括:一方与他人通奸、一方对另一方恶意遗弃,以及后来增加的虐待、重婚、犯罪等。其后直至 20 世纪七八十年代,意大利、西班牙、爱尔兰等国家才由政府主体颁布实施离婚法,离婚法的进一步改革推动夫妻双方无过错离婚的实现。② 从极大地限制甚至剥夺女性的离婚权,到禁止离婚的宗教传统,再到部分限制性地允许离婚,最后演变为基于夫妻双方意愿实现夫妻双方无过错离婚,婚姻规制更显宽容。

(三)复杂的社会婚姻价值观念

关于同性婚姻的争论脱离不开关于婚姻的目的以及同性恋的道德状态的争论。正如亚里士多德提醒我们的,要讨论一项社会制度的目的,就要讨论它所尊敬和奖励的各种德性。关于同性婚姻的争论,在本质上就是这样一个争论——男女同性恋的结合,是否值得拥有在我们这个社会中由政府认可的那些婚姻所

---

① James B. Pritchard(1955), *Ancient Near Eastern Texts Relating to the Old Testament*. Princeton: Princeton University Press, pp. 171-172.

② 参见樊新民:《生育革命:对基因工程时代人类选择生育的社会学探讨》,北京:中国社会科学出版社,2003 年,第 148、149 页。

具有的荣誉和认可。[①] 社会与公众对于婚姻价值观念认知的变化是同性婚姻政策的重要影响因素。

盖洛普民调对1996、2010、2013年美国民主党、共和党、无党派群体，自由主义者、保守主义者、中立者，以及18～29岁、30～49岁、50～64岁、65岁以上的群体关于同性婚姻合法的观念调查数据显示，不同的政党观念或派别以及不同的年龄组对于同性婚姻合法的支持率各不相同。表4-1数据显示，2013年民主党（对同性婚姻合法）的支持率为69%，高于无党派（58%），而无党派（对同性婚姻合法）的支持率又远高于共和党（26%）；自由主义者对同性婚姻合法的支持率达到80%，高于中立者（60%），保守主义者的支持率仅为28%；从年龄层来看，对同性婚姻合法的认可度随着年龄的增长而呈反比下降。尽管各群体关于同性婚姻合法的认可程度存在差异，但总的来说（图4-1），从1996～2013年，越来越多的美国人认为“同性伴侣之间的婚姻应被法律认可有效，并具有与传统婚姻同等的权利”，人们对于同性婚姻合法有效的支持率持续上升，而认为同性婚姻无效的比率持续下滑。表4-2的数据则进一步指出，最有可能支持同性婚姻的群体一般倾向于持有“同性婚姻既不伤害也不造福社会”的观念。也就是说，支持同性婚姻合法有效的群体并不一定认为同性婚姻政策将有利于社会发展，而是认为同性婚姻政策不会对社会有害。这主要基于自由主义观念，即人们有权做他们想要做的，只要不伤害他人。反对同性婚姻合法的群体则认为同性婚姻对社会不利。

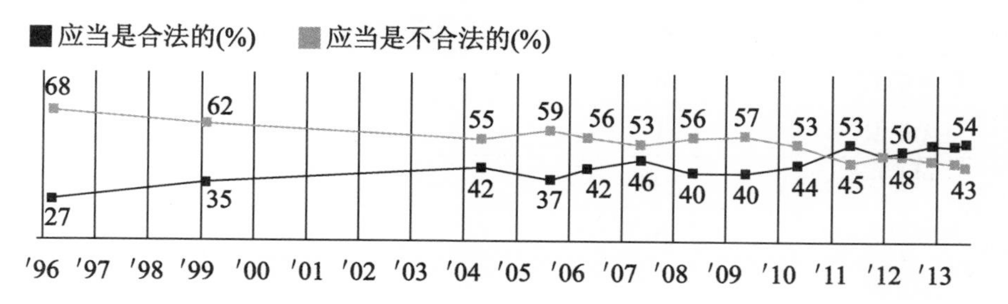

图4-1 同性伴侣之间的婚姻是否被法律认可有效的调查

① 参见[美]迈克尔·桑德尔：《公正该如何做是好》，朱慧玲译，北京：中信出版社，2012年，第290～295页。

表 4-1　　1996、2010、2013 年不同的政党派别、年龄组对同性婚姻合法的支持率

	同性婚姻合法的支持率 1996(%)	同性婚姻合法的支持率 2010(%)	同性婚姻合法的支持率 2013(%)	变化 1996～2013(pct. pts.)
所有美国人	27	44	53	+26
政党派别				
民主党	33	56	69	+36
无党派	32	49	58	+26
共和党	16	28	26	+10
自由主义者	47	70	80	+33
中立者	32	56	60	+28
保守主义者	14	25	28	+14
年龄				
18～29 周岁	41	52	70	+29
30～49 周岁	30	53	53	+23
50～64 周岁	15	40	46	+31
65 周岁以上	14	28	41	+27

表 4-2　　各群体关于“同性婚姻对社会的影响”的不同观念

	变得更好(%)	无影响(%)	变得更差(%)
民主党	30	45	23
无党派	19	44	34
共和党	6	28	65
自由主义者	37	47	14
中立者	23	45	31
保守主义者	4	31	63
18～29 周岁	33	43	22
30～49 周岁	20	39	39
50～64 周岁	12	39	46
65 周岁以上	11	39	48

资料来源： Jeffrey M. Jones，“Same-sex Marriage Support Solidifies Above 50% in

U. S. : Support Has Been 50% or Above in Three Separate Readings in Last Year,"http://www.gallup.com/poll/162398/sex—marriage—support—solidifies—above.aspx.

（四）性活动与性行为认知的变化

在《斐德罗篇》中，苏格拉底谴责对那些脆弱到不能暴露在阳光之下、涂脂抹粉、装饰打扮的娇弱男孩给予爱抚。这里显示出对任何有意放弃男性角色的特征和特权的行为的反感。[①] 这可以说是最早的关于"性错乱"这一性少数行为的否定和贬低。在古代文化甚至近现代文化中，人们认为性行为就是"男性的"射精的方式，并与冲动、消耗和死亡密切相关。性行为从一开始就被解释成一种激烈的机械行为。人们认为性行为引起过度消耗，但同时认为性行为是获得新的生命从而成为人类逃避死亡的一种方法。[②]

从基督教有关肉体的教义中，可以发觉对性行为的不由自主的冲动、性行为与罪恶的亲缘关系，以及性行为在生死游戏中的地位的描述。教士守则根据一套精确的历法和具体的性行为形态学规定了性行为管理的法则。有关婚姻的教义赋予了性行为的生育目的以双重作用：一是保证上帝的臣民的生存或繁衍，二是使人们免于因沉湎于性活动而使自己的灵魂陷入永恒的死亡之中。这是对性行为、时机和目的的法律道德的规范化，它使一个具有消极因素的活动合法化，并把这种活动纳入宗教体制和婚姻体制的双重秩序之中。换言之，只有在祭祀和合法生育的时间里，所进行的性活动才能免于罪责。[③]

福柯所谓的"古代异端的性道德"和"基督教的性道德"存在三种主要对立：性活动的本质、一夫一妻制、同性恋的关系。关于性活动的价值，基督教把它与恶、罪、死亡联结在一起，而古代则赋予它肯定的意义；关于合法配偶的限定，基督教不同于希腊或罗马社会的做法，它只在一夫一妻制的范围内接受配偶的合法性，而且认为夫妻关系是以生育为目的；因为同性个体之间的性关系的不名誉性，基督教严格地排斥它们，而希腊则赞美它们，罗马则接受它们，至少对男人之间的性关系是如此。[④] 从公元前 4 世纪起，性的本质被描绘为"性活动本身是极其危险和代价高昂的，它与生命实体的丧失密切相关"，性关系的模式被固化为

---

① 参见[法]米歇尔・福柯：《性经验史》，佘碧平译，上海：上海人民出版社，2000 年，第 133 页。

② 参见[法]米歇尔・福柯：《性经验史》，佘碧平译，上海：上海人民出版社，2000 年，第 220～230 页。

③ 参见[法]米歇尔・福柯：《性经验史》，佘碧平译，上海：上海人民出版社，2000 年，第 232 页。

④ 参见[法]米歇尔・福柯：《性经验史》，佘碧平译，上海：上海人民出版社，2000 年，第 128 页。

配偶双方一律戒除一切婚姻之外的性快感。[①]

"同性恋"作为一种术语最早由海弗劳克·埃利斯提出,埃利斯被誉为当代性问题态度的创始人。在那之前,社会上没有专门表示同性恋的词汇,人们只能用罪孽或疾病来表示同性恋的状态。埃利斯认为所谓"异常的"性表现只不过是"正常的"性心理机制的变异,它们之间的差别仅仅是个程度问题。1885 年刑法修正案中一项条例规定,除了鸡奸以外,男子之间的一切性活动都被宣布为"下流的有伤风化的"行为,最高可配惩以两年苦役。[②] 对同性恋行为的认知先后经历了将同性恋视为邪恶与罪恶——将同性恋视为犯罪行为——将同性恋视为一种精神疾病——将同性恋视为与异性恋不同的生理类别——将同性恋从精神疾病中删去——将同性恋视为正常的性形态与性权利的过程。

三、若干国家的同性婚姻政策检视

西方社会对同性恋行为的管理,随着社会治理模式的嬗变,经历了将同性恋视为"合法"但不平等的社会现象、排斥同性恋行为、再到寻求同性恋行为的合法与平等地位等多个历史阶段。

第一阶段:古希腊与古罗马时期,社会尊重社会成员的性习惯与性风俗,并认为男性比起女性更加值得爱恋,因此社会并不排斥男性间自愿的同性恋行为,甚至在一定程度上推崇成年男子与少年的爱。古希腊、古罗马社会对待男、女同性恋的态度不同,他们对待性向的基本观念基于男性优于女性这一预设,呈现出性错乱(例如娘娘腔、异装癖)状态的男同性恋者以及女同性恋者不受推崇。

第二阶段:到罗马帝国晚期,基督教开始摆脱原先的异教地位。基督教教义奉行禁欲主义,将一切非婚性行为、非生育性行为视为邪恶与异端,罗马帝国的世俗统治者亦将同性恋定为一种犯罪行为,诸多惩罚同性恋犯罪的法律在此时出台。直到 1789 年法国大革命时期,国家与政府才首次在刑事法典中排除基督教关于同性恋行为的宗教影响。

第三阶段:以沃尔芬登报告为分界线,社会群体再度承认个人的性行为自由,不再将同性恋视为犯罪。在当代社会的许多国家中,同性婚姻已经合法化,有更多的国家承认同性缔约、同性同居的合法性等。国外同性婚姻立法的概况

---

① 参见[法]米歇尔·福柯:《性经验史》,佘碧平译,上海:上海人民出版社,2000 年,第 323 页。

② 参见[英]杰弗瑞·威克斯:《20 世纪的性理论和性观念》,宋文伟、侯萍译,南京:江苏人民出版社,2002 年,第 36 页。

分为三类：第一，同性婚姻合法化；第二，虽不承认同性婚姻，但认可同性之间的民事结合；第三，完全禁止同性婚姻，并否认同性恋者之间的民事结合。

第一类立法允许同性婚姻。允许同性婚姻，承认同性婚姻合法，将同性之间的婚姻与性行为纳入婚姻制度的框架内，并以法律形式保障同性恋者以及同性婚姻者的合法权益。2001 年 4 月，荷兰成为第一个法律认可同性婚姻的国家。2003 年 1 月，比利时成为世界上第二个承认同性婚姻合法的国家，但比利时的法律不允许同性家庭收养孩子。[1] 荷兰与比利时的共同之处在于认可同性婚姻合法。

第二类立法允许同性结合。1989 年《家庭伴侣法》的颁布使丹麦成为第一个认可同性结合、允许同性伴侣进行登记的国家。2000 年美国佛蒙特州允许同性伙伴之间的公民结合（Civil Union），成为美国第一个认可同性结合的州。2002 年，挪威、瑞典、冰岛、德国、法国和瑞士认可同性结合登记注册，赋予其大部分传统上异性家庭所享受的权利。[2] 2004 年，新西兰通过民事结合法（Civil Unions），使得同性同居人享有与结婚者相同的财产权。

第三类立法禁止同性婚姻。一些国家在本国内尚未实现同性婚姻合法化，但对国外依法登记的同性婚姻表示认可，例如以色列。一些国家不仅在本国内禁止同性婚姻，还排斥在其他国家合法登记的同性婚姻；即便同性恋者在国外达成婚姻契约或实现民事结合，在其国内也不予承认，例如澳大利亚等国家或地区。

第四节 生命的终止：死亡行为管理

死亡可以说是每个人进行自主选择的最后领域，无论人的死亡发生在何时何地，也无论死者的贫富贵贱。在这个意义上，死亡权是最后的、也是最终的人权。关于死亡权的合法性辩论已在世界各地纷纷展开，学者、政府官员、社会学家、政治学家、社会公众等主要集中探讨如下问题：人能否自由地选择终止自己

---

① 参见沈东：《生育选择引论：辅助生殖技术的社会学视角》，沈阳：辽宁人民出版社，2011 年，第 44 页。

② 参见沈东：《生育选择引论：辅助生殖技术的社会学视角》，沈阳：辽宁人民出版社，2011 年，第 44 页。

的生命存在，可否自由决定终止生命的方式，以及通过何种途径实现人的死亡权利……这些问题的实质涉及人的死亡权利的实现及人的死亡权利的限度。

随着医学技术尤其是临终护理技术的发展以及安乐死技术的进步，人类社会关于安乐死行为的认知不断深化，在安乐死问题上面临愈来愈多的伦理争辩。

案例　美国特丽·夏沃案(1998～2005年)：几经反复的死亡权之争

1990年2月，家住美国佛罗里达州圣彼得堡的特丽·夏沃(Terri Schiavo)因事故陷入脑死亡状态，医院诊断其为永久性植物人，只能依靠进食管维持生命。1998年，特丽的丈夫兼监护人迈克尔·夏沃向佛罗里达州第六巡回法院申请对特丽实施安乐死，但特丽的父母坚决反对并要求对特丽的监护权。2001年法院支持迈克尔的诉讼请求，判决拔出特丽的进食管，但由于反对者上诉，特丽·夏沃的进食管又被插上。从佛罗里达州第六巡回法院到上诉法庭再到美国最高法院，特丽·夏沃案共上诉14次，联邦法院为该案5次开庭。在长达七年的时间里，特丽的进食管两度被拔除，然后又被重新插上。2005年3月18日，法院第三次裁决拔掉特丽的进食管。3月21日美国国会召开会议，作为多数派的共和党议员通过一项紧急法案，允许特丽的父母请求联邦法官延长特丽的生命，并要求联邦法院重新审理此案。然而美国国会和总统的介入没有改变联邦法院的立场，2005年3月31日，在特丽的生命维持系统被移除13天后，特丽死亡。

2003年10月24～26日，针对特丽·夏沃案的决议，美国盖洛普民意调查(Gallup Poll)提问："当病人因不可逆的脑损伤成为植物人，法律能够允许他/她的配偶作出最终决定，以无痛苦的方式结束该病人的生命吗？"数据表明，80%美国人认为她的配偶有权决定是否终止病人的生命。他们认为个人权利应该被置于国家和政府的干预之上，个人有权决定如何最好地珍视生命：可以选择继续在没有知觉的状态下活着，或者彻底结束医疗帮助。

资料来源：

The Terri Schiavo Case in Review：Support for Her Being Allowed to Die Consistent，April 1，2005，http://www.gallup.com/poll/15475/Terri—Schiavo—Case—Review.aspx.

案例简析：

特丽案引起一系列关于生物伦理学、安乐死、监护权、死亡权的广泛争议。在特丽案中，美国法律所面临的困境包括法律与道德两个层面：第一，在法律层面，配偶与父母，谁拥有对特丽·夏沃的生命作决定的优先权？通常情况下，配偶先于父母，成为病人的监护人。第二，在道德层面，因病人失去康复的希望而由司法判定可以放弃生命，这一决定是否符合道德？卡伦·昆兰、南希·克罗珊、特丽·夏沃等案例的相似点在于：病人均陷入明显的不可逆转的脑死亡状态，他们从无意识状态恢复的可能性极低；诉讼双方的诉求聚焦在是否撤除病人的生命维持系统，其中牵涉诉讼双方谁拥有对病人的监护权（是病人婚姻对象，还是病人父母）、能否满足病人生前明示过的“有尊严的死”的诉求，撤除生命维持系统让病人死亡或者相反是否违宪。

一、人类社会对自杀行为的认知与应对

自人类诞生以来，人类对于延续生命、绵延种族的需求就未曾消弭过。前工业社会的早期，人们借助于巫术寻求超自然力量的帮助，当社会成员生病或者濒临死亡时，试图以祝祷、驱恶的形式扭转人的死亡。历代的统治者追求“万岁”，社会成员妄图寻找长生不老的迷药，均是人们想要跳出死亡的轮回、规避生命终止行为的表现。囿于生产力水平与技术水平的限制，人们至今尚未真正实现长生、永生。另一方面，对于人们能否主动终止自己的生命这一问题的回答尚未统一。

（一）人的死亡权利与人的自杀行为

早在狩猎时期，人们就产生了对生命的热爱和对死亡的恐惧。人首先关心的不是生命如何产生而是如何避免死亡，他们只把生命当作一种简单事实来接受。① 人的死亡是一个人生命的谢幕。传统上，人的死亡方式包括自然死亡与非自然死亡两大类，后者又分为自杀、他杀及意外死亡三种。自然死亡，指符合生命和疾病发展规律，即我们常说的生老病死之规律，没有暴力干预而发生的死亡。非自然死亡，是指由于生命或疾病自然发展规律以外的因素干预而提前发生的死亡。② 其中，自杀涉及个人的死亡权与社会管理之张力问题，因而受到较多关注。涂尔干提出，“任何由死者自己完成并知道会产生这种结果的某种积极或消极的行动直接或间接地引起的死亡”均应被视为自杀。③ 根据这个定义，由当事人自己完成，或者当事人无能力完成、但征得当事人同意后而由他人协助完

① 参见潘绥铭：《性的社会史》，郑州：河南人民出版社，1998年，第252页。
② 参见温静芳：《安乐死权研究》，吉林大学博士学位论文，2008年。
③ 参见[法]埃米尔·迪尔凯姆：《自杀论》，冯韵文译，北京：商务印书馆，1996年，第11页。

成的安乐死均应属于自杀行为。

死亡权涉及诸多复杂问题，这些问题有可能导致重大社会变革，甚至重塑人类未来社会。死亡权利的支持者们认为，根据文明社会的要求，生命是否在任何情况下都是神圣不可侵犯的，或者说，在文明社会，人们是否可以自由地决定自己的命运，其中就包括他们最基本的特权，即自由地选择停止存在。[①] 死亡权利的反对者们则认为，人为地支配死亡进程是对上帝领域的亵渎，他们担心死亡权运动引发社会道德滑坡，并可能滑向一种新形式的国家优生学计划：身体残缺者、病患者可能被列入“清除”计划，以节约医疗社会资源。目前世界上有很多国家和地区已经或曾经通过医生使自杀合法化。尤其是在美国，支持者将死亡权推向公民投票以及提交州的立法机构。俄勒冈州和华盛顿州宣布医助自杀合法，纽约州也试图使医助自杀成为一项宪法权利。[②] 关于死亡权利的争论可谓众说纷纭，而现实践履中一些国家关于死亡权合法性的承认实际上已走在了死亡权理论之前。

（二）安乐死：生命终止的新形式

安乐死是自杀的特定形式之一。尽管目前对“安乐死”的定义和分类相对混乱，但学者们基本认可安乐死大致可以分为主动安乐死与被动安乐死、自愿安乐死与非自愿安乐死等类型。主动安乐死如自己注射药物致死，被动安乐死如在征得本人或亲属（亲属能否决定在各国有不同规定）的同意下，由医护人员停止运行维系其生命的医疗设备而致死。自愿安乐死是指当事人愿意并申请、实施的致死行为，非自愿安乐死是指失去行为能力的人由他人（如亲属）申请、实施的致死行为。由于对安乐死这一概念的界定、范畴等尚不统一，关于安乐死行为管理的研究与探讨显得零散、混乱。在历史上，曾出现假托“安乐死”之名的大屠杀，即希特勒实施的“安乐死项目”（又被称为“T－4 计划”）。希特勒所实施的“安乐死项目”与现代意义上所说的安乐死截然不同，其实质是谋杀。针对特定种族、特定人群，如对精神病患者、智力低下者等无完全民事行为能力的人实施的“安乐死”，有将人的生命价值相对化之嫌，应将其排除在安乐死的定义之外。据此部分学者认为，安乐死的实施对象应限于身患绝症、濒临死亡、正在忍受疼痛和痛苦、具有完全民事行为能力的人。[③] 这一界定对安乐死行为作出较精确

---

① 参见吕建高：《死亡权及其限度・导言》，南京：东南大学出版社，2011 年，第 3 页。

② 参见吕建高：《死亡权及其限度・导言》，南京：东南大学出版社，2011 年，第 3 页。

③ 参见温静芳：《安乐死权研究》，吉林大学博士学位论文，2008 年。

的限定。

20世纪30年代，欧美各国就有人积极提倡安乐死。美国成立了“无痛苦致死学会”，英国成立了“主动安乐死合法化协会”。瑞士早在1937年就制定了可以帮助自愿安乐死的人的法律。然而，第二次世界大战期间，纳粹德国对安乐死进行歪曲和滥用。1939年春天，希特勒决定杀掉所有有生理缺陷和身体畸形的儿童。随后他又将安乐死的范围扩大到精神不正常的成人。此后，安乐死在纳粹德国的肆虐下，演变为屠杀犹太民族、斯拉夫民族和其他民族的手段。有20多万人死于纳粹德国的“安乐死中心”。希特勒所施行的“安乐死计划”实质是谋杀，是违反当事人意愿的致死事件。正因为纳粹对安乐死的歪曲性的滥用，致使有关安乐死的讨论沉寂了许久。20世纪60年代，随着医药科学的进步，生活水平的提高，安乐死才又重新成为人们讨论的热门话题。[①] 人们对于安乐死行为的认知水平不断提高，到了提倡生物多样性和社会多元化的今天，越来越多的社会公众意识到安乐死是一种新的终止生命的形式，并积极思索安乐死合法化的可能性。

二、安乐死行为管理的政策环境论析

(一)技术因素：医疗技术的进步以及医学维度上的死亡标准判断的变化

医疗技术的飞速发展迫使人们承认，由生而死的濒死过程已经不再是一种自由安宁的简单过渡，它截然不同于我们的祖父母和曾祖父母们的经历。现实的情形可能是，我们需要花费最后的几个月、几个星期或者几天时间住在加护病房，让自己束缚于监控器、医疗器械、导管和维生性随身工具。对许多人而言，死亡并不是平静地结束生命，而是对生命的一种粗暴且残忍的破坏。有时，旨在延长生命的某些器械只不过延长了人的死亡过程。[②] 那么生命维持系统究竟发挥了何种作用？以呼吸机这一医疗器械为例，呼吸机从20世纪60年代开始被用于医学临床，到1975年已经普遍应用于急诊和创伤病例。[③] 呼吸机的出现在一定程度上改变了医学关于“死亡”的定义。始于1975年的卡伦·昆兰案中，帮助她在脑死亡的情况下正常呼吸并防止呕吐物反流进入肺而引起肺炎的医疗器械

---

① 参见吴兴勇：《论死生》，武汉：湖北人民出版社，2011年，第242页。

② 参见吕建高：《死亡权及其限度·导言》，南京：东南大学出版社，2011年，第1、2页。

③ 参见[美]格雷戈里·E.彭斯：《医学伦理学经典案例》，聂精保、胡林英译，长沙：湖南科学技术出版社，2010年，第29页。

正是呼吸机。在一定程度上，呼吸机的存在改变了人们对死亡的定义。

（二）价值因素：对于死亡权以及安乐死行为的认知水平的提高

死亡是个人选择的最后领域，死亡权运动可以说是最后的人权运动。死亡权的实现将导致一场重大的社会革命，其涉及的对象包括医疗行业、宗教团体、生命伦理学家、律师、哲学家，当然，也包括我们这些现在或未来的病人。然而，对死亡权运动的反对者而言，他们也有重大的利害关系。他们认为，人为支配死亡进程意味着对上帝领域的侵犯，它还严重违反了医疗职业的道德操守及其古老的“不伤害”誓言。日益增加的反对者团体甚至担心，医助自杀的合法化可能标志着社会的道德滑坡，而且可能滑向一种新的国家优生学计划，根据该计划，精神和身体残疾者会发现自己是一个遭人讨厌的受害者。[①] 历史上曾经因为政府对于安乐死行为的理解与实践的误区而导致的悲剧，其中最臭名昭著的是纳粹政权实行的“T－4”安乐死项目。实际上，这一安乐死计划只是纳粹政权实施种族灭绝的“遮羞布”。

（三）社会公众关于安乐死合法性的支持程度的变化

20 世纪早期以来，美国和英国就对死亡权问题展开民意调查。在 20 世纪 30 年代后期，来自美国公众意见协会和盖洛普民意调查的数据表明，美国人对“无痛苦致死术”（即安乐死）的支持率高达 39％～46％。几乎与此同时，在英国举行的民意调查显示，英国公民对安乐死的支持率几乎高达 70％。然而美国人对安乐死的支持率在 1947 年骤降至约 37％，可能的影响因素是“二战”期间纳粹德国在德国及其占领国实施的所谓“T-4”安乐死项目。[②] 此后，随着社会对个性和多元化发展的倡导，人们对死亡权的认知日益清晰，对于安乐死行为给予了更多的理解。

三、若干国家的自杀与安乐死政策检视

关于卡伦·昆兰（Karen Quinlan）、南希·克罗珊（Nancy Cruzan）、特丽·夏沃（Terri Schiavo）等相关安乐死案例的广泛讨论，使社会公众直面那些原本只需医疗工作者尤其是临终病人护理者面对的问题：当病人因脑干功能受损而无法自主呼吸，必须依靠医疗机器才能保持其躯体的生存时，可以视其为死亡

---

① 参见吕建高：《死亡权及其限度·导言》，南京：东南大学出版社，2011 年，第 1、2 页。

② 参见吕建高：《死亡权及其限度》，南京：东南大学出版社，2011 年，第 17 页。

吗？在决定医疗干预是有效治疗还是一种折磨时，家属的权利是什么？主动协助病人死亡与不给予延续其生命所必需的医疗措施而致其死亡在道德上有何区别？[①] 这些问题涉及判断人的生命是否终止的相关概念与伦理标准，例如脑死亡、呼吸死亡等人的死亡标准，也关涉作为“最后的人权”的死亡权及人濒死过程中涉及的其他具体权利的应用，还指向相关主体的权益，例如在撤除维系病人生命的必要硬件时面临病人、病人亲属、医生三元主体的不同意见应以何方主体的意见为最优？

不同的国家与地区的法律对安乐死的态度有很大差异。在欧洲，荷兰和比利时是安乐死全面合法化的两个国家，而奥地利、丹麦、法国、德国、匈牙利、挪威、斯洛伐克、西班牙、瑞典和瑞士 10 国允许被动安乐死，即只准许终止为延续个人生命而治疗的做法。希腊和波兰两国则禁止安乐死。在安乐死立法的历史发展过程中，美国、澳大利亚、荷兰的立法具有标志性意义。

（一）荷兰：有罪免刑制度设计

荷兰通常被认为是对安乐死的态度最为宽容的国家。2001 年 4 月，荷兰上议院以 46 票赞成、28 票反对、1 票弃权通过了安乐死法案。荷兰《依请求终止生命和协助自杀（程序审查）法》指出：“这一法律是为遵守了法定适当关心要求的医生应病人要求终止其生命或协助其自杀创造免于刑事责任的条件，以及提供法定公告和审查程序。”该法律仅规定了一系列严格的申请、审查和执行程序，凡是按此种程序实施的医生协助自杀或安乐死都能免于刑事责任追究。

（二）比利时：无罪无刑制度设计

比利时是继荷兰之后第二个以法律形式准许实行安乐死的国家。2001 年 10 月，比利时参议院批准了安乐死法案。比利时《安乐死法》第 3 条规定：“如果医生是基于以下条件帮助实施了安乐死不认为是犯罪：病人已达到法定成年或自立的未成年人，且在做出安乐死请求时有能力和正常的意识；安乐死的请求是自愿的而不是屈从于外力压迫的结果；病人处于医治无效的状况，导致病人因疾病或其他事件带来的严重的无法忍受的身心失调。”[②]相较于荷兰，比利时更进一步，认为在一定的限制条件下医生帮助病人实施安乐死的行为是无罪的。

无论是“有罪免刑”的制度设计，还是“无罪无刑”的制度设计，不管以公权力

---

① 参见[美]格雷戈里·E. 彭斯：《医学伦理学经典案例》，聂精保、胡林英译，长沙：湖南科学技术出版社，2009 年，第 28 页。

② 温静芳：《安乐死权研究》，吉林大学博士学位论文，2008 年。

为主导的社会主体是否承认安乐死的合法性，这两种制度设计的共同点都在于，不追究帮助他人施行安乐死者的刑事责任，这意味着在荷兰、比利时等国，只要符合法律的相关规定，安乐死在事实上就是受允许并且受到法律保障的。目前关于安乐死行为的合法性论争，多数国家没有回应；而社会成员对于安乐死合法性的诉求却在不断增强，为此他们选择去安乐死合法的国家寻求帮助，在一定程度上推动了跨国“死亡旅游”的兴起与发展。公权力主体须回应个体的安乐死诉求，规定个体采取安乐死行为的条件与必要的程序，以引导、约束与规范安乐死行为。

第五节　生命的再造："定制生命"行为管理

“定制生命”这一概念常与“优生”相关联，要想科学地界定“定制生命”概念，首先必须厘清“优生”“优生学”等相关概念。作为生命控制技术的理论支撑的优生学一直都负载着道德上的是非，但优生并不等于优生学，优生思想的出现可谓源远流长，在古代文献中能够搜集到鼓励优秀者生育、禁止残缺者生育以及剥夺老弱病残者生命的历史资料，而“优生学”这一概念的提出则是在19世纪下半叶达尔文的进化论与孟德尔的遗传学说产生之后。在这两个学说的影响下，高尔顿提倡按照男女所处的阶层建立一个体系，以安排他们的婚姻，目的在于制造大量的天才儿童以最终改善英国人口质量。

高尔顿将优生学定义为：在社会控制下，全面研究那些能够改善损害后代在体力上或智力上的种族素质的多种动因。优生学最初的用意在于通过人为的方式来控制生殖活动，从而改善整个族群的基因品质，提高人口质量。然而，早期的优生学者往往把社会现实与生物学现象混为一谈，过分强调智能的遗传性，注重民族优劣的比较，以致不自觉地陷入血统论的歧途。[①] 在20世纪初期的美国、20世纪中叶的德国均发生优生学实践上的悲剧，德国纳粹政权以“优生”为名的种族屠杀令人警醒，甚至引起人们对“优生”这一名词和优生学的排斥。

一方面，优生节育可视作通过人为方式筛选更加优秀的子嗣后代，凭借制造者的意志获取具备某种特定素质的子嗣后代，属于定制生命行为管理；另一方

① 参见邹寿长：《优雅的生——人类辅助生殖技术的伦理思考》，湖南师范大学博士学位论文，2003年。

面,优生节育尤其是针对特定群体或少数群体的绝育,可视作控制人类生育行为的手段,属于生育行为管理。将历史上的优生节育政策列入定制生命行为管理的范畴而不是生育行为管理的范畴,出于以下两个原因:第一,进入文明社会以来,人们已经认识到性生活与生育两者之间的关联性,现代生殖技术的发展使性与生育分离能够成为现实,这是确认优生节育作为定制生命行为管理的前提条件;第二,优生更多地表现为对遗传性因素的重视,优生所限制的是阶级身份、社会地位、生理机能等等,而不是主要对生育子女的数量、间隔进行控制。

案例　英国"定制婴儿"与"安吉丽娜·朱莉的选择":定制人类之可能

尽管目前大多数国家都明确反对将转基因技术用于人类胚胎,但许多科学家坚持认为在未来二十年内转基因人类将成为现实。他们认为,通过转基因技术能够制造出更聪明、更强壮、更能抵御疾病的新兴人类。

定制人类伴随着不可忽视的风险与道德问题,这点已成为社会成员的共识,然而仍有许多人类遗传实验正在进行中。早在2009年3月,美国著名生育专家杰夫·斯坦伯格博士就宣布,他的生育诊所将推出一项匪夷所思的"定做婴儿"业务——父母将可以"定做"一个自己想要的"完美婴儿",随意下单挑选宝宝的性别、头发、眼睛、甚至皮肤的颜色。而在此前,英国伦敦的一对夫妇为使其后代免于家族遗传乳腺癌、卵巢癌的困扰,求助于伦敦大学学院医院,技术人员通过"植入前基因诊断技术"选取不携有BRCA1基因(携带BRCA1基因的人,罹患乳癌或卵巢癌的几率高达50%~80%)的胚胎植入母体,后正常发育为"无癌宝宝"(cancer-free baby)胎儿。2009年1月9日,"无癌宝宝"降生在伦敦。更进一步的案例是,2013年5月,全球首例接受全基因组筛查的试管婴儿康恩·莱维出生在美国:早在受精胚胎阶段,这位"定制婴儿"胚胎因在其父母提供的一批受精胚胎细胞中基因最优"脱颖而出",被牛津大学生物医药研究中心的实验人员选中,成为培养对象,并最终诞生为一个健康的婴儿。而在2013年6月29日,美国新泽西圣芭芭拉生殖医学和科学研究所的科学家们宣布已培育出世界首批"转基因婴儿",美国洛杉矶诊所更是声称可以根据客户需求定制婴儿的性别以及身体特征,并打出"想要金发碧眼的女婴么?我们能办到"的广告。转基因婴儿与普通婴儿的区别是,他们不仅仅具有父系和母系的基因,还具有其他人的基因:对两名婴儿的基因指纹测试证明他们遗传了三名成年人的DNA——两个女人和一个男人。婴儿继承了额外的基因意味着未来他们也能将这些"优良"

的遗传基因传递给自己的后代。

然而，实际上，转基因技术（包括基因筛检、基因改良技术等）并不总是带来福音：它将人类生活中的不确定性转变为确定性，将风险社会中的未知转变为可知，而这将涉及人生的重大抉择。2013 年 5 月 14 日，安吉丽娜·朱莉在《纽约时报》上发表其公开信《我的医疗选择》，自爆为降低罹癌风险已接受预防性的双侧乳腺切除手术。通过基因测试，安吉丽娜·朱莉被测出携带 BRCA1 基因（这是在 1990 年发现的一种直接与遗传性乳腺癌有关的基因，位于人体细胞核的第 17 号染色体。除了 BRCA1，在人类的第 13 号染色体上还存在着一种 BRCA2。这两种基因原本的作用是抑制癌变，但一旦结构发生突变就会失去作用）阳性，这代表着她患乳腺癌和卵巢癌的几率大幅度增加，分别为 87%和 50%。为了不让孩子过早地失去母亲，安吉丽娜·朱莉决定通过手术切除乳腺。

资料来源：

(1)孙孟：《如同组装电脑一样方便——"定做婴儿"：性别肤色随你挑》，2009 年 3 月 4 日，http://health. sohu. com/20090304/n262586577. shtml.

(2)张伟、刘旸：《告别癌症基因，英国"无癌宝宝"诞生接受伦理挑战》，2009 年 1 月 21 日，http://news. 163. com/09/0121/09/505VLR6R000120GU. html.

(3)《"定制婴儿"能取代自然选择吗?》，2013 年 7 月 26 日，http://opinion. people. com. cn/n/2013/0726/c159301－22332219. html.

(4)严炎、刘星：《美国科学家宣布培养出世上第一批转基因婴儿》，2012 年 7 月 3 日，http://tech. ifeng. com/discovery/life/detail_2012_07/03/15733113_0. shtml.

(5)李丽：《安吉丽娜·朱莉：态度基于母性的选择》，2013 年 5 月 17 日，http://ent. sina. com. cn/s/u/2013－05－17/14523923058. shtml.

案例简析：

检测、筛选、修补出人体内的"缺陷基因"，这些早期科幻小说中的场景正成为现实。不管是定制婴儿的案例还是安吉丽娜基因筛选的案例，其问题的焦点都在于：人能否从人类的自然选择进化，转向人类的人工选择进化？人能否变成真正完美的人？定制人类有没有限制？

一、理解定制生命：实质、争议与实践

从新闻媒体及学术期刊上看，早在植入前遗传学诊断技术（PGD）出现时，便有人宣称"定制婴儿"问世。2009 年《英国邮报》报道的"无癌宝宝"——胚胎形

成后接受是否携带 BRCA1 基因筛检以确保此胚胎不具癌症基因，即为此例；在线粒体基因置换技术（MGR）出现后，又有人将三亲婴儿称作“定制婴儿”。其实，植入前遗传学诊断技术的作用与产前诊断技术相似，可用来检测胚胎是否携带遗传疾病基因；线粒体基因置换技术则是将两个卵细胞的体细胞加以置换，使一个新形成的卵细胞具有三个人的遗传基因，这一改变是为了防止线粒体遗传疾病的发生。这两种技术其实并不能带来真正的定制婴儿。从遗传学、生物学的视角来看，所谓的“定制婴儿”应是根据人们的生育选择与需要，例如改变肤色、去除某一特定的已知遗传疾病的基因片段并采用健康基因片段来进行修补或置换，将胚胎中某一致病或携带遗传疾病的基因片段“切除”，连接健康、“完美”基因，对婴儿按照我们希望的那样进行具体的、“完美的”设计，即按照最佳的基因组合形成“完美婴儿”。[①]

随着人类基因组测序工作的陆续完成，后基因组时代已悄然到来。在遗传学与生物学意义上，人类认知自我的程度与技术水平不断提高。现有生物技术水平已能部分地实现切割、拼接和重组人的遗传基因，在一定程度上控制了人的遗传性状。基因工程技术的日臻完善，为改良、优化人类基因带来可能。生物技术的进步与婚姻、家庭观念和生育方式正在趋向一个交叉点，即生物技术的进步要进入婚姻、家庭领域，解决婚姻、家庭中的问题；而婚姻、家庭的演变越来越需要生物技术解决发展中的问题。[②] 遗传学家与生物学家设想在未来数年内可能发生的情境：在胎儿出生的生产线上，由基因工程师消除人类胚胎的缺陷基因、修饰现存的基因、额外增加少数基因，从而产生更强壮、更俊美、更抗感染的“定制”婴儿。双亲将提供市场需求，它最终将使人类种系基因工程成为常规。[③] 一旦设计婴儿成为现实，人类将能够控制自身的进化，实现自然选择向人工选择的蜕变。

（一）定制生命的实质：定制生育与人工选择生育的关联性

综观人工选择生育的历史，在人类社会的早期阶段，数个部族之间避免血缘婚姻的生育禁忌可以算作早期人类不自觉的生育选择；随着人们对自身生理结

① 参见沈东：《生育选择引论：辅助生殖技术的社会学视角》，沈阳：辽宁人民出版社，2011 年，第 103 页。

② 参见樊新民：《生育革命：对基因工程时代人类选择生育的社会学探讨》，北京：中国社会科学出版社，2003 年，第 35 页。

③ 参见樊新民：《生育革命：对基因工程时代人类选择生育的社会学探讨》，北京：中国社会科学出版社，2003 年，第 8、9 页。

构认知水平的提高、医疗技术水平的进步，从技术方面实现计划生育，是人类生育选择的第二个阶段；人类基因组计划的执行使人们更深入地认识自我，利用生物技术实现人类的选择性进化，这将是人类生育选择的未来形态。

在人类社会的早期阶段，生育选择大致等同于定制生命；在人类社会进入现代文明社会后，除去纳粹统治者以净化种族为名的绝育项目，生育选择实际上已经与定制生命区分开来；在人类进入生物技术世纪以后，随着基因诊断技术的出现，生育选择与定制生命之间的界限愈加清晰，两者之间的模糊面纱已经撤下。最受争议的两项辅助生殖的生育选择方式是克隆与人造子宫，克隆打破了有性生殖，人造子宫则颠覆了生育概念。克隆简言之就是一种人工诱导的无性繁殖方式，是利用细胞融合技术把一个细胞核移植到另一个去核的细胞，由此培育出新的个体。现代生育制度建立在基于两性生殖的生物学事实基础之上，而"出生"的概念则建立在胎儿经由母亲子宫内孕育的基础之上。克隆人的出现将使围绕着有性生殖的各种象征性结构消失，人类的身份制度将坍塌，现有的生育制度也将被销蚀。人造子宫将使胎儿的"出生"完全取决于制造者(可能是人，也有可能是机器)的意志，定制婴儿将成为大工业生产流水线上的产品。[①]

新形式的定制生命行为将彻底颠覆生育制度，它不再是生育选择的方式与手段，而是超脱了现有的生育制度。生育选择仍体现为生育的自然性，而完全借力于现代科技的定制生命行为将打破生育的自然属性、颠覆生育的自然基础，成为社会单元中的社会行为。定制生命行为在本质上是人工选择的人类进化方式。

(二)定制生命的争议：人的正当性、社会公平、人类生物多样性

学界主要将克隆分为两类，一种是治疗性克隆(或称为"研究性克隆")，另一种是生殖性克隆(或称为"繁殖性克隆")。治疗性克隆不会产生新的个体，只生产基因相同的细胞，它不被移植到子宫里，因此不会导致一个克隆孩子的诞生。生殖性克隆的实施过程则是先在实验室中生产出一个或多个能够成活的胚胎，然后把它们移植到母体的子宫中，使之生长发育直到出生。生殖性人体克隆的前景引发许多闻所未闻的问题，这些问题触及人类本性各方面的基本概念。[②]多莉羊和其后研究的各种动物克隆的实例，已为人类克隆提供了可行的技术路

① 参见周平：《生育与法律：生育权制度解读及冲突配置》，北京：人民出版社，2009年，第42、43页。

② 参见[法]亨利·阿特朗、马克·奥热、米雷耶·戴尔马－马尔蒂、罗歇－波尔·德鲁瓦、纳迪娜·弗雷斯科：《人类克隆》，伊达、王慧译，北京：社会科学文献出版社，2003年，第6、7页。

线。现在的问题是:在应然层面,能否将转基因技术,尤其是种系基因工程应用于人类本身?在实然层面,当转基因技术应用于人类本身,如何对其操作、评估?在现实生活中依据生物学家绘制的转基因人类蓝图设计人类的未来社会,其合法性、可操作性、可行性均值得商榷。

当人们能够通过一系列生物技术操作来“定制”生命时,复杂的社会问题亦随之而来。一旦定制生命成为现实,它有可能给现代社会带来许多冲击与挑战。

第一,人的正当性与合法性。赫胥黎的《美丽新世界》中,机器完全取代人类的生育功能,在生物技术高度发达的未来社会,人的生命成为机器生产的产物,自然人的合法性受到质疑。一旦胎儿的出生经过严格的基因筛选,人类生命的偶然性与不确定性将成为确定性,也就破坏了人的神圣性与生命的尊严。

第二,潜在的社会不公平。在基因组测序工作完成之前,人们对基因的“正常”或“缺陷”知之甚少,基因被视为神秘的、中立的;而随着人类基因组计划能够破译的人类基因遗传信息不断增多,相关遗传信息被逐步揭示,某些基因被视为对升学、就业、婚姻等社会活动不利的“缺陷基因”,基因被赋予了价值。在基因问题上强加人为的所谓“好”或“坏”的价值判断必然破坏基因平等原则,导致基因歧视现象的产生。一旦承认基因不平等,社会将进入一个严重的基于基因的分隔状态。同时,由于富人有可能比穷人更早更全面地获得优生繁殖的技术,这种财富上的差别有可能被转化成下一代的基因差别,从而成为永久性的差别。①

第三,人类的生物多样性。基因研究表明,转基因的表达在当代或传代过程中常常会减少甚至“沉默”。选取“最优基因”定制而成的婴儿将这些优良基因遗传给自己的后代,这些被视为最优秀的特定的人类基因将逐渐取代现有的人类基因,也就是说,新完美人类将取代现有的人类。基因优生的最终结果将导致人种产生质变:一方面,“基因自然人”被人为淘汰;另一方面,“基因优生人”构成了一个全新的人种,也会因其结构过于单一、缺乏进化机制,从而最终导致人种的退化甚至可能引起某些疾病的迅速蔓延。

(三)定制生命的历史实践:个体选择优生、人种优生、基因优生

古代文明中就存在优生的思想与实践,主要体现为人体选择方面的优生,即鼓励优秀的人生育,禁止或者限制具有缺陷的人生育。到了近现代,在高尔顿等学者的影响下,“优生学”这一专门学科诞生;优生与政治相结合,从 19 世纪末到

① 参见[美]理查德·A.波斯纳:《性与理性》,苏力译,北京:中国政法大学出版社,2002 年,第 581 页。

20世纪初在欧美的一些国家里出现了以人工选择取代自然选择的大规模社会计划，包括种族隔离、精神病患者隔离、强制绝育、强制堕胎、强制生育在内的优生法规、优生政策、优生方案相继出台，主要表现为人种方面的优生，即鼓励优等人种生育，禁止或者限制劣等人种生育。而在当代，出现了以基因筛选、基因改良、基因优化为主要表现的基因优生手段。综观历史，人类社会的人工选择生育可以归纳为遗传优生、人种优生、基因优生三个历史阶段。

1. 个体选择优生阶段

人类最早的选择性生育行为可以追溯到公元前9世纪。斯巴达城邦的立法者主张，国家的公民不应该放任那些捷足先登者来自由生产，而应该由城邦挑选出来的最优秀的人来生产。在斯巴达，结婚被看作生产勇士的一种安排，生下来的孩子是否应该被抚养成人完全要由地方长官来决定。他们把生有残疾的婴儿以及身体衰弱者抛到荒郊野岭，任凭他们在风雨饥寒中死去。① 公元前450年古罗马《十二铜表法》(Law of the Twelve Tables)第四表“家长权”的第一项规定即为“对畸形怪状的婴儿，应即杀之”②。柏拉图极为赞赏斯巴达城邦的这种做法，他在《理想国》中主张城邦控制和调节公民的婚姻关系：一方面将衰弱、有病、低能的个体处死，另一方面给予两性中最优秀的人更多的生育机会。由城邦主持、祝福这些最优秀的男女的婚姻，孩子出生后，不是由父母抚养，而是送到保育院，由专门负责的城邦官员统一抚养。其他不经城邦祝福而私自生下的孩子一律不允许抚养。亚里士多德主张政府应有干涉婚姻制度之权，并极力反对早婚，认为早婚生育的婴儿发育不良。

前工业社会中，人们追求生育质量的做法和观念可以归纳为，通过婚姻嫁娶选择优秀的伴侣、确认男女双方最适宜生育的年龄段，使合适的男女在最合适的时间段内生育子女，这种选择性生育带有极大的偶然性，缺乏技术支撑。在奴隶社会、封建社会中，这种选择性生育发展到另一个极端，即所谓“龙生龙，凤生凤，老鼠的儿子会打洞”；为防止血统混淆，不同的种族、阶级间严禁通婚。

2. 人种优生阶段

达尔文在《人类的由来及性选择》一书中说道：“文明社会的衰弱成员也可繁

---

① 参见樊新民：《生育革命：对基因工程时代人类选择生育的社会学探讨》，北京：中国社会科学出版社，2003年，第106页。

② 参见沈东：《生育选择引论：辅助生殖技术的社会学视角》，沈阳：辽宁人民出版社，2011年，第190页。

殖其种类。凡是注意过家养动物繁育的人不会怀疑这对人类种族一定是高度有害的。缺少注意或管理错误导致家养族退化之迅速……我们必须承担弱者生存并繁殖其种类的毫无疑义的恶劣后果；但是，至少有一种抑制作用在稳定地进行着，即：社会的衰弱成员和低劣成员不会像强健成员那样自由地结婚；由于身体或心理衰弱的人不能结婚，这种抑制作用可能无限地增强，虽然这只是可望而不可求的事。"达尔文所提出的关于人类繁殖的生物进化学说到19世纪末得到实践。英国科学家高尔顿将人类学、心理学、遗传学、统计学等方面的研究结合在一起，系统地考察影响人类遗传品质的因素，提出一项"改造人类体质结构乃至精神特性的计划"以及"对于在社会控制下的能从体力方面、智力方面改善或损害后代的种族素质的各种动因的研究"，即优生学(Eugenics)。[①]

高尔顿的优生概念促使具有优良或健康素质人口的增加，防止不良人口的增加。然而，他过分地强调智能的遗传性，把阶级差别与遗传差别等同起来，认为聪明智慧、身体健康、仪容俊美、道德高尚的遗传因子是所谓"高贵"家族才具有的；而"卑贱"家族遗传下来的则是愚昧、疾病、犯罪和低能。[②]

19世纪末、20世纪初，流行在英国和德国的一些种族主义者以优生学的伪科学成分作为幌子，提出一些荒谬的理论。他们认为在生存竞争中，凡是具有优良遗传素质的人就会胜利，成为统治者；而遗传素质恶劣的人是不适应者，应是被统治者。不同阶级和不同种族中，存在天然的遗传上的优越者和低劣者。他们据此提出，种族混合是一种危险，可能使所谓优秀的纯种变为劣等。种族主义和优生学的伪科学成分相结合，为反动政客所利用，带来了极为严重的社会恶果，这在纳粹德国达到了顶峰。希特勒以创造雅利安"主宰民族"为旗号，屠杀了600万犹太人、吉卜赛人和塞尔维亚人，发动侵略战争，大力推行种族灭绝政策。优生学一度被一些国家视为反动的伪科学，加以否定和批判，成为生命科学研究的禁区。[③] 纳粹的优生论主要是人种优劣论，与科学的优生论在本质上不同。

3. 基因优生阶段

据基因诊断技术的研究发现，人类所患有的数千种疾病，均与人携带的基因

---

① 参见沈东：《生育选择引论：辅助生殖技术的社会学视角》，沈阳：辽宁人民出版社，2011年，第195页。高尔顿对于优生学概念的界定见于其著作《对人类才能及其发展的调查研究》《遗传的天才》等。

② 参见沈东：《生育选择引论：辅助生殖技术的社会学视角》，沈阳：辽宁人民出版社，2011年，第195页。

③ 参见樊新民：《生育革命：对基因工程时代人类选择生育的社会学探讨》，北京：中国社会科学出版社，2003年，第106～108页。

有关。人体共有23对染色体、约10万个基因、30亿碱基对。其中的30亿分之一出现问题,都会导致疾病。除了基因缺陷外,导致遗传性疾病的还有染色体数目或结构的异常。染色体的断裂、缺失、倒位、易位等异常现象,都会导致遗传疾病。[①] 当基因工程技术的发展能够选择、修饰、拼接甚至重组人的遗传基因时,人类的基因优生就能成为现实。事实上,针对部分遗传基因的"定制婴儿"已在现实生活中诞生,譬如三亲婴儿、无癌婴儿等。

二、定制生命行为管理的政策环境考察

(一)技术因素:人类辅助生殖技术与基因工程的结合

美国疾病控制与预防中心将辅助生殖技术(Assisted Reproductive Technology, ART)定义为:包括所有的涉及精子和卵子处理的生育治疗在内的全部技术。可以说,一切代替人类自然生殖过程中的某一环节或全部环节的现代医学技术手段都可归为辅助生殖技术。[②] 基因工程又名遗传工程、DNA重组技术、分子克隆,其核心内容包括基因克隆和基因表达。基因工程是在微生物遗传学和分子生物学发展的基础上形成的学科,它与细胞工程、酶工程、蛋白质工程和微生物工程共同组成了生物工程。所谓基因工程与辅助生殖技术结合,就是在分子水平上提取或合成健康的、优良的DNA片段进行体外切割、拼接、重组,然后把重组的DNA分子引入生殖细胞内,使这种外源DNA在受体细胞中进行复制与表达,按人们的需要设计和培育更健康、更长寿的后代,并能将性状稳定地遗传下去。[③]

2000年6月,人类基因组计划中的基因组工作草图绘制完毕,草图不仅覆盖了99.99%的基因组,而且85%的基因组序列已被组装起来。这为研究人类遗传物质多态性提供了资料。人类基因组计划加快了基因定位和基因克隆的速度。[④] 随着辅助生殖技术与基因工程的结合,设计人类才具备了技术操作上的

---

① 参见樊新民:《生育革命:对基因工程时代人类选择生育的社会学探讨》,北京:中国社会科学出版社,2003年,第95、96页。

② 参见沈东:《生育选择引论:辅助生殖技术的社会学视角》,沈阳:辽宁人民出版社,2011年,第60页。

③ 参见沈东:《生育选择引论:辅助生殖技术的社会学视角》,沈阳:辽宁人民出版社,2011年,第105页。

④ 参见沈东:《生育选择引论:辅助生殖技术的社会学视角》,沈阳:辽宁人民出版社,2011年,第103页。

可能性。

自1978年7月25日路易斯·布朗的诞生宣告体外受精—胚胎移植技术成功应用于人类起，人类辅助生殖技术已经走过30余年。到今天，全球已经出生的试管婴儿达到400万人，全球拥有从事辅助生殖技术资质的机构数量已经超过1000余家。仅美国就拥有ART诊所483家，精子银行14家，卵子捐赠机构146家；加拿大开展辅助生殖机构55家，卵子捐赠机构2家；英国开展辅助生殖机构74家；爱尔兰有4家；澳大利亚和新西兰共76家；印度开展辅助生殖技术91家；土耳其3家；西班牙12家；危地马拉2家；芬兰1家；挪威3家；巴巴多斯20家以上；克罗地亚3家；塞浦路斯3家……[①]这些还仅仅是官方报告显示的数据，实际上在印度、塞浦路斯等地，拥有辅助生殖技术资质的生育诊所还有许多，甚至存在没有向政府报备的私人生育诊所。大量私人或非法机构的存在以及政府无力监管的事实表明人工辅助生殖技术确实存在极大的被滥用的可能性。

（二）人们关于定制生命行为认知水平的提高

德国希特勒政权的种族理念包括对外、对内两个方面：对于犹太人、吉卜赛人、塞尔维亚人等“劣等种族”实行种族灭绝政策，对于“高等民族”中的病人或者残疾人实行绝育政策。希特勒政权通过控制人的“生”与“死”的途径来实行优生政策（即“种族卫生”政策）。在“生”的层面，希特勒政权推行“生命之泉”（Lebensborn，英译Fount of life）计划，即挑选具有纯种“优越血统”的女性进行交配，她们所生育的儿童被称为“第三帝国的精英”，又被称为“希特勒婴儿”。在“死”的层面，实施所谓的“T-4行动”（Aktion T4，英译Action T4），即安乐死计划，希特勒政权大肆毁灭“有缺陷的”或者“不值得存在”的群体的生命，当时的精神病医生、生物学家、遗传学家和人类学家将遗传病者、精神病患者、酗酒者、同性恋、癔症者等德国人诊断为“退化”的德国人，认为他们患有遗传性的退化疾病，为了捍卫本民族的遗传遗产应当予以毁灭。[②]

德国精神病学家阿尔弗雷德·赫哲在《授权毁灭不值得生存的生命》中提出：“那些不值得活的人患有无法治愈的低能，他们的生活毫无目的，并给其亲属和社会都造成了非常困难的负担。他们一方面没有价值，另一方面却还要占用

---

① 参见沈东：《生育选择引论：辅助生殖技术的社会学视角》，沈阳：辽宁人民出版社，2011年，第69页。

② 参见沈东：《生育选择引论：辅助生殖技术的社会学视角》，沈阳：辽宁人民出版社，2011年，第196～201页。

许多健康的人对他们的照料，这完全是浪费宝贵的人力资源。实施安乐死对这些有缺陷的人是可行的。”[①]美国遗传学者查尔斯·达文波特在与西奥多·罗斯福的通信中说：“一个良好的公民不可推卸的责任就是把他或她的血统留给这个世界；我们不应该让那些劣等血统在这个世界上存留。文明社会的一个重大社会问题，就是确保优等血统人口不断增加，劣等血统人口不断减少……除非我们充分考虑遗传对社会的巨大影响，否则这个社会问题不可能得到解决。我非常希望能禁止劣等血统人种的生育……犯罪分子应该被绝育，禁止低能人留下后代。”[②]这种实质是种族优生的观念，其结果不利于人类族群的发展与人类社会的生物多样性发展，应予以拒斥并坚决摒弃。

三、若干国家关于定制生命行为管理的政策审视

由于克隆人类(特指生殖性克隆，而不是治疗性克隆)可能引起的道德、伦理、社会和法律问题，世界各国普遍禁止克隆人。1997 年 11 月 11 日联合国教科文组织《世界人类基因组与人权宣言》第 11 条规定：“与人类尊严相抵触的做法，比如人体的生殖性克隆，不予允许。各国与相关国际组织应合作确认这种做法，并在国内与国际上，采取必要措施，确保本宣言之诸原则得到尊重。”1998 年 1 月 12 日，欧洲理事会《在生物学与医学应用中保护人权与人类尊严公约禁止克隆人的附属议定书》第 1 条明确规定：“禁止任何试图创造一个与另一个(不论是活着的或死去的)遗传上相同的人的这种做法。”法国、丹麦、意大利、瑞典等 19 个欧盟成员国签署协议，同意禁止进行克隆人实验，而英国则没有参与签署该协议。2005 年 3 月 8 日，联合国大会通过《联合国关于人的克隆宣言》，要求各国考虑禁止违背人类尊严的各种形式的克隆人。2003 年，塞尔维亚和黑山国家联盟在其宪法的重要组成部分《人权和少数人权利及公民自由宪章》第 11 条明确规定：“人的生命不可侵犯。在塞尔维亚和黑山国家联盟，不存在死刑。禁止克隆人。”首次将克隆人问题载入宪法。[③] 由于可预见的关于克隆人的伦理激辩，各国在制定相关法规和政策时均采取极为审慎的态度。

目前，大多数国家对这一议题基本达成共识：第一，全面禁止复制或者以任

---

① 转引自沈东：《生育选择引论：辅助生殖技术的社会学视角》，沈阳：辽宁人民出版社，2011 年，第 200 页。

② 转引自高崇明、张爱琴：《生命伦理学十五讲》，北京：北京大学出版社，2004 年，第 290 页。

③ 参见上官丕亮：《宪法与生命：生命权的宪法保障研究》，北京：法律出版社，2010 年，第 117 页。

何方式定制人类。除了极少数好莱坞式的疯狂科学家通过媒体宣布已成功克隆出人类之外，世界上的绝大多数国家都以法律的形式全面禁止复制或者以任何方式定制人类。第二，在极为严格的限制条件下，部分允许定制生命行为。部分允许定制生命行为指向有条件的基因筛选及基因改良，英国无癌婴儿即为此例，生理缺陷、遗传的“缺陷”基因达到80%以上允许通过基因筛选技术剔除不符合要求的胚胎。2012年，英国人类受精和胚胎学管理局（Human Fertilisation and Embryology Authority）针对“高风险”夫妇接受基因治疗的法案进行公众咨询。2015年英国内阁对“三亲婴儿”培育技术的合法化方案进行公众咨询，国会、议会均表决通过。第三，配套政策的实施，例如保护基因专利、禁止基因歧视、限定基因检测的操作条件等。目前，世界上绝大多数国家都对转基因技术的研究与应用有所限制，尤其是在将转基因技术应用于人类本身方面，包括人类基因筛查、人类基因改良乃至转基因造人技术等。然而，随着生物科学技术的飞速发展，以及因此不断增长的基因改良的市场需求，部分基因改良技术已开始应用于现实生活，有的研究机构、企业（主要是生物技术公司和医药公司）甚至在公众不知情的情况下，引入转基因食品或实施新形式的人体药物实验。为保护公民的基因信息安全、禁止潜在的基因歧视，非洲、南半球国家已制定政策对本国独特的基因资源及基因专利进行保护；美国、瑞士等国已针对就业与医疗保险领域中的基因歧视进行预防性立法。

小结　域外生命行为管理再论析：启示与借鉴

上文所考察国家的具体国情存在差异，不同的文化、历史、政治、经济发展状况形成了不同的生命文化与生命价值，若干国家与地区现行的生命行为管理措施及其侧重点均有所不同。一些国家的生命行为管理制度建设仍存在缺位与空白。例如印度法律明确规定人的血液买卖属于非法行为。但由于印度政府无力构建血液买卖的替代性制度，无法回应与治理医疗领域中的血液需求的巨大缺口，导致缺血问题迅速扩及几乎所有依赖稳定供血的医疗产业。印度关于血液买卖管理的问题并不是缺乏医疗服务买卖的相关法律规定，而是缺乏符合道德与道义的有效采血机制，以及应对印度血液需求的巨大缺口的相应机制。[1]

相对而言,英国、美国、荷兰、瑞典等国家的生命行为管理制度建构相对完善。这些国家生命行为管理的有效措施包括:第一,制定统一的技术准入制度与评价标准,设立专门的医疗与研究机构。严格规定节育、堕胎、代孕、器官移植、性别变更、安乐死、基因筛检等生命行为的实施条件,限定生命行为的主体资格以及规范相应生命科学与生物技术的执行程序与执行步骤。第二,设立全国性的管理协调监督机构,这些管理协调监督机构或者是政府相关部门,或者是第三方机构。例如,伊朗的人体器官移植协调机构——透析与移植患者联合会(DATPA)、新加坡的第三方慈善基金会——国家肾脏基金会(NKF)等。第三,公开面向全体公民的网络体系,保证公民获取相关信息的渠道畅通。例如器官移植网络。第四,专门设立针对弱势群体或特殊群体的救济机制。例如器官捐献补偿。

进一步而言,这些国家进行生命行为管理的经验与启示可以归纳为:第一,法治建设。通过宪法在源头上确立生命行为管理的基本准则,同时制定各地方性法规,规定生命行为管理实施的具体细则。目前,世界上的许多国家已经推动生命权入宪,规定国家或任何机构不得侵犯公民的生命权、自由权、隐私权等,公民可以依据宪法保障其行使生命行为的选择权。第二,伦理审查。许多国家都设立国家层面的生命伦理委员会,以及各地方层面的生命伦理委员会与生命伦理医疗研究机构,不仅为政府日常的生命行为管理提供伦理框架,还为各地区、各医疗机构突发的生命行为管理案例提供伦理援助。生命伦理委员会亦是公民获取相关知识与信息的渠道之一。第三,社会监督。通过第三方机构,例如基金会、志愿者组织等,参与生命行为管理法律、政策的制定过程,并监督生命行为管理法律、政策的执行。第三方机构的参与有力地促进生命行为管理的公开化、透明化,也在一定程度上敦促政府实现对生命行为管理政策中的少数群体的救济。

---

① 参见[美]斯科特·卡尼:《人体交易》,姚怡平译,北京:中国致公出版社,2013年,第139页。

第五章　当代中国生命行为管理:问题与反思

随着人类文明的发展和进步,生命行为管理在总体上呈现出更加宽容与开放,亦更加尊重与承认人的生命权诉求以及更加多样化的管理方式的特征。当代中国政府对社会成员的生命行为和生命权利予以更多的尊重和包容,相关法规制度的建设已有长足进步。然而,一些问题仍然存在。生命行为管理的制度仍有缺失,社会管理者对亟须管理的生命行为回应仍显不足。

第一节　生育之痛:生育政策的流变

自进入文明社会以来,中国生育政策经历了一系列流变,主要是由鼓励生育、施行人口增殖的生育政策,转向节制生育、施行固定配额的计划生育政策。中华人民共和国成立以来,我国生育政策的转向除受政治与意识形态影响外,其他的影响因素包括:中国社会的生育文化与生育意愿的价值转向以及生育政策的政策环境的变化。20 世纪 90 年代以来世界各国已达成共识,承认各国在充分尊重个人权利的情况下制定人口政策的合法性,但中国作为世界上施行固定配额的计划生育政策的少数几个国家之一,仍受到部分发达国家对计划生育政策侵害人权的质疑。人们关于中国现行生育政策未能应对的计划外生育与非婚生育,亦存在许多争议。

一、生育文化及生育意愿考察

(一)近现代中国生育政策的影响因素

从 20 世纪 50 年代是否推行避孕节育的争论,到 20 世纪 70 年代计划生育政策的试行、20 世纪 80 年代计划生育政策的紧缩和其后政策放宽所产生的人口波动引发的争议，再到当下中国社会关于计划生育政策调整的争议，影响中国生育政策的因素除了不同历史阶段的人口国情以及生育文化之外，更重要的、甚至在一定程度上起到决定性作用的是中国社会所面临的政治与意识形态背景。

政治与意识形态因素在很大程度上决定了中国生育政策的宗旨及执行方式，客观因素（人口国情）与主观因素（生育文化与生育意愿）均在政治条件与主导意识形态的社会情境中发生作用。同时，人口国情与生育文化及意愿相互作用，人口国情影响生育文化及社会成员的生育意愿；反过来，生育文化及生育意愿又间接影响个体的生育行为选择及群体的生育行为管理，导向人口国情的变化。

（二）近现代中国生育文化的进步性及转向

进入近代社会以来，随着中国社会的发展与进步，人们对生育行为的认知愈发清晰，中国社会中的生育文化以及社会成员的生育意愿发生转向，以政府为核心的社会主体对人的生育行为管理比过去的管理方式有较大进步。越来越多的人同意，生育既是人类生物性的自然流露，是人类企图超越死亡、延续生命的一种实践方式，更是夫妻之间真挚爱情的一种表现形式。[①] 近现代中国社会开始承认生育具备的多种功能，与古代中国社会鼓励多子多福、要求男性承嗣并且仅仅承认人的生育对宗族、国家作用的生育文化相比，近现代中国生育文化更为进步。

在长达数千年的中国古代文明中，人口思想与人口政策几乎一直以人口增殖为旨要。在相当长的历史阶段，古代中国实行的是强制性规定国民生育的增生增产政策，以经济奖励、免除赋税等方式鼓励社会成员多生多产。在古代中国，生育与国家及宗族紧密联系在一起，甚至可以说生育不被视为个人性行为，而被视作与社会、宗族及家庭攸切相关的社会性行为，夫妻双方的情感并非生育行为的必要条件，在一定意义上人尤其是女性是生育的工具。此外，古代中国生育文化几乎不允许社会成员从个体意愿出发的排斥生育需求。近现代中国生育文化在诸多方面更显进步与宽容，具体表现为：第一，人们对生育行为的认知愈加清晰，认为生育行为除了对人类社会再生产的重要作用外，还具有情感等其他功能；第二，将人尤其是女性从生育行为中解放出来，不再将人视为生育的载体与工具；第三，更新生育行为作为责任与义务的观念，更多地承认生育行为是人

---

① 参见周平：《生育与法律：生育权制度解读及冲突配置》，北京：人民出版社，2009 年，第 26 页。

的权利。

然而自中华人民共和国成立以来的较长一段历史时期内，中国社会中的政治斗争与意识形态对抗在相当大程度上影响到中国生育文化。社会管理者对人的生育行为认知发生偏差与错误，导致生育政策在一定程度上出现侵犯人权与漠视人性的政策后果。在“为革命计划生育”的号召与宣传下，中国公民的生育意愿在一定程度上被动地与政治因素及意识形态因素挂钩。

1971年7月卫生部、商业部、燃料化工部联合发布的《关于做好计划生育工作的报告》指出的“使晚婚和计划生育变成城乡广大群众的自觉行为”[①]，1980年9月中共中央《关于控制我国人口增长问题致全体共产党员、共青团员的公开信》指出的“这(一对夫妇生育一个孩子)是一项关系到四个现代化建设的速度和前途，关系到子孙后代的健康和幸福，符合全国人民长远利益和当前利益的重大举措”“全体共产党员、共青团员特别是各级干部，用实际行动带头响应国务院的号召，并且积极负责地、耐心细致地向广大群众进行宣传教育”[②]等文件均可作为例证。

直至1978年改革开放前夕，近现代中国生育文化在总体上仍以政治与意识形态为主导价值，具体表现为：强调个人的生育行为对国家与社会的责任与义务；社会成员的真实生育意愿被公权力主体宣传的高度同一化的、与政治及意识形态挂钩的生育意愿所替代。这导致生育文化在较长的一段历史时期内发生扭曲。有的社会成员关于生育行为的正确认知，例如马寅初在《新人口论》提出“控制人口与科学研究”的理念，受到政治及意识形态因素的影响，被社会管理者漠视，秉持与公权力主体不同价值观念的个人被边缘化甚至遭到打击和迫害。

总体而言，中华人民共和国成立以来中国生育文化转向可以分为四个阶段：第一个阶段是1949～1954年，以中华人民共和国历史上第一次全国性人口普查为标志。第二个阶段是1955～1977年，以时任北京大学校长马寅初在第一届全国人大二次会议上提交《控制人口与科学研究》发言稿为起始。第三个阶段为1978～2013年，以改革开放为起始。第四个阶段为2013年以后至今，以计划生育政策内部调整，譬如“双独二胎”“单独二胎”“全面两孩”等一系列调试政策为

---

① 转引自杨魁孚、梁济民、张凡：《中国人口与计划生育大事要览》，北京：中国人口出版社，2001年，第44页。

② 转引自李宏规：《中国计划生育领导管理机构的历史变化》，于学军主编：《中国人口发展评论：回顾与展望》，北京：人民出版社，2000年，第446页。

标志，呈现更理性、更宽容、更尊重个体的生育权的态势。

(三)当代中国社会的生育文化与生育意愿考察

根据中国统计年鉴的相关数据，近年来中国的总和生育率(即平均每个妇女生育数)为1.5～1.6，远远低于维持一个国家和地区人口规模长期稳定所需要的"更替水平"——平均每个妇女生育2.1个孩子。在1990年以前，中国的总和生育率在更替水平之上，从1991年开始便持续走低，在"九五"期间正式进入"低生育水平时期"并持续至今。[①] 进入当代以来，政府、大部分学者对于中国生育政策走向的基本判断依旧是坚持计划生育作为一项基本国策，并坚信提高计划生育工作水平有利于稳定当下社会的低生育水平。然而，当代中国生育文化与社会成员的生育意愿已经在一定程度上发生转向。当下，人们的生育意愿和生育行为受到社会文化、经济条件、工作、健康等多种因素的制约。

影响人们生育意愿的现实因素包括一定的经济基础、住房、工作、身体健康、生育保险等。若公权力主体放开对人们生育行为(主要是生育子女数目)的限制，由于诸多社会、文化、经济因素对人们生育意愿的影响，生育政策的变化并不会显著引起短时间的人口井喷式增长。总体而言，当代中国公民的生育意愿呈现多元态势，生育文化总体上承认生育行为是人的自由选择，并趋向更加理性与宽容。

二、1949年以来我国的生育政策转向

计划生育政策是我国的一项基本国策，公民的计划生育义务先于生育权利在法律中确立，生育权的行使深受公权力之限制。[②] 1992年颁布的《妇女权益保障法》第47条规定："妇女有按照有关规定生育子女的权利，也有不生育的自由"，在法律上首次确认生育权利是妇女的一项权利。2002年颁布的《人口与计划生育法》第17条规定"公民有生育的权利"进一步确认公民的生育权。由于生育权并不是在《民法通则》或其他民事法律中予以确定，而是在具有明显"公法"性质的《人口与计划生育法》中予以确认，长期以来，关于生育权的性质的认知存在分歧，其中最大的歧异在于生育权究竟属于公权利还是私权利。[③] 自1949年中华人民共和国

---

① 参见《中国统计年鉴》，《育龄妇女分年龄、孩次的生育状况》(2010年11月1日至2011年10月31日)。

② 参见周平：《生育与法律：生育权制度解读及冲突配置》，北京：人民出版社，2009年，第1、2页。

③ 参见周平：《生育与法律：生育权制度解读及冲突配置》，北京：人民出版社，2009年，第53～60页。

成立以来，我国的计划生育政策几经波折，其政策转向包括涉及公民生育需求的政策转向与涉及公民排斥生育需求的政策转向两个主要方面。

(一)涉及公民生育需求的政策转向

《1956～1967年全国农业发展纲要(修正草案)》(1956年)提出："除了少数民族地区之外，在一切人口稠密的地方，宣传和推广节制生育，提倡有计划地生育子女，使家庭避免过重的生活负担，使子女受到较好的教育，并且得到充分就业的机会。"[1]《关于认真提倡计划生育的指示》(1962年)提出："在城市和人口稠密的农村提倡节制生育，适当控制人口自然增长率，使生育问题由毫无计划的状态逐渐走向有计划的状态，这是我国社会主义建设中既定的政策。"1964年，计划生育委员会成立，负责节育宣传、技术指导工作，进行调查研究和督促检查；各省、市、自治区也相继成立计划生育工作机构。[2] 至此，中国政府限制公民生育需求的计划生育政策及其实施机构已见雏形。然而，由于反右、"文化大革命"等社会运动的影响，直至20世纪70年代，中国的计划生育政策才在全国范围内得以执行。

按照时间序列，20世纪70年代以来，中国的计划生育政策官方文件及相应举措分别为：1971年7月，国务院批转卫生部、商业部、燃料化工部联合发布的《关于做好计划生育工作的报告》(国发〔1971〕51号文件)；1973年7月，国务院成立计划生育领导小组，各省、市、自治区和基层单位恢复或成立计划生育工作机构；1973年12月，召开第一次全国计划生育工作汇报会；1978年3月，计划生育被写入《中华人民共和国宪法》(1978年3月5日中华人民共和国第五届全国人民代表大会第一次会议通过，第53条)；1978年10月，中共中央批转《关于国务院计划生育领导小组第一次会议的报告》(中发〔1978〕69号文件)；1980年2月，全国首个地方性计划生育条例《广东省计划生育条例》出台；1981年3月，成立国家计划生育委员会，各省、市、自治区相继成立计划生育委员会，基层单位亦设立计划生育办事机构；1982年9月，中国共产党第十二次全国代表大会报告将计划生育定为基本国策，同年《中华人民共和国宪法》规定计划生育是夫妻双方的义务，各省、市、自治区依据《宪法》和相关中央法令相继制定关于计划生育的地方性法规；1984年4月，中共中央批转国家计生委党组《关于计划生育情况的汇报》；1991年5月，中共中央发布《中共中央、国务院关于加强计划生育工

---

① 《1956～1967年全国农业发展纲要(修正草案)》，《人民日报》1956年10月5日。

② 参见李宏规：《中国计划生育领导管理机构的历史变化》，于学军主编：《中国人口发展评论：回顾与展望》，北京：人民出版社，2000年，第443页。

作，严格控制人口增长的决定》(中发〔1991〕9 号文件)；2000 年，中共中央发布《中共中央、国务院关于加强人口与计划生育工作，稳定低生育水平的决定》；2001 年 12 月，中华人民共和国主席令第六十三号颁布第一部全国性的计划生育相关法律《中华人民共和国人口与计划生育法》；2003 年 3 月，国家计划生育委员会更名为“国家人口和计划生育委员会”；2006 年 12 月，中共中央发布《中共中央、国务院关于全面加强人口和计划生育工作统筹解决人口问题的决定》(中发〔2006〕22 号)。[①] 其中关键性与标志性文件为《关于国务院计划生育领导小组第一次会议的报告》(中发〔1978〕69 号文件，1978 年)，文件中明确计划生育政策的“晚、稀、少”目标，即男性公民 25 周岁、女性公民 23 周岁方能结婚，两胎间隔四年左右，一对夫妇最好只生育一个孩子、至多两个。

此外，在计划生育政策之外的配套政策，包括社会抚养费制度、奖励扶助制度、优生优育政策等相关政策的执行手段与措施也出现诸多变化。

总的来说，从 20 世纪 70 年代起，在全国范围内逐步实施的计划生育政策，经历了从提倡、宣传计划生育到计划生育立法，从在人口稠密的地方宣传和推广节制生育到全国范围内均实施计划生育，从对汉族实施计划生育到将少数民族纳入计划生育体系，从以人口数量为核心的计划生育政策到以人口质量、人口结构为核心全面综合考虑人口问题的计划生育政策，从仅在中央设立计划生育领导小组到在各省、市、自治区、直辖市及基层单位设立有正式编制的计划生育工作机构等均发生转向。

(二)涉及公民排斥生育需求的政策转向

中华人民共和国建立初期，中央政府虽然没有明文规定鼓励人口增长，但禁止绝育、严格限制人工流产和节育等行为起到了事实上的鼓励生育的作用。1950 年 4 月，中央人民政府卫生部和中国人民革命军事委员会在《机关部队妇女干部打胎限制的办法》中规定：“为保障母体安全和下一代之生命，禁止非法打胎。”[②]1952 年 12 月，由卫生部制定、经中央人民政府政务院文化教育委员会同意实施的《限制节育及人工流产暂行办法》进一步规定，“已婚妇女年逾 35 岁，有亲生子女 6 人以上，其中至少有一人年逾 10 岁，如再生育将严重影响其健康以

---

① 参见宋健、[韩]金益基：《人口政策与国情：中韩比较研究》，北京：光明日报出版社，2009 年，第 4～8 页。

② 转引自杨魁孚、梁济民、张凡：《中国人口与计划生育大事要览》，北京：中国人口出版社，2001 年，第 2 页。

致危害其生命者”经过批准方可绝育，“凡违反本办法自行实施绝育手术或人工流产者，以非法堕胎论罪，被受术者及实行手术者均由人民法院依法处理”。[①]到1954年11月，卫生部发布《关于修改避孕和人工流产暂行办法》和《关于改进避孕及人工流产问题的通报》，规定“避孕节育一律不加以限制”[②]。我国台湾地区《优生保健法》第9条规定：未婚的成年人堕胎须征得法定代理人的同意。这意味着中国政府对公民排斥生育需求的政策发生由严禁到开放的转向。总体而言，随着近代、当代中国社会生育文化与生育意愿的转向，古代中国统治阶层严禁、抑制人的排斥生育需求的种种措施被取缔，社会管理者趋以更宽容的态度对待堕胎。

（三）1949年以来中国计划生育政策的总体趋势及话语转向

中国生育政策的实施以20世纪60年代末70年代初为标志分为两个阶段。第一个阶段是1949年至20世纪60年代末，计划生育政策的政策环境主要是中国人口国情，计划生育政策的目标单一、集中，目的是控制人口数量，表现方式为党中央和国务院发布的一系列文件、决定，执行手段以强制性惩罚措施为主；但受到反右运动、“文化大革命”等外部环境的影响，这一阶段计划生育政策几度中断。第二个阶段为20世纪70年代以来至今。在此阶段，计划生育政策的政策环境发生变化，计划生育政策目标多元化发展，由单一的控制人口数量转为人口数量、人口素质、人口结构等多元因素，计划生育政策成为基本国策，得到制度、机构、法律保障，其执行方式由强制性惩罚措施为主转向利益导向的奖励扶助机制为主。[③]

三、中国现行计划生育政策检视

在西方社会，“计划生育”被译为“Family Planning”，意思是家庭计划，该词出自1966年联合国大会《关于人口增长和经济发展的决议》所指出的“每个家庭有权自由决定家庭规模”。更进一步讲，是夫妻双方有权自由决定家庭规模。

我国对计划生育政策这一概念的阐释与西方社会截然不同。中国社会关于

① 参见彭珮云主编：《中国计划生育全书》，北京：中国人口出版社，1997年，第59页。

② 参见国家计划生育委员会办公厅政策研究室：《计划生育文件汇编》，北京：中国人口出版社，1984年，第108页。

③ 参见宋健、[韩]金益基：《人口政策与国情：中韩比较研究》，北京：光明日报出版社，2009年，第9、19页。

计划生育政策的理解源于马克思主义对社会生产的定义。马克思主义认为，社会生产本身包括两种：一方面是生活资料即食物、衣服、住房以及为此所必需的工具的生产；另一方面是人类自身的生产，即种的繁衍。[1] 在马克思主义社会生产观念的影响下，1956 年 10 月时任中国政府国家主席的毛泽东在接见南斯拉夫妇女代表团时指出："夫妇之间应该订出一个家庭计划，规定一辈子生多少孩子。这种计划应该同国家的五年计划配合起来。目前中国的人口每年净增 1200 万到 1500 万。社会生产已经计划了，而人类本身的生产还是处于一种无政府和无计划的状态中。我们为什么不可对人类本身的生产也实行计划呢？我想是可以的。"[2]由此可见，我国的计划生育政策主要指向宏观层面，指由政府对家庭规模、人口数量进行控制，家庭、夫妻双方以及个人不能完全自由决定家庭规模。

（一）现行计划生育政策对生育权、生育行为的规定

在应然层面，生育权由自然人所享有，是人的天赋自然权利。自中华人民共和国成立以来，人们关于生育权的主流观念为生育权由夫妻双方共同享有，强调生育权必须基于合法婚姻的基础之上。这一认知至今仍对我国生育政策有巨大影响。

《中华人民共和国民法通则》（以下简称《民法通则》）以及《中华人民共和国婚姻法》（以下简称《婚姻法》）对公民生育权未作具体性的规定。《婚姻法》总则规定：在家庭关系中规定夫妻双方都有实行计划生育的义务。这是我国计划生育国策和《中华人民共和国宪法》有关原则在《婚姻法》中的具体体现。《婚姻法》主要从义务的角度规定人的生育行为，强调夫妻对国家与社会的义务。

1992 年《中华人民共和国妇女权益保障法》第 33 条规定：国家保障妇女享有与男子平等的人身权利；第 34 条明确规定：妇女的人身不受侵犯；第 35 条规定：妇女的生育健康权不受侵犯；第 47 条明确规定：妇女有按照国家有关规定生育子女的权利，也有不生育的自由。上述规定从法律角度赋予女性公民享有生育或者不生育的权利与自由。2001 年《中华人民共和国人口与计划生育法》第 17 条规定：公民有生育的权利。其后生育权的主体范围得到扩展。[3]

---

① 《马克思恩格斯选集》第 4 卷，北京：人民出版社，1995 年，第 2 页。

② 转引自杨魁孚、梁济民、张凡：《中国人口与计划生育大事要览》，北京：中国人口出版社，2001 年，第 2 页。

③ 参见王淇：《关于生育权的理论思考》，吉林大学博士学位论文，2012 年。

2001 年《人口与计划生育法》(简称《计生法》)第 18 条规定："提倡一对夫妻生育一个子女；符合法律、法规规定条件的，可以要求安排生育第二个子女。"具体办法由省、自治区、直辖市人民代表大会或者其常务委员会规定。根据这项与地方立法相衔接的授权性的规定，地方在原来的计划生育条例上修订或者制定了《人口与计划生育条例》，规范调节本地方的人口规划与生育计划。这些地方法规在普遍的生育限制之外，一般都以列举的方式规定了可以生育第二个子女的条件。[①]

（二）现行计划生育政策对生育权、生育行为的保障

《中华人民共和国人口与计划生育法释义》中指出：公民的生育权是一项基本的人权，公民的生育权是与生俱来的，是先于国家和法律发生的权利，作为人的基本权利，生育权与其他由宪法、法律赋予的选举权、结社权等政治权利不同，是任何时候都不能剥夺的。因此，多年来，有一种观点主张，生育是完全自由的，生不生、生多少、跟谁生，都是当事人自己的事，不需要法律的规定。但随着社会的发展，国际社会对生育权问题提出新的观点，就是自由且负责任地行使生育权，强调夫妻和个人对子女、家庭和社会的"责任"，强调夫妻在行使生育权时，要考虑到将来子女的需要和对社会的责任。从这个意义上讲，公民有生育的权利，但同时应当承担对家庭、子女和社会的责任。[②] 从中可以看出，我国政府强调对公民生育权的保障，要求公民在享受权利的同时履行相应义务。

（三）现行计划生育政策对生育权、生育行为的限制

当下中国在计划生育政策方面还有很多亟待改进的地方。第一，对于生育权的规范还不细致和不完善。我国《宪法》《婚姻法》和《母婴保健法》中没有明文规定生育权，只是从义务的角度规定"夫妻双方有实行计划生育的义务"。在《妇女权益保障法》中只规定"妇女有按照国家有关规定生育子女的权利，也有不生育的自由"。在《人口与计划生育法》中规定："公民有生育的权利，也有依法实行计划生育的义务，夫妻双方在实行计划生育中负有共同的责任。"这些规定强调义务多，强调权利少，且不具体明确，操作性不强，对夫妻生育权的冲突、人工生育、克隆人等尚无具体规定，限制多生育的规范多，保障合法生育的规范少。第二，对生育权主体限制过严。生育权作为一项基本人权和"自然权利"，显然不应

---

① 参见王淇：《关于生育权的理论思考》，吉林大学博士学位论文，2012 年。

② 参见张荣顺、王培安主编：《〈中华人民共和国人口与计划生育法〉释义》，北京：中国民主法制出版社，2016 年，第 29～30页。

该对其实行过多的“非自然”的限制；但我国从计划生育政策出发，在实际工作中一般只给结婚有配偶的夫妻生育权，对未婚的成年人的生育权的实现加以限制。非婚者、死刑犯、同性恋等主体生育权问题，仍得不到法律的保障。第三，对生育数量和间隔的自由选择权限制过严过死。我国《人口与计划生育法》第18条规定：“国家稳定现行生育政策，鼓励公民晚婚晚育，提倡一对夫妻生育一个子女；符合法律、法规规定条件的，可以要求安排生育第二个子女。具体办法由省、自治区、直辖市人民代表或者其常务委员会规定。少数民族也要实行计划生育，具体办法由省、自治区、直辖市人民代表大会或者其常务委员会规定。”在各省、自治区、直辖市的地方性法规中对生育数量进行了具体的带有限制性和严格审批性质的规定。①

对生育权的限制在我国主要体现为计划生育制度，这一制度的核心功能(包括优生优育的功能)乃是对夫妻的生育子女数量进行限制，原则上每对夫妻只能生一胎。它有三种实施方式：首先，在法律上保障计划生育的具体措施是颁发准生证，对合法生育进行行政许可管理；其次，在技术上保障计划生育的是生育调节技术；最后，从事后惩戒来看，对非法生育征收社会抚养费和追加行政处分。②《人口与计划生育法》第43条规定：“拒绝、阻碍计划生育行政部门及其工作人员依法执行公务的，由计划生育行政部门给予批评教育并予以制止；构成违反治安管理行为的，依法给予治安管理处罚；构成犯罪的，依法追究刑事责任。”③计划生育部门为实现计划生育的人口目标，专门行使生育行为管理职权。一般而言，政府依法行使生育行为管理的职权并不会侵犯自然人的生育权利，但在执行中，抽象行政行为、具体行政行为均有可能造成公权主体侵害个体生育权的现象。④

(四)现行计划生育政策的问题与缺失

中国国家计生委《中国未来人口发展与生育政策研究》课题组在对中国现行计划生育政策评估时，总结出如下几个方面的正面或负面效果。正面效果包括：促进生育率大幅度降低，遏制人口快速增长的势头；缓解人口、土地和资源的矛盾，有利于促进社会的可持续发展；改善妇女的生殖健康状况，降低妇女因怀孕导致的死亡风险，有利于提高妇女的社会地位；生育率的下降对经济增长做出重

---

① 参见李冬：《生育权研究》，吉林大学博士学位论文，2007年。

② 参见王淇：《关于生育权的理论思考》，吉林大学博士学位论文，2012年。

③ 周平：《生育与法律：生育权制度解读及冲突配置》，北京：人民出版社，2009年，第61页。

④ 参见周平：《生育与法律：生育权制度解读及冲突配置》，北京：人民出版社，2009年，第132～135页。

要贡献。负面效果包括：在生育意愿尚未完全转变的情况下，强硬的行政管理有可能影响社会稳定；妇女成为计划生育政策的直接体现者，承受巨大的生理与心理压力；国际社会对中国计划生育政策的抨击过多，有损中国形象；伴随生育率的急剧下降，产生老龄化等令人关注的社会问题。[①] 这一评价注意到当代中国计划生育政策产生的部分问题，但对问题的认知不全面亦不深入。

中国现行计划生育政策存在如下不足：第一，混淆政策生育率、实际生育率与公民意愿生育率之差异。现行计划生育利益导向政策的激励作用远小于社会、经济、文化因素的影响。第二，现行计划生育利益导向政策的补偿性功能已初步建立并逐步完善，但在实践中，不应不加区别地继续强化各类计划生育补偿功能，而需加强对重度残疾独生子女与计划生育手术严重并发症、后遗症患者及其家庭的补偿力度；同时也要注意有关独生子女家庭的利益导向政策对未来符合法律法规可以生育两个孩子的家庭生育数量的误导。[②] 总体而言，当代中国计划生育政策是基于一系列宏观人口和宏观经济增长假设关系计算推导出来的政策结果，它恰恰忽略了这一政策对于家庭的可能的微观社会影响。[③] 当代中国计划生育政策陷入困境的根本原因在于生育政策的制定及执行在一定程度上忽略了人本原则。

四、存在争议：计划外生育与非婚生育

中国现行生育政策涉及的争议主要针对公民的生育需求，具体体现为三点：第一，涉及夫妻双方的计划外生育行为管理；第二，涉及单亲母亲的非婚生育行为管理；第三，涉及由代孕、克隆等辅助生殖技术手段实现的其他生育行为管理。其中第三点涉及人的身体处置权，将在第二节生命的“交易”中详细讨论。

（一）涉及夫妻双方的计划外生育行为管理

中国政府规范夫妻双方的计划外生育行为，主要包括奖、惩两种措施，即奖励符合、遵守计划生育政策的社会成员，惩罚不符、违反计划生育政策的社会成员。然而，奖、惩两种措施并非起头并进，自20世纪70年代中国政府施行计划生育政策以来，首先采取的是强制性计生、行政性计生、经济性计生手段等惩罚

---

① 参见国家计生委课题组：《中国未来人口发展与生育政策研究》，《人口研究》2000年第3期。

② 参见洪娜：《中国计划生育利益导向政策研究》，华东师范大学博士学位论文，2011年。

③ 参见宋健、[韩]金益基：《人口政策与国情：中韩比较研究·前言》，北京：光明日报出版社，2009年，第18页。

措施，而后，才逐渐施行以利益导向机制为主导的奖励措施。

20世纪80年代，中国政府和计划生育部门针对违反计划生育政策的计划外生育行为制定并采取了严厉的惩罚手段，主要包括强制上环、强制引产等强制性计生手段、行政处分等行政性计生手段，以及征收社会抚养费、超生罚款等经济性计生手段。根据《人口与计划生育法》《婚姻法》《收养法》的有关规定以及各省、自治区、直辖市地方人口与计划生育法规规定，公民再生育不合规定或生育子女的数量超标、公民未履行法定婚姻登记程序就进行的生育行为、公民收养子女不符合收养法的规定、公民再婚生育行为不符合计划生育法规的规定等行为，应当缴纳社会抚养费。[①]《社会抚养费征收管理办法》(2002年)将征收社会抚养费作为计划外生育的法律责任的承担方式，对不符合法定生育条件的公民依法征收社会抚养费，以补偿因此增加的社会公共投入与公共支出。[②]

20世纪90年代，中国政府开始探索以利益导向机制为主的计划生育奖励扶助制度，给予独生子女家庭、实行计划生育的家庭和晚婚晚育者各种奖励。[③]《中共中央、国务院关于加强人口与计划生育工作稳定低生育水平的决定》(2000年)就指出，建立和完善计划生育利益导向机制的具体措施包括"各级政府及扶贫开发部门应有计划、有重点地对实行计划生育的贫困户予以优先扶持……(政府)对独生子女户发给一定数量的奖励费，城市独生子女父母退休时，各地根据实际情况给予必要的补助……在分配集体经济收入、享受集体福利、划分宅基地、承包土地、培训、就业、就医、住房及子女入托、入学等方面给予适当照顾"[④]。

(二)涉及单亲母亲的非婚生育行为管理

在西方，尽管单亲母亲亦受到种种非议，但基本上不存在法律障碍，而且可以很容易地找到实施辅助生育技术的医院。在中国，作为单亲母亲则存在诸多的法律和制度障碍，《婚姻法》《计划生育法》等法规对此都作出了相应的禁止性规定。尽管在中华人民共和国《婚姻法》第3章"家庭关系"第25条中规定"非婚

---

① 参见徐玉麟、赵炳礼主编:《社会抚养费征收管理办法》，北京:中国人口出版社，2002年，第19～20页。

② 参见宋健、[韩]金益基:《人口政策与国情:中韩比较研究》，北京:光明日报出版社，2009年，第9、10页。

③ 参见宋健、[韩]金益基:《人口政策与国情:中韩比较研究》，北京:光明日报出版社，2009年，第9、10页。

④ 宋健、[韩]金益基:《人口政策与国情:中韩比较研究》，北京:光明日报出版社，2009年，第9、10页。

生子女享有婚生子女的同等权利，任何人不得加以危害和歧视”[①]，但在实践中，非婚生子女在许多方面并不能享有与婚生子女同等的权利，譬如户口政策就针对非婚生子女设置了诸多限制。卫生部《人类辅助生殖技术管理办法》则明确规定，从事辅助生育技术的医疗单位应拒绝对未婚女性实施人工授精手术。

2002 年 9 月，吉林省第九届人民代表大会常务委员会第三十二次会议通过、2002 年 11 月起正式实施的《吉林省人口与计划生育条例》第 30 条第 2 项规定：“达到法定婚龄，决定终生不再结婚并无子女的妇女，可以采取合法的医学辅助生育技术手段生育一个子女。”这意味着在吉林省符合相关条件的女性可以在不领取结婚证的前提下，通过辅助生育技术手段获得自己的孩子。《〈吉林省人口与计划生育条例〉实施中问题的解释（试行）》对条例第 30 条第 2 项、第 3 项、第 4 项，第 31 条第 2 项、第 5 项等作出解释，规定了申请再生育、“独生子女”再生育、再婚夫妻生育、特殊情况生育等。[②] 社会对此褒贬不一。

（三）存在的争议

现行生育政策对于抑制农村妇女的早婚早育和多胎生育、调节和疏导中国第三次生育高峰没有多少实际意义。[③] 从生育权角度来看，任何独立的个体均有生育的权利。不能因为有人由于种种原因未能结成传统的婚姻或伴侣关系，就被剥夺生育权。我们甚至可以预见，（在未来社会）未婚生育不仅会在单身女性当中发生，同样也会在未婚单身男性中发生。[④] 当代中国的计划生育政策实为固定限额的计划生育政策，严格限制了公民生育子女的数量，这是对公民生育需求的限制，本质上已经构成公权力对公民生育权的侵犯。计划生育政策的执行过程亦存在不同程度的违背人性或背离人本的现象，呈现重管理、轻人权的乱象。

第二节 身体之忧：身体处置权之争

在当下社会，社会成员对人的身体权、身体交易行为以及身体处置行为的认

---

① 中国法制出版社编：《中华人民共和国婚姻法配套解读与案例注释》，北京：中国法制出版社，2013 年，第 114～123 页。

② 参见《〈吉林省人口与计划生育条例〉实施中问题解释（试行）》，2012 年 3 月 8 日，http://www.jl.gov.cn/zwgk/zcjd/zfgzjd/201203/t20120308_1160842.html.

③ 参见宋健、[韩]金益基：《人口政策与国情：中韩比较研究・前言》，北京：光明日报出版社，2009 年，第 17 页。

④ 参见沈东：《生育选择引论：辅助生殖技术的社会学视角》，沈阳：辽宁人民出版社，2011 年，第22 页。

知水平相对较低。社会管理者对个体的身体处置行为管理存在较严重的缺位，仅有的身体处置行为管理措施集中在立法方面，制度建设存在诸多不足。

一、关于身体处置权的认知与论争

身体是自然人的物质载体，亦是个体进行生命行为选择的客观载体。身体是自然人的物质载体，一切人的行为、人的意识都不能脱离人的身体而存在，人体必然具备一定的人格因素，不能被视为纯粹的“物”的概念；但同时，人的身体所具备的人格因素如何来判断、度量却是较为棘手的问题。对人的身体的定性涉及人的身体处置行为是否合法、是否存在限度的问题。在讨论人的身体处置行为（例如人体组织或器官的让与、捐赠、交易或其他处置行为）管理之前，首先必须明确中国社会对于身体权、健康权、身体处置行为等概念的界定。

（一）“健康权”与“身体权”

联合国人权事务《经济、社会及文化权利国际公约》（1966年）第12条第1款规定：“本公约缔约各国承认人人有权享有能达到的最高的体质和心理健康的标准。”[①]这是国际文件对人的健康及健康权的规定。学界关于健康权的界定主要包括：“健康是指身体的生理机能的正常运转以及心理状态的良好状态，包括生理健康和心理健康”[②]“健康权所保护的健康不是指无疾病状态，而仅指器官及系统乃至身心整体的安全运行以及功能的正常发挥”[③]等。学界关于身体权的界定主要包括：身体权指“自然人对其肢体、器官和其他组织的支配权”[④]“公民保持其自身组织器官的完整性为内容的权利”[⑤]“公民维护其身体完全并支配其肢体、器官和其他组织的人格权”[⑥]等。在关于健康权与身体权的认知中存在一个误区，即认为积极的身体处置行为能够同时实现人的健康权与身体权。从上述概念的辨析可知，健康权与身体权不能等同。个人的生理健康和心理健康，有可能会通过破坏自身或者他人的身体完整性的方式来实现。例如当人的某身体器官衰竭时，为了实现他的身体健康，要求从他人身上移植健康的身体组织或器官。此时，病人自身衰竭的人体组织或器官被摘除，病人的身体完整性被破坏

① 联合国人权委员会：《经济、社会及文化权利国际公约》，1976年1月3日，http://www.un.org/chinese/hr/issue/esc.htm.

② 王利明：《人格权法新论》，长春：吉林人民出版社，1994年，第303页。

③ 张俊浩：《民法学原理》，北京：中国政法大学出版社，1991年，第137页。

④ 张俊浩：《民法学原理》，北京：中国政法大学出版社，1991年，第144页。

⑤ 王利明：《人格权法新论》，长春：吉林人民出版社，1994年，第283页。

⑥ 杨立新：《人身权法论》，北京：人民法院出版社，2002年，第398页。

了；他人将健康的人体组织或器官让与病者，他人的身体完整性也被破坏。这一过程使病人更健康，同时他人让与器官后也有可能保持原有健康水平。

总的来说，身体权可以概括为是自然人依法保持其肢体、器官或其他组织完整并对其予以支配的人格权。[①] 身体权的内涵包括保持个体的“身体的完整性”以及实现个体的“身体支配权”或者说“身体处置权”。

（二）“身体完整性”与“身体处置权”

从法律意义上讲，身体包括肉体的整个构造，甚至包括附属于身体的所有部分，譬如假肢、义齿、假发、义眼、心脏起搏器等。身体的基本特征在于其组成的整体性和完全性，即“身体的完整性”。身体的完整性包括身体组成部分的实质性完整和身体组成部分的形式上完整。擅自取得人体组成部分，破坏的是身体权的实质性完整；对身体进行殴打、戏弄但没有造成伤害的，侵害的是身体形式上的完整。这些行为都构成对身体完整性的侵害。[②] 身体处置权指向个体支配其肢体、器官的权利，身体支配权并不是绝对的，它受到相应限制。关于身体的概念、身体所包含的范围、身体的完整性存在诸多纷争，主要有三个方面的争议：

第一，当毛发、牙齿等人体组织或器官脱离人体时，是否仍属于人的身体？租用他人的身体组织或器官（不造成人体组织或器官脱离于人体）是否破坏人的身体完整性？这主要涉及人的身体完整性与身体的让与问题。从身体上分离下来的部分即使已与身体脱离，但是其承载着人的尊严和人的生命基因，当被重新移植入新的身体时，其蕴含的人的因素立刻就被激活，于身体的实际用途有大益，不可不被认定为身体的一部分。对此有观点认为，以前人们将人体组成部分（的法律地位）视同于尸体，然而随着输血和器官移植行为越来越重要，现在已无法将这一法律上的禁令继续贯彻下去，必须承认献出的血以及取出的、可用于移植的器官为物。这些东西可以成为所有权的客体，而且首先是提供这些东西的活人的所有物。对于这些东西的所有权移转，只能适用有关动产所有权移转的规则。当然，一旦这些东西被移植到他人的身体中去，它们就重新丧失了物的性质。[③] 这一观点将那些已与人体脱离的人体组织或器官认定为“物”，但又承认当这部分人体组织或器官被重新转植到他人身体中时，它们重新成为人的身体的一部分，而不再具备“物”性。

第二，尸体是否属于身体？这主要涉及尸体的属性及他人对死者尸体的支配权与处置权问题。有学者认为尸体是一种“物”，并指出尸体的所有权由死者

① 参见李显冬：《人身权法案例重述》，北京：中国政法大学出版社，2007 年，第 56 页。
② 参见刘春梅：《论身体权的保护》，《暨南学报》（哲学社会科学版）2011 年第 2 期。
③ 参见孟磷：《组织胚胎学》，上海：中国人民解放军第二军医大学出版社，1996 年，第 191 页。

亲属继承:“人死亡以后,主体资格不复存在,遗留的人体即肉身,回归为自然物,它是一种客观存在,只是在文明社会里不像其他自然物那样可以为人们随意处置以致丢弃,但它确是脱离生命,不再具有主体资格的特殊的物。对于这种物,所有权最初为死者生前享有,死后即为其最亲的亲属取得。”[①]我国尊重死者的丧葬文化传统赋予尸体一定的人格因素,对于尸体所属权的规定存在争议。

第三,卵子、精子、人体胚胎等有可能发育为生命的身体组织应如何定性?这主要涉及人体胚胎的属性及人们对其继承权、处置权的问题。人体胚胎能否由胚胎供给者的亲属继承或者作其他处置,首先需判定人体胚胎是否属于“物”。关于人体胚胎的本质属性的不同观念主要有两种立场。一是承认人体胚胎的“物”性,二是否认人体胚胎的“物”性。有学者认为,人体胚胎具有人格因素,因此不能够成为“物”。所谓“胚胎的道德地位问题”考量的是应否把人体胚胎视为享有人的全部权利的“人”。在医学意义上,未出生者从形成到出生的过程分为三个时期。第一时期为胚卵期,指从受精到第1周末,包括受精、卵裂、胚泡形成和开始植入。第二时期为胚胎期,指第2～8周,包括胚层形成和分化、器官原基的建立、胎膜和胎盘的形成;这一时期末,胚胎已初具人形。第三时期为胎儿期,指第9～38周,各器官系统进行组织分化和进一步生长发育,逐步建立功能,胎儿逐渐长大。[②] 从医学意义来看,人体胚胎虽还不是社会意义上的“人”,但已具备人的生物性,具有成长为“人”的可能性。人体胚胎发育更加完整,具有比精子、卵子等更高的道德地位。目前我国对精子、卵子等作为“物”的规定较为明晰,但对人体胚胎的定性仍较为模糊。

(三)社会成员对关涉“身体处置权”的人体交易行为认知

目前,我国公民对“身体处置权”的认知水平还不高。人们关于脱离人体的器官组织、尸体、人体胚胎的定性尚不准确;准确地说,人们较少关注这些问题;甚至人们对于人体器官买卖、商业代孕等具体的人体交易行为仍存在错误的认知。但是社会成员对身体处置行为的关注度以及身体处置权的诉求却越发彰显。

2013年3月,广州社情民意研究中心在全国(港澳台除外)范围展开“代孕行为全国城镇居民看法”民调报告,对于“女方不能生育的夫妻,找代孕妈妈生小孩”,多达67%的受访者表示“不赞成”,其中女性不赞成者达73%,比男性多11%(见图5-1)。不赞成的理由最主要是代孕“违背社会道德”,被选比例达58%;其次是“不利代孕孩子成长”,比例为46%;“代孕妈妈的权利没保障”“妇

① 张良:《浅谈对尸体的法律保护》,《中外法学》1994年第3期。

② 参见孟磷:《组织胚胎学》,上海:中国人民解放军第二军医大学出版社,1996年,第191页。

女地位下降”和“生育安全没保障”的被选比例分别为39％、36％和33％。赞成的理由最主要是代孕帮助当事人“组建完整的家庭”，比例达68％；其次是“解决不育的好方法”，比例为45％；有32％的人认为“可减少人口贩卖”(见图5-2)。虽然多数人不赞成代孕，但45％的受访者表示支持“政府应将代孕行为合法化、规范管理”的意见，42％的受访者表示反对，13％的人表示不确定(见图5-3)。

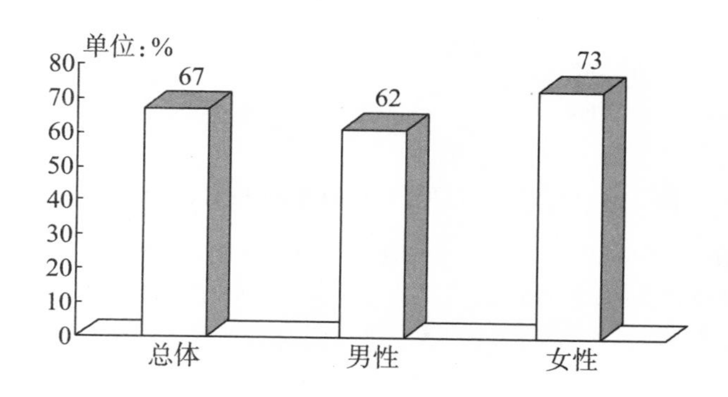

图5-1 不赞成代孕者比例

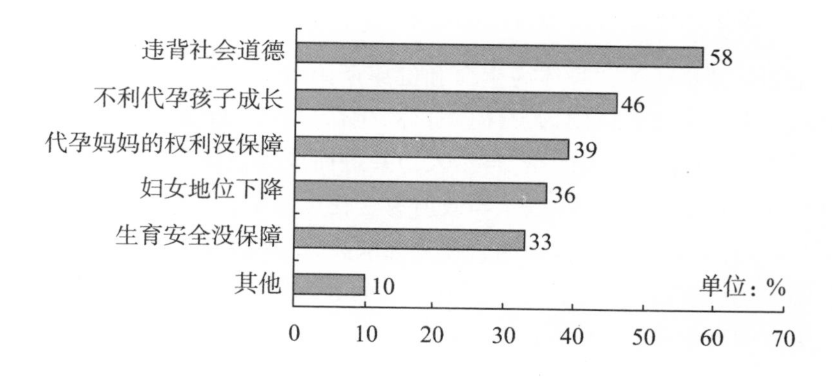

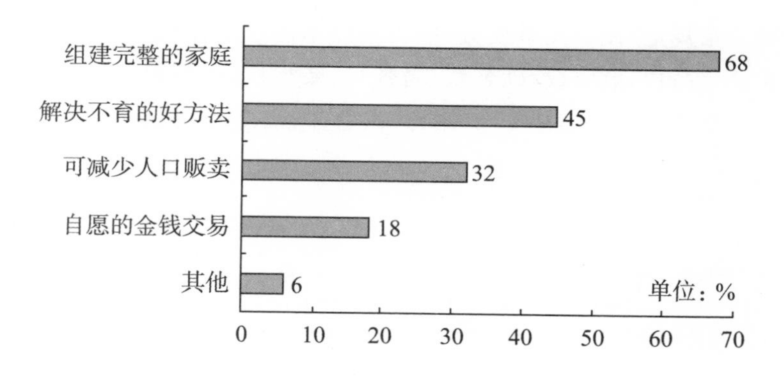

图5-2 不赞成的理由与赞成的理由(可多选)

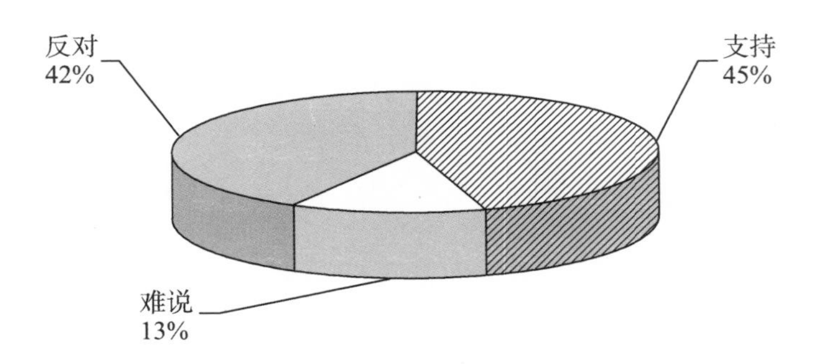

图 5-3 受访者对代孕合法化的看法(反对、支持或不确定)

资料来源:广州社情民意研究中心 2013 年 3 月进行的“代孕行为全国城镇居民看法”民调。本次民调覆盖全国(港澳台除外)23 个省和 4 个直辖市;因语言原因,调查未包含新疆、西藏、内蒙古、宁夏回族自治区,及此未纳入调查总体的城镇人口约 2680 万人。调查抽样框共有 693 个城市和县城,包括全部直辖市和省会市、地级市城区以及随机抽样各省 20%的县级市城区或县城。

二、关于人体处置行为管理的政策

正如梁慧星所说:“身体为生命和健康所附着的载体;无身体也就无所谓生命、健康,无生命之躯体则为尸体。身体、生命、健康为自然人之最根本利益,是人之所以为人(这里指向的是‘自然人’)并进而成为法律主体之根基。”①当个体的身体完整性受到威胁时,国家与政府有责任保障个体的生命权、身体权与健康权。目前,针对人体处置行为的管理较为缺失,管理措施主要集中在法律层面。

第一,立法保护。关于人体组织器官的处置权、人体的让与等问题,我国法律尚未有明文规定。《中华人民共和国民法通则》第五章“民事权利”第四节“人身权”第 98 条规定“公民享有生命健康权”②,以及《中华人民共和国侵权责任法》第 2 条规定“侵害民事权益,应当依照本法承担侵权责任。本法所称民事权益,包括生命权、健康权、姓名权、名誉权、荣誉权、肖像权、隐私权、婚姻自主权、监护权、所有权、用益物权、担保物权、著作权、专利权、商标专用权、发现权、股

① 梁慧星:《民法总论》,北京:法律出版社,1996 年,第 106 页。

② 《中华人民共和国民法通则》于 1986 年 4 月 12 日由第六届全国人民代表大会第四次会议通过,1986 年 4 月 12 日中华人民共和国主席令第 37 号公布,1987 年 1 月 1 日起施行。

权、继承权等人身、财产权益”[①]，规定了公民的生命健康权。

第二，司法解释。在《民法通则》及《侵权责任法》之外还存在其他一些司法解释，明确规定了身体权及身体权的保护方式，包括由中华人民共和国最高人民法院作出的《关于确定民事侵权精神损害赔偿责任若干问题的解释》（2001年）以及《关于审理人身损害赔偿案件适用法律若干问题的解释》（2003年）。《关于确定民事侵权精神损害赔偿责任若干问题的解释》第1条规定：“自然人因身体权遭受非法侵害，可以向法院起诉请求精神损害赔偿。”尽管该条款没有明确规定人的身体权，但是规定了身体权的保护方式——适用于精神损害赔偿，从而间接规定了人的身体权。《关于审理人身损害赔偿案件适用法律若干问题的解释》第1条规定：“因生命、健康、身体遭受侵害，赔偿权利人有权请求赔偿义务人赔偿财产损失和精神损害。”该条款将身体权的保护方式由仅限于精神损害赔偿扩展到同时认可精神损害赔偿与财产损害赔偿。

第三，学者、专家提出的建议稿与修正条例。包括由王利明等起草的《〈中华人民共和国民法典（草案）〉学者建议稿》、梁慧星等起草的《中国民法典草案建议稿》、杨立新等起草的《中国民法典人格权法编建议稿》等。

《〈中华人民共和国民法典（草案）〉学者建议稿》明确规定禁止以任何行为和方式侵害自然人的身心健康，禁止以任何方式侵害自然人的身体，禁止破坏自然人身体的完整性。这一建议稿强调人的身体权及人的身体完整性。

《中国民法典草案建议稿》第49条规定：人体、人体各部分，不得作为财产权利的标的。自然人的身体的完整性受法律保护。但为自然人的健康而进行手术治疗并经本人同意或者符合法律规定的条件除外。为治疗或者医学实验的目的，在符合法律规定的条件下，自然人可以捐赠其身体的部分器官，但非经捐赠人和受捐赠人的同意，不得扩散可以鉴别捐赠人身份和被捐赠人身份的任何信息。在确定亲子关系的诉讼中，必要时人民法院可以决定通过遗传特征对人进行鉴别，但应征得本人同意。在为医疗或者科学研究目的进行前款规定的鉴别时，应征得本人同意。自然人的身体受法律保护。[②] 这一建议稿侧重于维护人的身体完整性与身体支配权。

《中国民法典人格权法编建议稿》第18条规定“自然人享有身体权。禁止侵

---

① 《中华人民共和国侵权责任法》由中华人民共和国第十一届全国人民代表大会常务委员会第十二次会议于2009年12月26日通过，自2010年7月1日起施行。

② 参见梁慧星：《中国民法典草案建议稿》，北京：法律出版社，2003年，第9～10页。

害自然人身体、破坏身体的完整性”。第19条规定“自然人有权决定将自己身体的血液、骨髓等体液和器官捐献给医学科研、教学、医疗机构或者他人。无行为能力人、限制行为能力人所作的捐献应由法定代理人同意”。第21条规定“进行医疗检查、手术、人体实验，施行新的治疗方法等，必须经当事人同意。无权利能力人或限制行为能力人的医疗行为由法定代理人同意。法律另有规定者除外”。第22条规定“自然人对与其身体分离部分的支配受法律保护。他人对该分离部分的处分应当经当事人或其法定代理人同意，法律另有规定者除外”。第25、26、27条规定：“对身体的处分违反法律、社会善良风俗者无效”，“禁止买卖人体组织、器官，禁止买卖死者遗体及其组成部分”，“人体克隆必须依法行使、禁止克隆人”等。①

三、关于人体交易行为管理的政策

（一）严禁人体器官交易

中国是器官移植需求大国，尽管目前我国的年均器官移植数量位于全球第二位（仅次于美国），但考虑到中国庞大的人口基数，器官移植现状并不乐观。中国器官移植的来源主要包括两种：尸体器官移植与活体器官移植，其中尸体器官移植又主要分为死囚器官捐献、公民遗体捐献，活体器官移植则主要通过器官捐献卡等方式实现。中国器官移植面临着巨大的供需缺口。尤其是2007年以来，随着最高人民法院对死刑复核、死刑适用标准的统一规定，可以用于移植的死囚器官逐年减少。一方面，器官移植的供体人数减少；另一方面，器官移植的等待者数量不断增加，器官移植资源的稀缺及由此带来的非法器官移植、非法器官交易等是当下中国器官移植所面临的困境，亟待建立面向公众的器官捐献体系。

根据中华人民共和国国家卫生和计划生育委员会（以下简称“卫生计生委”）统计数据显示，我国人体器官移植的管理工作始于20世纪60年代。2007年国务院颁布的《人体器官移植条例》、2010年卫生部颁发的《人体器官分配与共享基本原则和肝脏与肾脏移植核心政策》以及2013年卫生计生委出台的《人体捐献器官获取与分配管理规定（试行）》等系列法规对于规范人体器官捐献工作、建立起完善的人体捐献器官获取与分配体系起到积极作用。《管理规定（试行）》对捐献器官的获取、捐献器官的分配、捐献器官的监督管理等关键问题作出规定。

① 参见杨立新：《中国人格权法立法报告》，北京：知识产权出版社，2005年，第296、302～312页。

首先，在捐献器官的获取上，各地应成立人体器官获取组织，负责划定区域内的捐献器官获取工作、组建人体器官捐献协调员队伍；其次，在捐献器官的分配上，必须通过中国人体器官分配与共享计算机系统（以下简称“器官分配系统”）进行分配，鼓励有条件的省（区、市）实施辖区内统一等待名单的器官分配，并明确移植医院维护器官分配系统人体器官移植等待者预约名单的职责；再次，关于捐献器官的监督管理，明确相关违法违规行为的处罚原则，并公开已办理人体器官移植诊疗科目登记的医疗机构名单、捐献器官获取组织名单和服务范围、考核合格的人体器官捐献协调员名单和联系方式等信息。① 然而，《管理规定（试行）》仍缺乏包容性，回避了目前学界比较关注的器官交易合法化等存在争议的问题。除了相应的法律法规外，分别于 2010 年 9 月、2011 年 12 月、2012 年 7 月成立的人体器官捐献工作委员会和人体器官捐献办公室、人体器官捐献专家委员会、人体器官捐献管理中心以及各地陆续通过资质审核认证的人体器官移植医院等表明，中国已初步构建起人体器官移植的平台和工作体系。②

2008 年国务院颁布的《人体器官移植条例》明确禁止人体器官买卖，规定“任何组织或者个人不得以任何形式买卖人体器官，不得从事与买卖人体器官有关的活动”，并规定了从事人体器官移植的医院的准入原则。未经公民本人同意摘取其活体器官的；公民生前表示不同意捐献其人体器官而摘取其尸体器官的；摘取未满 18 周岁公民的活体器官的行为，构成犯罪的都要被依法追究刑事责任。从事人体器官移植的医疗机构除了要经过申请登记批准，有具备能力的医务人员和设备以及管理制度外，还必须由医学、法学、伦理学等方面专家组成的人体器官移植技术临床应用与伦理委员会专门审查捐献人的意愿、有无买卖器官的情况、有无移植必要，评价手术风险和是否符合伦理学原则。2011 年2 月通过的《刑法修正案（八）》中增设“组织他人出卖人体器官罪”，并为之规定了严格的刑事责任。尽管如此，在实践中还存在大量的人体器官交易黑市；政府严禁人体器官交易的禁令没有能够有效回应与治理非法人体器官供应链的问题。

（二）严禁任何形式的代孕行为

我国至今没有制定规范人类辅助生殖技术、代孕的专门性法律，仅在国家卫

---

① 参见中华人民共和国国家卫生和计划生育委员会：《〈人体捐献器官获取与分配管理规定（试行）〉的解读》，2013 年 8 月 21 日，http://www.moh.gov.cn/zhuzhan/zcjd/201308/c18f349814984 f44a7136 1426f3eec 0d.shtml.

② 参见袁于飞、张蕾：《中国器官捐献资源十分紧缺供需比例严重失衡》，《光明日报》2012 年 9 月 24 日。

生部颁布的《人类辅助生殖技术管理办法》(2001 年)中严禁任何医疗机构和医务人员实施任何形式的代孕。2001 年 3 月 5 日,中国卫生部出台的《人类辅助生殖技术管理办法》对辅助生殖技术(试管婴儿)的运用、审批、实施等一系列问题作出详细规定,明确禁止医疗机构和医务人员实施任何形式的代孕技术,禁止单身妇女实施人类辅助生殖技术。2001 年 5 月 14 日,中国卫生部发布《人类辅助生殖技术规范》《人类精子库基本标准》《人类精子库技术规范》和《实施人类辅助生殖技术的伦理原则》,此后还公布了《人类精子库伦理原则》及《人类辅助生殖技术与人类精子库评审、审核和审批管理程序》。2003 年 6 月 27 日,卫生部公布了重新修订后的《人类辅助生殖技术规范》《人类精子库基本标准和技术规范》《人类辅助生殖技术和人类精子库伦理原则》。① 上述全国性的部门规章均严禁任何形式的代孕行为,包括商业性代孕与无偿的利他代孕。

近年来,中国社会关于代孕的全面禁令在极少数的地方有所松动。

香港《人类生殖科技条例》(2000 年)允许非商业性代孕行为的存在,但禁止非配偶间的精卵进行代孕,该条例仅允许非商业性代孕行为。《吉林省人口与计划生育条例》(2002 年)第 30 条第 2 款规定,"达到法定婚龄决定终生不再结婚并无子女的妇女,可以采取合法的医学辅助生育技术生育一个子女",即"非婚女性"的生育权与生育自由可以通过辅助生殖方式实现。

《人类辅助生殖技术管理办法》限制了正规辅助生殖技术,但未能限制"代孕市场"的发展。《人类辅助生殖技术管理办法》第 3 条明确规定"禁止以任何形式买卖配子、合子、胚胎。医疗机构和医务人员不得实施任何形式的代孕技术",并在第 22 条规定了违法开展人类辅助生殖技术的医疗机构的法律责任,包括行政责任和刑事责任。2003 年修订的《人类辅助生殖技术规范》第 3 条规定了实施技术人员禁止实施代孕技术。《人类辅助生殖技术与人类精子库校验实施细则》要求已经审核批准的开展人类辅助生殖技术和设置人类精子库的机构,应在正式运行 2 年期满前 3 个月内,通过辖区省级卫生行政部门向卫生部提出校验申请,如存在买卖配子、合子、胚胎,实施代孕技术的情况的,则校验不合格。上述部门规章明确的只是禁止"任何医疗机构及医务人员不得实施任何形式的代孕",并不能制止医疗机构之外的组织和自然人实施代孕,因此,医疗机构之外的组织和自然人之间订立代孕契约的效力不受该部门规章的影响。立法对代孕的

① 参见康茜:《代孕关系的法律调整问题研究——以代孕契约为中心》,西南政法大学博士学位论文,2011 年。

规制显得反应迟缓，态度矛盾：一方面，最初制定的规章因效力层次不及法律，并未真正达到普遍禁止的约束力，也未真正很好地制止代孕技术的泛滥。另一方面，由于无法律也无部门规章明确禁止医疗机构之外的组织和自然人订立代孕契约，造成代孕现象处于一个无法律调整的状态，给民间代孕制造了法律盲区下的温床，引起各种社会问题。①

进入代孕市场的恰恰是不具备资质的医疗机构，甚至是黑诊所、黑机构。卫生部规定，人类精子库只能向已经获得卫生部人类辅助生殖技术批准证书的机构提供符合国家技术规范要求的冷冻精液。因此，那些开展代孕业务的相关机构的捐精、捐卵、捐胚的来源十分可疑，其中有遗传隐患或血亲乱伦风险。可以说，中国目前已经形成一个正规机构不准进入，生殖细胞提供合规机构不准提供合格的配子与合子的怪现象，一个游离于体制外的、庞大的灰色代孕产业链条，在缺乏有效监管的情形下迅速膨胀。比较妥善的办法是制定适当的公共政策，并在严格的制度和程序监管的前提下，首先承认和批准具有资质的辅助生殖机构开展利他性代孕业务是可行的；然后在利他性代孕实践的基础上，逐渐完善代孕市场的法治建设，并逐步放开商业性代孕市场。在阳光下公开对代孕市场的监督，不仅是对代孕需求方的医疗安全和生育质量的保障，也是对代孕者的生命和权利的保障，同时也是对相关医疗机构的健康发展的必要保障。

四、现行政策的问题与存在的争议

目前，国内关于人体器官买卖、代孕等人体交易行为的管理存在许多问题。首先，关于人体处置、人体交易等问题的立法不足；其次，关于人体处置、人体交易的制度建设缺位；最后，现行人体处置的全面禁令造成身体处置自主权的萎缩。

（一）关于身体处置权、身体处置行为的立法不足

《中华人民共和国民法通则》没有明确规定自然人的身体权，因此，对自然人身体权的民法保护早已面临着立法不完全的缺憾；而《中华人民共和国侵权责任法》只规定生命权、健康权，也没有以法律的形式规定身体权，可以说对身体权的民法保护依然未形成一个完整体系。② 在《侵权责任法》12 章共 92 个法条之中，

---

① 参见康茜：《代孕关系的法律调整问题研究——以代孕契约为中心》，西南政法大学博士学位论文，2011 年。

② 参见刘春梅：《论身体权的保护》，《暨南学报》（哲学社会科学版）2011 年第 2 期。

没有一个条款提到“身体”或者“身体权”这两个概念，而“财产”一词则出现11次。在某种程度上，可以说该部法律弱化了对身体权或者身体完整性的保护，是立法理念的一次倒退。[①]《中华人民共和国民法通则》和《中华人民共和国侵权责任法》对公民的生命权、健康权、身体权概念的规定，无法有效回应当下社会中亟待解决的个人的身体组织器官支配权或者处置权面临的激烈争议及带来的复杂问题。身体权的核心在于确认公民有权支配自己的身体组织器官和规定在什么情况下让与自己的身体组织器官。健康权的核心在于确认公民有权保护自己的身体健康，并在他人非法侵害时可以请求司法救济的权利。二者是两个完全独立的具体人格权。从《民法通则》《侵权责任法》及相关的司法解释来看，他人侵犯个体的身体完整性是违法的，无疑将受到法律制裁；那么出于本人意愿的、本人实施的破坏或者让与个体的身体完整性是否违法呢？公民有权自主支配自己的身体组织或者器官吗？医学的发展与医疗技术的进步，还向《民法通则》及《侵权责任法》提出新的问题：当公民死后，他的亲属能够支配其身体组织器官、或者说公民能够继承其亲属的身体组织器官支配权吗？现有的法律法规没有能够回应这些问题，无力应对实践中的人体处置权论争。

（二）人体交易行为管理政策对公民权利的限制

我国卫生部颁布的《人类辅助生殖技术管理办法》《人类辅助生殖技术规范》，从立法目的上承认了一定条件下可以运用人工生殖技术这一非自然生殖方式实现不育夫妻的生育选择权，这体现了与生育权宪法价值的一致性；但是，在缺乏确定且有效的论证基础的情况下，这些行政规章要求禁止代孕，又对生育权这一宪法权利兼民事权利予以限制，其本身的合法性依据有先天不足之嫌，至少引来两方面的违宪争议：第一，禁止代孕是对绝对不孕妻子生育选择权的剥夺，进而间接地剥夺了丈夫的生育权。我国承认符合一定条件的人工授精、体外授精，但都最终需要进行手术直到其怀孕生产来实现，在妻子因病或因身体健康状况不能妊娠的情况下，上述人工生殖技术无法给予不孕夫妻有效的救济，在这种情况下代孕成为最后的途径。全面禁止代孕，即是将这部分不孕夫妻排除在人工生殖技术求援之外，生育权名存实亡。第二，违反宪法保护的人人平等。对于有妊娠能力不孕的妇女和因疾病原因或身体健康状况原因不孕的妇女，给予了不同的待遇。前者可通过人工生殖技术实现生育梦想，后者则永无生育后代的

---

① 参见刘春梅：《论身体权的保护》，《暨南学报》（哲学社会科学版）2011年第2期。

可能，即造成了不孕妇女之间的不平等，“更重要的是这种做法恰恰违背了我们对人工生殖技术予以确认的立法原则——人道主义原则和维护公民正当权利的原则”①。

第三节　婚恋之惑：婚姻制度的变迁

何清涟在《女性沉沦的成因分析》中指出：“近二十年来，中国社会中价值层面被颠覆得最彻底的就是婚姻与恋爱观。”②由于生殖技术的进步和婚姻家庭的现代演变，传统的自然生殖模式和家庭生育模式面临日趋明显的异变，由此引发了一系列复杂而又异常尖锐的伦理问题。由生育技术进步、社会变迁和文化变迁引起的人口生育方式的变化，实质上意味着以婚姻家庭为依托和合法形式，以男女合法性交为唯一途径的自然生育系统的解构，同时也意味着传统的单一性的自然生殖伦理关系的解构。③

一、性文化及婚姻家庭观念考察

性文化与婚姻家庭观念的嬗变是导致中国婚姻制度变迁与婚姻形式转变的重要影响因素之一。

（一）古代中国性文化与婚姻家庭观念

在传统中国社会中，生育一直具有积极的价值，它具有维持种族延续、社会更替的重要功能，是社会发展的积极力量。婚姻本来也是为了抚育而设计的制度，旨在确立双系抚育。④ 在中国社会发展的早期阶段，家庭承担生产职能，生育是组建家庭的重要甚至唯一目的。因此，人的缔结婚姻、性行为与生产、生育密切相连，男女结婚年龄的限定及试婚风俗的实行，本质上是为了确保在男女最佳的年龄段中能够繁衍后代，使生命族群拥有一定数量的人口，促进人口增殖。

---

① 参见康茜：《代孕关系的法律调整问题研究——以代孕契约为中心》，西南政法大学博士学位论文，2011年。

② 转引自袁岳：《调查中国生活真相》，北京：航空工业出版社，2007年，第104页。

③ 参见肖君华：《现代生育伦理问题研究》，湖南师范大学博士学位论文，2004年。

④ 参见费孝通：《乡土中国 生育制度》，北京：北京大学出版社，1998年，第116～124页。

(二)近现代中国性文化与婚姻家庭观念

中国历史的渐进与缓进特色非常鲜明,到春秋诸子百家奠定中国文化思想基础之时,农业社会已相当成熟,在性方面把人与动物截然割裂的基本观念已相当巩固。这种把性排斥出人类的观念,到本世纪后,改头换面为一种所谓人的生物属性与社会属性对立、割裂、互斗的说法。有的人把达尔文进化论高度简单化和庸俗化,认为人的进化就是从不符合他们的道德规则的"低级状态",一步步发展到符合现行道德的地步。还有人歪曲了马克思主义关于人的生物属性与社会属性的划分和相互关系的论点,把两者的关系偷换成生物属性只能服从社会属性,社会属性必然镇压生物属性,而不是两者相互协调和相互适应。结果马克思从中得出必须实行社会革命以改变社会属性现状的结论,而他们却推论出必须维护既有道德,以改造生物属性的现状。中国近现代性文化片面割裂性行为的生物属性与社会属性,直至 20 世纪 80 年代的恋爱青年宣传读物《姑娘,要警惕啊!》还认定:

> 从原始群体的性的自然属性,演变到今天我们的社会生活里,性的社会属性大大地超越了性的自然属性,使之成为一种带着圣洁的、郑重的、严肃的社会现象,这是人类的一大进步,是文明战胜野蛮、理智战胜愚昧的标志。[①]

人们认识到,性行为具有自然属性(即生物属性)与社会属性,这一认知较古代中国的性文化以及由性文化影响的婚姻家庭观念已有长足进步。然而,社会成员片面地认为性行为的生物属性与社会属性可以分离,并且认为性行为的社会属性优于性行为的生物属性,这一观念导致实际上性文化对性的功能的错误认知。

(三)当代中国性文化与婚姻家庭观念

进入改革开放的 80 年代以后,中国人对待性的态度,较之"文化大革命"极"左"禁欲桎梏下的理论观念,已有了很大变化,比如对待同性恋的态度。1983 年出版的《性医学》中译本删去了整整四章,其中有一章就是"同性恋",这表明那时同性恋还被认为是禁区,不能谈论。但 1992 年出版的《他们的世界——中国男同性恋群落透视》则是一部客观考察、研究同性恋的专著,同性恋不再成为讨论的禁区。[②]

---

① 潘绥铭:《性的社会史》,郑州:河南人民出版社,1998 年,第 36、37 页。

② 参见江晓原:《性张力下的中国人》,上海:华东师范大学出版社,2011 年,第 252 页。

20世纪80年代以来，中国内地离婚率直线上升。1980年中国内地结婚716.6万对，离婚为34.1万对，离婚率为0.7%。至1995年，结婚为929.7万对，离婚则达到105.5万对，离婚率为1.8%。15年间，离婚率上升了近3倍。[①]当代中国家庭形式出现较大变化，单亲家庭、丁克家庭、同性恋家庭、非婚同居家庭、甚至开放式家庭[②]等均已出现。这些新出现的“亚”家庭形式，在一定程度上影响并削弱了家庭原先承担的人口再生产即生育的职能，人们的婚姻家庭观念发生了很大的变化。

二、当代中国的婚姻政策检视

我国实行的是婚姻自由、一夫一妻、男女平等的婚姻制度。目前，我国关于性行为及婚姻行为的法律规定较为完善。其中主要由《中华人民共和国婚姻法》及《最高人民法院关于适用〈中华人民共和国婚姻法〉若干问题的解释》，《中华人民共和国民事诉讼法》亦对个体的性与婚姻行为进行了限制与保护。其他若干对《婚姻法》的补充规定包括：《关于军队贯彻执行中华人民共和国婚姻法的暂行规定》(1981年)、《关于人民法院审理未办结婚登记而以夫妻名义同居生活案件的若干意见》(1989年)、《关于人民法院审理离婚案件如何认定夫妻感情确已破裂的若干具体意见》(1989年)、《最高人民法院关于夫妻离婚后人工授精所生子女的法律地位如何确定的复函》(1991年)、《最高人民法院关于人民法院审理离婚案件处理子女抚养问题的若干具体意见》(1993年)、《最高人民法院关于人民法院审理离婚案件处理财产分割问题的若干具体意见》(1993年)、《婚姻登记条例》(2003年)等。

(一)关于性权利与缔结婚姻条件的法律规定

1999年8月23～27日在中国香港召开的第十四次世界性学会议通过《性权宣言》。宣言指出，性是每个人人格之组成部分，其充分发展端赖于人类基本需要，通过个人与社会结构之间的互动而构建。性的充分发展为个人、人际和社会健康幸福所必需。性权乃普世人权，以全人类固有之自由、尊严与平等为基础。为确保人与社会发展健康的性，所有社会必须尽其所能以承认、促

---

① 参见樊新民：《生育革命：对基因工程时代人类选择生育的社会学探讨》，北京：中国社会科学出版社，2003年，第128页。

② “开放式家庭”或者说“开放式婚姻”意味着更进一步的婚姻解放与性解放，指男女结合在一起共同生活，但彼此不干涉个人的性行为与性关系。

进、尊重与维护下列性权利：性自由权；性自治权、性完整权与性身体安全权；性私权；性公平权；性快乐权；性表达权；性自由结合权；自由负责之生育选择权；性资讯权；性教育权；性保健权。其中性公平权指免于一切形式之歧视，不分生理性别、社会性别、性倾向、年龄、种族、社会阶级、宗教，或生理上、情感上之障碍。性自由结合权指结婚、不婚、离婚以及建立其他负责任的性结合之可能。生育选择权包括是否生育、生育之数量与间隔以及获得充分的生育调节措施之权利。[①]

《中华人民共和国婚姻法》(1980年)第3条规定："禁止包办、买卖婚姻和其他干涉婚姻自由的行为。禁止借婚姻索取财物。禁止重婚。禁止有配偶者与他人同居。禁止家庭暴力。禁止家庭成员间的虐待和遗弃。"以禁止的方式保护个体的婚姻自由与婚姻关系。结婚条件必须符合：第一，男女双方完全自愿；第二，男女双方均达到结婚年龄；第三，符合一夫一妻制原则。《中华人民共和国婚姻法》第6条规定："结婚年龄，男不得早于二十二周岁，女不得早于二十周岁。晚婚晚育应予鼓励。"第7条规定："有下列情形之一的，禁止结婚：(一)直系血亲和三代以内的旁系血亲；(二)患有医学上认为不应当结婚的疾病。"

(二)关于婚姻关系及婚姻形式的规定

1. 明确一夫一妻的婚姻关系，禁止一夫一妻以外的其他婚姻形式

《中华人民共和国婚姻法》(1980年)第2条规定："实行婚姻自由、一夫一妻、男女平等的婚姻制度。"《关于人民法院审理未办结婚登记而以夫妻名义同居生活案件的若干意见》(1989年)第5条规定："已登记结婚的一方又与第三人形成事实婚姻关系，或事实婚姻关系的一方又与第三人登记结婚，或事实婚姻关系的一方又与第三人形成新的事实婚姻关系，凡前一个婚姻关系的一方要求追究重婚罪的，无论其行为是否构成重婚罪，均应解除后一个婚姻关系。"

2. 明确一夫一妻的婚姻形式，认定非婚同居为非法同居

《最高人民法院印发〈关于人民法院审理未办结婚登记而以夫妻名义同居生活案件的若干意见〉的通知》(1989年)认为，"人民法院审理未办结婚登记而以夫妻名义同居生活的案件，应首先向双方当事人严肃指出其行为的违法性和危害性，并视其违法情节给予批评教育或民事制裁"，"自民政部新的婚姻登记管理条例施行之日起，未办结婚登记即以夫妻名义同居生活，按非法同居

① 参见赵合俊：《作为人权的性权利——一种人类自由的视角》，中国社会科学院研究生院博士学位论文，2002年。

关系对待”，“未办结婚登记而以夫妻名义同居生活的男女，一方要求‘离婚’或解除同居关系，经查确属非法同居关系的，应一律判决予以解除”，“人民法院在审理未办结婚登记而以夫妻名义同居生活的案件时，对违法情节严重，应按照婚姻法、民法通则、《关于贯彻执行〈民法通则〉若干问题的意见》和其他法律、法规的有关规定，给予适当的民事制裁”。也就是说，认定“非婚同居”的婚姻形式为非法。此外，《婚姻法》及《婚姻法》的补充规定中均未提及两性之外的婚姻形式（同性婚姻形式）。

（三）关于婚姻外性行为的规定

在当下中国社会，社会成员的婚姻外性行为具体包括重婚、有配偶者与他人同居或发生性行为以及未婚者发生性行为等几种形态。我国《婚姻法》明确规定重婚违法，对重婚者可依法追究刑事责任。但《婚姻法》及相关补充法规中没有明确提出关于其他数类婚外性行为的救济途径，仅认可将婚外性行为作为诉讼离婚的法定理由之一，同时对非婚子女的权利等婚外性行为有可能的结果作出规定与保障。《中华人民共和国婚姻法》第 25 条规定：“非婚生子女享有与婚生子女同等的权利，任何人不得加以危害和歧视。不直接抚养非婚生子女的生父或生母，应当负担子女的生活费和教育费，直至子女能独立生活为止。”第 32 条规定，“重婚或有配偶者与他人同居的，应准予离婚”；第 46 条补充规定，“（因重婚、有配偶者与他人同居）导致离婚的，无过错方有权请求损害赔偿”。

三、当代中国婚姻外性行为管理

在不同的历史阶段及不同的地域，不同国家与社会中的婚姻制度有不同的表现形态，人们对婚姻家庭观念的不同认知影响着社会管理者对于社会成员间婚姻关系的调整与规范。在传统生产性单位的家庭中，出于生产、生活以及养儿防老的需要，婚姻关系所体现出的个体需要和社会责任的承担高度一致。传统社会中对婚姻关系的调整更多地关注借助婚姻关系所体现的社会身份等级上的社会秩序规范。在现代社会条件下，婚姻关系对社会身份等级的社会秩序的维护作用几近丧失，传统社会条件下婚姻的个体需求与社会需求的一致性被打破。①

随着社会的发展与人们对婚姻家族关系认知的深化，婚姻在传统社会中的

① 参见王森波：《同性婚姻法律问题研究》，复旦大学博士学位论文，2011 年。

不可替代的生产组织功能和社会组织功能被局限到极为有限的空间，婚姻与生育和经济生产的相关性被削弱，人们的婚姻关系更多地体现为情感型的结合。[①] 婚姻功能的嬗变进一步改变了法律对婚姻的调整方式。无论是婚姻关系本身还是婚姻法律政策，都趋向于遵从并体现婚姻关系的个人意愿，体现为根据个人意愿而建立起来的"私人关系"。[②] 在当下中国社会，越来越多的人开始视婚姻关系为个体间的私人关系，对于婚姻外性行为不再秉持绝对否定的观念。在这样的前提下，社会管理者开始关注并部分回应关于婚姻外性行为的管理。

当代中国社会关于婚姻外性行为的管理可以从两种维度来分类考量。第一种维度是从婚姻外性行为是否涉及交易来看，区分为婚姻外的性交易或者性服务规制，及婚姻外的不涉及交易的性行为管理。第二种维度是从婚姻外性行为的主体来看，依据主体性别的不同，区分为异性之间的婚姻外性行为管理，及同性之间的婚姻外性行为管理。

首先，当下中国社会管理者严厉打击婚姻外的性交易或者性服务。从道德层面谴责不涉及交易的婚外性行为，并以法律和行政手段规制有偿的性交易行为。中国历史上的娼妓行业与色情文艺的发达与社会管理密切相关，并且这种社会管理与控制在逐步加强。相传在春秋时代，齐国宰相管仲为吸引外来商旅，曾设"女闾"，即妓院。如清代学者褚人获在《坚瓠集·续集》卷一记载"管子治齐，置女闾七百，征其夜合之资，以充国用，此即教坊花粉钱之始也"。随着商品经济的发展，市妓、私妓盛行，卖淫更趋商业化。婚外性行为的商业化在宋朝中期经历了转折。程朱理学以"存天理，灭人欲"为旨要，将卖淫视为与天理相悖的行为。自宋以来，直至明清，统治者都多次禁娼。明太祖曾下令严禁官吏宿娼，"官吏宿娼，罪并杀人一等。虽遇赦，终身弗叙"。然而，卖淫行为的出现有经济、政治、文化等多方原因，反而愈禁愈炽。自上而下的压制尽管在表面上奏效一时，但事实上，卖淫这一产业纵贯始终，总是死灰复燃、甚至变本加厉。[③] 自1949年至20世纪60年代初，中国政府封闭全国大中城市的数千所妓院，中国大陆地区的卖淫现象几近消失；然而20世纪80年代开始，随着政府对社会管控的放松，中国大陆地区的性服务业一度再起。为维护社会安全、维持社会秩序等，中

① 参见王森波：《同性婚姻法律问题研究》，复旦大学博士学位论文，2011年。

② 参见王森波：《同性婚姻法律问题研究》，复旦大学博士学位论文，2011年。

③ 参见刘达临：《浮世与春梦：中国与日本的性文化比较》，北京：中国友谊出版公司，2005年，第139页。

国政府出台多部法律法规，涉及性服务的法律法规包括：《中华人民共和国治安管理处罚条例》(1987 年)、《全国人民代表大会常务委员会关于严禁卖淫嫖娼的决定》(1991 年)、《全国人民代表大会常务委员会关于严惩拐卖、绑架妇女、儿童的犯罪分子的决定》(1991 年)、《中华人民共和国妇女权益保障法》(1992 年)、《中华人民共和国刑法》(1997 年)、《娱乐场所管理条例》(1999 年)、《中华人民共和国治安管理处罚法》(2005 年)等等。

其次，当下中国社会管理者介入并干预异性间婚姻外性行为，但对同性间婚姻外性行为却采取“不问”“不提”“不管”的不作为的对策。

婚姻具备多种功能，主要包括生产组织功能、社会组织功能、婚姻关系上的互助功能、个人生理和情感满足的功能，以及客观上规范性行为的秩序和实现人口繁衍的功能等等。[①] 传统中国社会的婚姻观念认为，人们缔结婚姻的主要目的是实现人口的再生产即生育，据此，大部分社会成员均排斥不可能促进人口增殖的同性间的性行为。这一观念在当下中国社会中仍有残留，同性之间的性行为仍被屏蔽在社会主流文化之外，并受到部分社会成员的排斥。然而从总体上看，人们关于婚姻家庭观念的认知不断升华，对于同性性行为更趋宽容和理性。在这样的前提下，社会管理者对于同性性行为的管控与对于异性性行为的规制表现出更多的共性，同性婚姻支持者对禁止同性婚姻提出强烈质疑，并反思婚姻的性别基础。

自人类社会诞生开始，人们在性行为以及性行为管理方面便存在着一个巨大的根本矛盾：性的载体是个人，从事性活动的是个人，然而性的管理者却是社会群体。生物进化和生态环境所造成的性的生物性存在因人而异，但性的社会性存在却趋向整体一致性。[②] 同性婚姻合法化本质上关涉部分社会成员(性少数群体)的性权利与性意愿自由以及社会能否承认与尊重少数群体的性权利自由。面对同性取向群体的需求，我国政府作为公权力的代表者，应当积极回应其诉求，制定关于同性性行为的管理之策，回避政策并不可取。

第四节　死亡之难：终止生命行为管理考察

随着人的年龄增长，在其思想日趋成熟的同时，躯体却不可避免地走向衰

---

① 参见王森波：《同性婚姻法律问题研究》，复旦大学博士学位论文，2011 年。

② 参见潘绥铭：《性的社会史》，郑州：河南人民出版社，1998 年，第 120 页。

老，直至其走向生命的终点。在传统的思维习惯中，人们往往不愿面对死亡甚至惧怕死亡。而随着生命文化的多元化发展和生命科学技术的进步，一些社会成员却试图主动终止自己的生命。目前我国社会管理中面临着“死亡之难”，对于终止生命行为管理的回应性还有待增强。

一、死亡权与自杀行为管理认知

(一)死刑政策与死刑犯权利的历史考察

在狭义的生命权概念中，死刑是最严重的一个中心问题。从现有的数个国际性人权公约来看，在宣告了人人享有不可剥夺的生命权以后，它们都将死刑问题单独列出，认为死刑问题是生命权的例外。《欧洲人权公约》《公民权利和政治权利国际公约》《美洲人权公约》等均对死刑作出保留规定，认为国家权力通过合法程序而剥夺人的生命并不属于故意、任意剥夺人的生命权。这里其实涉及人的生命权的限度和基础问题、国家权力的限度和基础问题，以及当二者发生冲突时依据什么原则来解决的问题。[①] 正是基于此，尽管一些国家已承认生命权作为第一人权这一普适性价值，但仍未废止死刑，仍将死刑作为社会管理手段之一。

从中国最早的关于死刑的法律规定中，可以看到法律文件对人的生命的保护，但是我们又很难从国家权力对任意杀人的禁止性立法角度来推导人享有生命权。因为中国根本就不曾产生西方意义上的人权和权利概念，而生命权是人权和权利的一个子项。然而，即便没有生命权的概念，传统中国在对人的生命保护上也有其特殊方法和理念，而绝非视人命如草芥。从传统中国死刑的等级和执行方式可以看出，死刑之严酷自不待言，而用刑之多样性，又充分表明统治者为维护社会和国家秩序而对死刑的高度依赖。自上古以来直到清代，死刑的适用对象范围逐渐缩小，执行方法逐渐由复杂到简单，死刑判决与执行日趋慎重。[②]

死刑是剥夺犯罪人生命的最严厉的刑罚，具有不可逆转性。可以说，死刑适用是刑罚裁量的重中之重。《人民法院工作年度报告》(2010 年)提出要严格掌

---

① 参见赵雪纲:《论人权的哲学基础——以生命权为例》，中国社会科学院研究生院博士学位论文，2002 年。

② 参见赵雪纲:《论人权的哲学基础——以生命权为例》，中国社会科学院研究生院博士学位论文，2002 年。

握和统一死刑适用标准，确保死刑只适用于极少数罪行极其严重的犯罪分子。[1]《中华人民共和国刑法》第48条规定了死刑、死缓的适用对象及核准程序："死刑只适用于罪行极其严重的犯罪分子。对于应当判处死刑的犯罪分子，如果不是必须立即执行的，可以判处死刑同时宣告缓期二年执行。死刑除依法由最高人民法院判决的以外，都应当报请最高人民法院核准。死刑缓期执行的，可以由高级人民法院判决或者核准。"第49条对死刑对象的限制作出规定："犯罪的时候不满十八周岁的人和审判的时候怀孕的妇女，不适用死刑。审判的时候已满七十五周岁的人，不适用死刑，但以特别残忍手段致人死亡的除外。"

死刑是公权力对个体生命的最终剥夺，它可被视为一种惩罚手段或社会管理方式；自杀则是个体对自己生命的最终剥夺，自杀具有多重原因与影响因素。我国法律没有直接或者明确规定个体的自杀行为违法，但认为教唆他人自杀、或者相约自杀行为等行为构成犯罪；一旦教唆他人自杀、或者相约自杀成功，则相当于"故意杀人"罪。例如《中华人民共和国刑法》第14条规定，"明知自己的行为会发生危害社会的结果，并且希望或者放任这种结果发生，因而构成犯罪的，是故意犯罪""故意犯罪，应当负刑事责任"等等。至于基于个人的意愿实施自杀行为是否合法等等问题，目前我国政府在相应的制度建构方面还是空白。

（二）安乐死的需求与供给及安乐死立法的诉求

20世纪70年代起，我国安乐死问题开始突显。这主要有三个原因。首先是人们对生命质量要求的提升。人们对于生命的认识最早反映在生命神圣论中。20世纪初遗传学的问世使人们对生命的认识更加深入，进而提出生命质量论。生命质量论认为不同的生命个体有不同的质、特征或性质。20世纪50年代以来，随着科学技术尤其是生物学和医学的迅速发展以及人们思想观念的更新，人们对死亡的恐惧心理遇到人类理智的挑战。人们更加注重生命价值，使人保有尊严安乐地死去。其次是老龄化社会的到来。按照现代人口学理论，人口老龄化是指一个国家或地区总人口中因年轻人口数量减少、年长人口数量增加而导致的老年人口比例相应增长的动态过程。造成人口老龄化的直接原因有两个：生育率的下降与人类平均寿命的延长。死亡成为更多人需要面对的问题。我国"未富先老"的老龄化趋势使医疗卫生资源面临紧缺与资源配置的困境，而安乐死能够在一定程度上缓解医疗卫生资源配置的压力。最后是现代死亡的改

---

① 参见杨维汉：《最高人民法院：严格掌握和统一死刑适用标准》，2011年5月24日，http://news.xinhuanet.com/legal/2011－05/24/c_121453522.htm.

变。医学知识与技术的进步模糊了生与死的界限，并且改变了死亡的原因、时间以及方式。尤其是临终医疗技术的发展改变了死亡这一过程。安乐死能使人安静、愉快地度过死亡。①

尽管我国尚未出台安乐死行为管理的法律文件，但已出现因安乐死而提请法庭诉讼的案件。我国公开审判的第一起涉及"安乐死"案件为蒲连升、王明成案。1986 年 6 月，在治疗医师蒲连升的协助下，王明成"帮助"身患绝症的母亲夏素文实施安乐死，并因此被检察机关以故意杀人罪提起公诉。1987 年 3 月 31 日，汉中地区医疗事故鉴定委员会对夏素文的死因做了鉴定。鉴定认为：夏素文的死因与病变本身和冬眠灵的作用两者兼有，其中冬眠灵则更快地促进了病人的死亡。1991 年 4 月 6 日，汉中市人民法院作出一审判决："被告人王明成在其母夏素文病危难愈的情况下，再三要求主治医生蒲连升为其母注射药物，让其无痛苦地死去，其行为显属剥夺其母生命权利的故意行为，但情节显著轻微，危害不大，不构成犯罪。被告人蒲连升在王明成的再三要求下，同其他医生先后向重危病人夏素文注射促进死亡的药物，对夏的死亡起了一定的促进作用，其行为已属剥夺公民生命权利的故意行为，但情节显著轻微，危害不大，不构成犯罪。依照《中华人民共和国刑法》第 10 条，宣告蒲连升、王明成二人无罪。"②王明成获无罪释放的原因是其行为情节显著轻微、危害不大，不构成犯罪；蒲连升获无罪释放的理由是他所开的药物并非夏素文死亡的主因，没有足够的危害性，不构成犯罪。尽管蒲连升、王明成案关涉医助型安乐死行为，但最后的判决结果并没有显示和证明安乐死合法，相反，判决结果认为这一情节属违法行为。

关于社会成员对安乐死的认知及人们的安乐死需求，目前国内还没有全国性的社会调查分析，仅有少数关于特定人（例如老年人）临终需求的调研分析。③

天津医学院崔以泰等人于 1990 年在上海市与天津市居民中进行了关于死亡认识的社会调查，结果显示：关于"对垂危患者的态度"，选择"尽可能挽救"的人占被调查总人数的 56.2%。关于"想到死亡时的感觉"，14.19%的人选择"害怕恐惧"，4.53%的人选择"沮丧泄气"，17.81%的人选择"忧郁悲伤"，三项之和为 36.53%。对"面临死亡最关心的事"，18.15%的人选择"死亡过程可能很痛

---

① 参见温静芳：《安乐死权研究》，吉林大学博士学位论文，2008 年。

② 贾学伟：《我国首例安乐死案当事人王明成昨离开人世》，2003 年 8 月 4 日，http://news.xinhuanet.com/legal/2003－08/04/content_1008886_1.htm.

③ 参见刘喜珍：《老年人的临终需求及其临终关怀的伦理原理》，《中国医学伦理学》2007 年第 4 期。

苦”，10.06%的人选择“我的亲友会哀伤”，两项之和为28.21%。[①] 罗灿辉等人对200例住院临终患者进行的心理特征和护理需求调查显示，65.0%的患者希望医务人员尽一切办法抢救，50.0%的患者希望医生采取措施减轻肉体痛苦，有40.0%以上的患者对死亡来临充满恐惧并为之焦虑、烦躁和悲观；60.0%以上的患者都表现出对人生、家人的留恋，希望家属时刻陪伴在身边，并希望有一个安静舒适的病房环境，只有5.0%左右的患者希望停止抢救和采取医疗措施加速死亡。[②] 张庆国、曹志勇就死亡态度、临终需要以及临终关怀能满足的需要等问题对济南市三家老年公寓78位老年人所作的调查显示：关于“临终时的困扰”，有41.0%的老人选择“死亡会痛苦”，有20.5%的老人担心“亲友哀伤”。以上两项之和为61.5%。对“患重病（主要是指无药可救的绝症）的临终者采取什么措施”这个问题，43.6%的老人选择了“减轻病人的痛苦与恐惧，使他能安然去世”，选择“尽力抢救”和“安乐死”的老人各为28.2%。[③] 上述数据的调研对象仅针对老年人群体，但窥一斑而知全貌，我国公众对安乐死仍存在许多疑虑。

二、自杀与安乐死行为管理之策

在传统中国社会中，合乎政治道德的自杀行为受到统治者鼓励。譬如中国古代皇权统治社会中的“文死谏，武死战”，此类自杀行为往往受到统治者的嘉奖和赞誉。《信陵君窃符救赵》记载侯嬴送信陵君出城后“北乡自刭”、《荆轲》记载田光“自杀以激荆卿”……古代中国社会中“杀身成仁”“以死明志”的自杀行为不胜枚举。社会鼓励并奖励个人合乎政治道德的自杀行为，在这种情况下，社会成员的自杀行为可以被看作涂尔干所界定的“义务性利他自杀行为”。在形式上，义务性利他自杀行为是自愿的、非强制性的；在实质上，义务性利他自杀行为有其根深蒂固的原因：个人高度从属于社会、被统治者从属于统治者。

进入近现代社会以来，社会赋予自杀行为特殊的社会意义。刘长林以中国1919～1928年爱国运动中的自杀事件为样本，探讨自杀行为被赋予社会意义的过程。其时，近代中国媒体大规模介入并放大自杀行为的社会意义，自杀者个人

---

① 参见崔以泰、黄天中：《临终关怀学的理论与实践》，北京：中国医药科技出版社，1992年，第202～205页。

② 参见罗灿辉、谢啸平、冯梅：《200例住院临终患者的心理特征与护理需求》，《中华医院管理杂志》1997年第12期。

③ 参见张庆国、曹志勇：《老年人临终关怀的现状与需求——以济南市为个案的调查报告》，《新余高专学报》2003年第4期。

渴望社会承认其为国捐躯、警醒同胞等公共性价值，追悼会、抚恤公葬等环节接受并放大了自杀的积极社会价值与功能，自杀从一般社会条件或传统意义下人们对它的消极判断转化为现代意义上的积极判断。[①] 自杀行为在事后被赋予并放大了社会意义，具有建构的特征。自杀事件报道与“真相”呈现过程，即是自杀行为社会意义赋予过程。通过对1919～1928年中国爱国运动中大量自杀事件的分析，刘长林指出影响自杀行为发生的两种主要原因为社会制度与人生观，因此救济自杀的主要途径应为改造社会制度、改造人生观。[②] 自杀被部分人视为促进社会公共性价值增值的有效方式，但是关于自杀行为的合理性、合法性一直存在争议。在当下中国社会，教唆他人自杀被视为故意犯罪行为，“相约自杀”“聚集自杀”等群体性自杀行为被视为危害公共安全行为；针对一般性的个人自杀，社会主体主要采取自杀预防、自杀干预等措施来遏制个体的自杀行为，具体包括死亡教育的宣传及自杀行为的心理矫正、自杀干预中心等机构及生命热线等心理治疗机构的设置、针对特定地点或特定时段的自杀行为预防与监控等。

在我国的司法实践中，个体被动的消极安乐死行为一般不需承担责任。我国现行法律将主动的安乐死行为视为违法行为，一旦有人控告，实施者将受到法律制裁，但从实践中发生的数起安乐死案判例来看，对主动安乐死实施者的处罚明显区别于其他性质的故意杀人行为，总体呈现量刑从宽的态势。对病人家属要求司法机关批准实施安乐死、或者办理安乐死公证，司法机关一般以我国尚无安乐死立法为由，暂不批准实施安乐死或者办理安乐死公证。[③] 从诸多方面来看，尽管我国目前还没有通过安乐死管理的相应法规，但是社会成员对安乐死立法或者安乐死行为管理的诉求越发彰显，安乐死始终是一个无法回避的问题。

三、现行政策的问题与存在的争议

在应然层面，人拥有生命行为的自主权，或者说生命行为自我决定的权利。荷兰著名人道主义学者简·格拉斯特·范隆认为：“延续一个人的生命与结束一个人的生命之间的选择与这种自我决定的权利紧密相关。所有的人都必须允许自我决定自己的生与死，应当有成文的法律规定保证和保护人们对自己生命做决定的权利，对于死亡不可避免而又遭受极大痛苦的病人来说，满足他们人生最

---

① 参见刘长林：《自杀如何被赋予社会意义（1919～1928）》，上海大学博士学位论文，2008年。

② 参见刘长林：《自杀如何被赋予社会意义（1919～1928）》，上海大学博士学位论文，2008年。

③ 参见温静芳：《安乐死权研究》，吉林大学博士学位论文，2008年。

后一个要求是人道的，他们应当有这个权利。”[①]有学者认为自杀不是一种法律权利，因而不具备法律和道德的正当性基础；还有学者认为，生命权不包括自杀权利，但是自杀行为可视为行为自由。自杀只是一种对生命的事实上支配，而不是一种法律上的权利。现代各国虽然一般不再对自杀行为定罪惩罚，但对自杀仍普遍持否定态度，自杀常常是社会谴责的对象，各国法律不承认自杀是一种权利。至于安乐死则有所不同，在安乐死合法化的国家，人们已经享有“有限的生命利益支配权”或者说“一定的生命自主权”。[②] 我国现有的法律法规对安乐死的合法性问题避而不谈，在安乐死行为管理中往往首先认定安乐死行为违法，再断定安乐死行为违法情节显著轻微，因而不予追究刑事责任，对社会成员针对安乐死立法的诉求明显回应不足。

第五节　再造之争：定制生命的可行性探究

中华人民共和国卫生部 2001 年 2 月发布的《人类辅助生殖技术管理办法》将人类辅助生殖技术（Assisted Reproductive Technology，ART）定义为运用医学技术和方法对配子、合子、胚胎进行人工操作，以达到受孕的技术，分为人工授精和体外受精—胚胎移植及其各种衍生技术。[③] 由于基因技术和遗传工程的快速发展，辅助生殖技术与现代医学技术或生物工程技术（基因技术）结合得越来越紧密，辅助生殖技术可以概括为：代替人类自然生殖过程中的某一环节或全部环节的现代医学技术手段。为加强人类辅助生殖技术管理和方便社会公众接受人类辅助生殖技术服务，我国妇幼健康服务司汇总了全国经批准开展人类辅助生殖技术和设置人类精子库的医疗机构名单：截至 2016 年 12 月 31 日，经批准开展人类辅助生殖技术的医疗机构共 451 家，经批准设置人类精子库的医疗机构共有 23 家。[④] 那么，人们对辅助生殖技术、尤其是人的克隆的认知程度如何呢？

---

① 转引自[美]保罗·库尔兹：《21 世纪的人道主义》，肖锋译，北京：东方出版社，1998 年，第359 页。

② 参见[法]乔治·米诺瓦：《自杀的历史》，李佶、林泉喜等译，北京：经济日报出版社，2003 年，第 1～4、35～37、67、82、332～333、337、351 页。

③ 参见中华人民共和国卫生和计划生育委员会：《人类辅助生殖技术管理办法》（2001 年），第 24 条。

④ 参见中华人民共和国国家卫生和计划生育委员会妇幼健康服务司：《关于公布经批准开展人类辅助生殖技术和设置人类精子库机构名单的公告》，2017 年 4 月 18 日。

一、社会成员对定制生命、克隆人类的认知

依据零点调查集团于2011年4月中旬在沪进行的城市居民随机抽样调查结果显示，约74.3%的城市居民听说过“克隆”。不同人群对于克隆的认知率存在差异：男性(81.4%)高于女性(66.40%)；年龄越大对克隆的认知率越低，18～30岁的青年人明显高于30岁以上的中青年群体；学历越高对克隆的认知率越高，大学本科及以上(92.3%)明显高于小学及以下群体(45.8%)；不同职业中，教科文体卫专职人员对克隆的认知度最高(90.7%)，各级企事业机关干部对“克隆”的认知率达到80%左右，而一般职工或离、退休人员、下岗/无业/失业者中至少有一半没有听说过“克隆”。①

关于能否将克隆技术应用于人类，58.6%的人表示相信百年之后地球上会有“克隆人”出现，但只有11.1%的人明显希望把克隆技术应用在人类身上；关于如何对待克隆人，38.5%的人表示会“像普通人一样”，21.1%的人表示“敬而远之”；关于谁能够被克隆，13.2%的人同意复制自己，大多数人(52.8%)认为“有特殊需求的人”可以接受复制，28.6%的人认为任何人都不能接受复制。由此可见，相当一部分社会成员对克隆的认知仍然停留在初级层面，对于克隆人持有比较谨慎的态度。

二、当代中国定制生命行为的现实考察

关于部分人体部位的定制，例如通过整形手术调整甚至改变人的体貌特征，人们已不陌生。这类定制行为可被归纳为个体的消费行为。为维护就医者的合法权益、规范医疗美容服务，卫生部依据《执业医师法》《医疗机构管理条例》《护士管理办法》等制定了《医疗美容服务管理办法》(2002年)。《医疗美容服务管理办法》第2条指出：“本办法所称医疗美容，是指运用手术、药物、医疗器械以及其他具有创伤性或者侵入性的医学技术方法对人的容貌和人体各部位形态进行的修复与再塑。”《医疗美容服务管理办法》第24～29条规定了医疗美容的监督管理。然而关于基因层面上的人的定制能否操作、是否合法，政府、专家学者、社会公众等诸多社会主体间存在争议。目前唯一达成一致的就是暂时搁置基因层

---

① 参见零点研究咨询集团：《“克隆”公众眼中的新世界》，2011年8月16日，http://www.horizon-key.com/c/cn/news/2011—08/16/news_1760.html.

面人的定制或者人的优化，从源头上禁止人的生殖性克隆。

人工生殖技术，又称"人类辅助生殖技术"，是与自然生殖相对应的概念，指利用现代医学的最新成果用人工的手段代替自然生殖过程的一部分或者全部的技术。[①] 2001 年 3 月 5 日，中国卫生部出台的《人类辅助生殖技术管理办法》对辅助生殖技术（试管婴儿）的运用、审批、实施等一系列问题作了详细规定，明确禁止医疗机构和医务人员实施任何形式的代孕技术，禁止单身妇女实施人类辅助生殖技术。对于克隆人问题，中国政府的态度是禁止生殖性克隆人，支持治疗性克隆人。2003 年 12 月 24 日，科技部和卫生部公布的《人胚胎干细胞研究伦理指导原则》第 4 条明确规定："禁止进行生殖性克隆人的任何研究。"2005 年 3 月8 日，联合国大会《联合国关于人的克隆宣言》要求各国考虑禁止违背人类尊严的各种形式的克隆人，中国投反对票，其理由是"治疗性克隆研究与生殖性克隆有本质不同，治疗性克隆对于挽救人类生命、增进人类身体健康有着广阔前景和深厚潜力"[②]。我国针对克隆技术的管理条例包括：《人胚胎干细胞研究伦理指导原则》（2004 年），《卫生部关于修订人类辅助生殖技术与人类精子库相关技术规范、基础标准和伦理原则的通知》（2003 年）等等。

三、存在的争议：定制完美人类的可行性

综观当下中国社会中人们定制生命行为的社会现实，以及公权力的掌控者关于定制生命行为的规制与约束，与国外一些国家或地区相比，中国公民在定制生命行为以及公权力在定制生命行为的管理领域似乎存在先天不足之处。

当下中国社会成员可能采取的定制生命行为可以大致分为两类：第一类定制生命行为是通过医疗技术手段修饰人的身体外在的一些部位，例如通过植皮手术、五官整形手术等等修饰人的容貌。这类生命行为目前在中国已经被视为人的消费行为之一。为保护消费者的相关权益，政府通过系列法律规定来规范相应的市场行为。第二类定制生命行为指通过基因修饰、基因筛选、基因改良等生命科学与生物技术，改变人的身体内在的基因，例如变更胎儿性别、排除胎儿的致病基因，甚至设计具有"优秀"基因的完美婴儿等。从可以搜集到的官方文件及报刊资料来看，目前中国尚未具备实现第二类定制生命行为的技术，还没有

---

① 参见康茜：《代孕关系的法律调整问题研究——以代孕契约为中心》，西南政法大学博士学位论文，2011 年。

② 上官丕亮：《宪法与生命：生命权的宪法保障研究》，北京：法律出版社，2010 年，第 117 页。

能够操作第二类生命行为的研究或者医疗机构,因而政府关于第二类定制生命行为的管理主要是从预防性的角度,在源头上制定相应禁止性的规定。

关于第二类的定制生命行为及其管理,目前存在诸多争议,其中定制生命行为能否实施本身就面临极大的质疑。此外由于技术发展与知识传播的限制,当下中国公众关于定制生命行为及其管理的知情权不能得到保障,关于定制生命行为的讨论囿于专家学者以及部分政府官员之间,定制生命行为管理尚未真正展开。

小结 当代中国生命行为管理透视:问题与反思

相较于国外生命行为管理的实践,当下中国生命行为管理存在诸多缺失与不足,主要包括生命行为管理制度缺失与社会管理者回应不足两个方面。

首先,生命行为管理制度的缺失。第一,生命行为管理立法不足。以辅助生殖技术的实施细则为例,现行的相关法律法规有《人类辅助生殖技术管理办法》(2001年)、《人类辅助生殖技术和人类精子库伦理原则》(2003年)、《人类辅助生殖技术规范》(2003年)、《人类精子库基本标准和技术规范》(2003年)、《人类精子库管理办法》(2001年)、《人胚胎干细胞研究伦理指导原则》(2003年)。存在上位法缺位、具体操作细则不明、各地方性法规不统一等问题。第二,伦理审查机制尚不完备。由于国家层面的生命伦理委员会尚未设立,各省、市、自治区等地方性的生命伦理委员会或医学伦理委员会缺乏统一性的指导准则。尽管在许多医疗机构已经成立医学伦理委员会,但大多的职能没有实现,缺乏突发事件的应对机制。第三,生命行为管理监督缺位。通过零点调查对当下中国社会生育意愿、器官捐献意愿、克隆人类认知等问题的调研,人们对生命行为的认知、生命权的认知程度还不高,没有明确认知到生命行为管理的重要性、必要性等,参与生命行为管理的积极性不高。信息爆炸与信息匮乏并存,导致公民难以获取可信的信息;同时,第三方机构及生命行为的少数群体力量孱弱,无法形成有力的监督。第四,生命行为管理救济空缺。当前生命行为管理政策已呈现出许多非预期后果,例如计划生育政策的非预期后果——失独家庭、人口结构老龄化。失独家庭等群体成为计划生育政策需要补偿的对象,但目前没有出台相应的措施对这部分群体进行补偿与救济。

其次,以公权力为主导的社会主体回应不足。例如,同性婚姻、安乐死等生命行为在事实上已经成为公权力主体不可回避的问题。它们关涉特殊群体或者说亚文化群体的生命需求，涉及多数群体与少数群体的矛盾。公权力的掌控者不仅要致力于消解个体的生命权诉求与社会利益之张力，还必须协调理顺不同群体之间的利益关系。若采取“不提”“不问”“不管理”的消极与不作为的应对政策，一方面无益于解决这些生命行为问题，另一方面易引发这些生命行为的负面的衍生性问题，譬如计划生育政策导致的老龄化趋势及失独家庭群体，同性婚姻的空白导致的“中国式同妻”现象，结果不仅无益于个体生命权诉求的实现，还在一定程度上增加了社会运行的风险与失序的可能性。

第六章　推进与优化生命行为管理的若干思考

当代生命行为管理在不同国家与不同领域呈现不同态势。从生命行为管理的不同地域看，在较少尊重与保障人权的国家与地区，生命行为管理仍沿袭相对传统与狭隘的执行方式；在立法和实践层面均尊重与保障人权的国家或地区，生命行为管理运行机制则体现更多的宽容和理性。一些生命行为领域能够实现较高层次的生命行为管理，而一些生命行为领域还存在不同程度的价值偏移、管理错位、规则失范、运行低效的现象。

生命行为管理存在问题的主要原因是生命行为管理者对工具理性的过度依赖、生命行为管理赖以施行的技术官僚政治的僵化以及科学管理主义的扩张。这导致当下生命行为管理的缺位、越位或者错位，具体表现为公权力的掌控者不能及时或有效回应社会成员的生命权诉求、社会群体过多地入侵社会个体的生命行为领域，或者公权力错误地介入人的生命行为领域。究其根本，生命行为管理陷入困境反映出不同国家、不同领域内的生命行为管理在不同程度上依循错误的核心理念，错置生命行为管理的人本原则、正义原则与生物多样性原则等。探索当下生命行为管理困境的破解之道与优化生命行为管理，必须考量生命行为管理的核心理念、基本原则及评价依据等若干因素。以公权力为主导的社会主体须对三种生命行为类型，即必须禁止或限制的生命行为、需要激励或救济的生命行为以及应当引导与规范的生命行为施以不同的治理措施。

第一节　生命行为管理的困境及其成因

由于政府主体在不同程度上误判人的生命权与生命行为的限度，或是政府主体无力回应复杂的生命行为问题争论，或是政府主体虽然在应然层面上能够认知生命行为论争的焦点所在但囿于官僚组织的内在缺陷或者官员操作不当，而在实然层面上背离其尊重与保障人权的执政理念，现行的生命行为管理运行机制在一些领域中、在不同程度上陷入价值偏移、管理低效与规则失范的困境。

生命行为管理困境之因由主要为当代生命行为管理所依循的工业社会治理模式，不能有效回应实践中的生命行为问题。生命行为管理之困境具体表现为：第一，生命行为管理对工具理性的过度依赖；第二，生命行为管理赖以施行的官僚制组织出现僵化；第三，科学管理主义在生命行为管理中的扩张。

生命行为管理困境表现为生命行为管理出现缺位、越位或者错位。生命行为管理的“缺位”指向公权力的掌控者对人的生命行为干预不力，社会主体不能及时或者有效回应社会成员的生命权诉求，生命行为管理的一些领域存在制度缺失。生命行为管理的“越位”指向公权力的掌控者对人的生命行为干预过多，社会主体不能辨明个体选择与群体选择之界限，导致生命行为管理的扩张与自我膨胀。生命行为管理的“错位”指向公权力的掌控者对人的生命行为实施了错误的干预，在一定程度上生命行为管理措施已部分侵犯人权，并造成许多负面问题。

一、当代生命行为管理的多样态

综观人类社会不同历史阶段中的生命行为管理可以发现，在人类进入文明时代之后，生命行为管理模式就已经逐渐形成，但在不同的历史发展阶段与不同的国度中生命行为管理具有不同表现。从前工业社会到工业社会，生命行为管理由总体上无视人权、具有极大偶然性的管理方式转向普遍意义上承认人权的制度化管理方式。从工业社会转向后工业社会，生命行为管理由单向度的管理方式转向多元参与及多维管理方式。随着社会的发展与进步，人类社会对生命价值的认知逐步深化，人的生命权利意识日益觉醒，人们对生命行为的认知日渐清晰。当代生命行为管理的总体趋势为：生命行为管理承认与尊重人的生命行为选择自由，更趋宽容与理性。然而在不同国度与不同领域，生命行为管理仍呈现不同态势。

当代生命行为管理的多样态包括两个层面。从生命行为管理的不同国家来看，在少数漠视人权的国家或地区，公权力的掌控者忽视个体生命行为的差异性，往往采取单向度与同一化的生命行为管理方式，生命行为管理仍沿袭相对传统与狭隘的干预方式；在一些能够较好地尊重与保障人权的国家或地区，生命行为管理运行机制则体现出更多的宽容和理性，在总体上表现为尊重与包容社会成员的多样态生命行为选择，采取多维度与多元化的生命行为管理方式。从生命行为管理的不同领域看，在一些生命行为领域中实现较高层次的生命行为管理，而在一些生命行为领域中还存在不同程度的价值偏移、管理低效与规则失范的现象。

（一）不同国家或地区中的生命行为管理

当代生命行为管理在不同国家与地区所呈现的不同态势，主要是由不同国家与地区的人权状况决定的。根据人权状况，具体可以分为三类：

第一类是社会管理者漠视人权，不承认个体的生命权诉求与个体的生命内在性价值。目前世界上的绝大多数国家已将人权视为国家的核心利益，政府制定、实施一系列人权文件与法律政策，以尊重与保护人权为施政旨要。然而少数国家由于经济欠发达、政治民主程度较低、个体生命权利意识不足等原因，社会管理者漠视人权、践踏人权，致使人权状况持续恶化。在那些漠视人权的国家里，社会个体的生命权诉求完全让位于社会整体的发展需要。

第二类是理念上社会管理者承认人权并以尊重与保障人权为社会管理的导向，但是政府施行的生命行为管理过度或者错误地入侵个人领域，使社会利益凌驾于个体生命权诉求之上，生命行为管理出现“重管理、轻人权”的价值偏移。

第三类是在立法与实践层面均尊重与保障人权。在这些国家和地区，政府主体保障人的生命行为选择自由，承认人的生命行为选择的多样性，生命行为管理方式呈现多元化与多维度，生命行为管理运行机制则体现更多的宽容和理性。

依据不同国家的人权状况对生命行为管理分类，仅仅是第一步。由于各国国情的不同，在不同国家的具体生命行为领域，生命行为管理有不同的侧重点。

（二）不同领域中的生命行为管理

当代生命行为管理在不同领域所呈现的不同态势，主要表现为：一方面，社会成员对不同领域中的生命行为认知程度不同；另一方面，以公权力为主导的社会主体对不同领域中的生命行为所采取的管理方式亦不相同。

综观英国、美国、荷兰、瑞典、印度与中国等国家不同领域中的生命行为管理可以发现，由于各国具体国情的不同，生命行为管理措施存在不同的偏好与倾向性。在一些领域中，已有部分国家初步实现较为优化的生命行为管理，例如在安乐死行为管理领域，荷兰及瑞典承认安乐死合法化，荷兰及瑞典所施行的具体管理措施既尊重与承认人的生命权诉求，又能够遏制安乐死行为可能导致的道德滑坡,并且对其他国家成员开放,从而满足了一些国外社会成员的安乐死诉求。在某些领域中,部分国家采取明显不相宜的生命行为管理措施,例如在人体交易行为管理领域,印度规定商业性代孕合法、伊朗规定有偿器官交易合法,导致人成为器官零部件的"集合体",令人沦为商品。在定制生命行为管理领域,部分国家的生命行为管理介于上述两个层面之间:既没有实现较优层面的生命行为管理,也不存在现实生活中明显错位或者越位的生命行为管理。

第一类:相对较优的生命行为管理。在英国、美国等经济相对发达、政治观念相对民主的国度,公民的私权利更受尊重与保障。美国格里斯沃尔德诉康涅狄格州案(1965 年)与罗诉韦德案(1963 年)后,节育与堕胎被视为公民的隐私权的内容之一,美国最高法院先后宣判康涅狄格州禁止人工避孕法与德克萨斯州禁止堕胎法违宪,此后,美国政府及其他主体不得恣意干预公民的节育及堕胎。在美国的生育行为管理、荷兰的性交易行为管理与婚姻行为管理以及日本的自杀行为管理、瑞典的安乐死行为管理等领域中,生命行为管理以维护多元主体的生命权诉求为基准,公权力主体尊重与承认个体的生命选择权以推进社会有序运行,已实现较高层次的生命行为管理。

第二类:失序状态的生命行为管理。在印度、巴基斯坦及伊朗等因经济欠发达或者政治民主进程相对落后以及其他因素而发生生命价值观错置的国家或地区,在人体交易领域中的生命行为管理存在不同程度的价值偏移、管理低效与规则失范乱象。在印度、巴基斯坦等国家或地区,由政府或其他第三方监管的有偿人体交易行为是合法的,从事人体器官交易的掮客与代理机构非常活跃,人体部位卖家、人体部位买家以及大量的中间机构共同构成国际社会人体交易的供应链,尤其是贫穷的人往往将他们的人体部位视为最后的社会安全网,他们自愿或者被胁迫通过出售人体部位来养家糊口。印度的代孕行为管理、伊朗的人体器官交易管理等领域中的生命行为管理,错误地以市场逻辑评估人的生命行为,贬低人的生命价值,使人沦为人体部位的"集合体",甚至造成人格沦丧,生命行为管理呈现无序状态。

在英国、美国、法国、加拿大、芬兰、丹麦、挪威、瑞典、冰岛、荷兰、比利时、西班牙等较好地尊重与保障人权的国家或地区,在生育行为管理、婚姻行为管理及安乐死行为管理领域中,已不同程度地实现较优的生命行为管理;在印度、伊朗、乌干达、阿尔及利亚、坦桑尼亚、突尼斯、塞浦路斯等尚未能够承认社会成员的多元化生命诉求的国家或地区,在人体交易行为管理或同性婚姻行为管理领域中,存在不同程度的生命行为管理困境与生命行为管理失序。此外，在定制生命行为管理领域中，存在第三类生命行为管理：中间状态的生命行为管理。

第三类：中间状态的生命行为管理。综观各国不同领域的生命行为管理，在生育行为管理、人体交易行为管理、性行为管理与婚姻行为管理、安乐死行为管理这四个生命行为管理领域中，生命行为管理或卓有成效，或失序低效，在不同国家的不同领域中呈现不同程度的成功或者失败。当下生命行为管理在定制生命行为管理领域中则表现为与上述两类不同的态势。目前，除明确禁止克隆人类之外，还没有政府明确规定关于人们定制生命行为的边界与限度。

二、当代生命行为管理的困境

尽管当代生命行为管理在不同国家与不同领域中呈现不同态势，生命行为管理的运行机制、执行方式与管理措施因各国的具体国情不同而表现出不同特点，但总体而言，当代生命行为管理存在价值偏移、管理低效与规则失范之困境。

（一）价值偏移：重管理本位，轻人权本位

在应然层面，人的生命权与人的生命内在性价值极其重要，生命行为管理应以尊重与保障人权为第一要旨。而在实然层面，当下生命行为管理并没有能够完全遵循人权本位的准则，总体上呈现出“重管理本位、轻人权本位”的价值偏移。

生命行为管理“重管理本位，轻人权本位”的价值偏移指公权力的掌控者忽视个体的生命权诉求，第一种情况是社会管理者不能兼顾多数群体与少数群体的生命权诉求，只回应多数群体的生命权诉求而忽视了少数群体；第二种情况则不区分多数群体与少数群体，指向生命行为管理者更加强调运行效率而忽视人权。

第一，生命行为管理对少数群体中个体生命权诉求的忽视。一般而言，社会中的不同个体分属于“多数群体”与“少数群体”两个阵营。“多数群体”指向人类生命共同体中的大多数人，他们的行为方式、价值信仰构成社会的主流文化。“少数群体”指向人类生命共同体中的少数人，他们的行为方式、价值信仰构成社会的“次文化”或者说“亚文化”。在当下多元化的世界中，亚文化及亚文化群体的力量逐渐涌现并为主流文化群体所认知。亚文化群体的行为方式与主流文化群体不同，他们的生命行为倾向性与多数群体不一致。基于社会治理的平等、公正、正义等共识，在应然层面，生命行为管理不仅要承认多数群体的生命行为选

择方式，亦应尊重少数群体的生命行为选择的自由权。然而，现有的生命行为管理机制往往对少数群体设置更多限制，或者较少回应少数群体的生命权诉求。譬如摩洛哥、科威特等国家的婚姻政策否认同性恋者的婚姻权利，甚至将同性恋行为定为刑事犯罪。类似的生命行为管理政策只回应多数群体的生命权诉求，否认少数群体的生命权诉求或者无视少数群体的生命权诉求。

第二，生命行为管理因运行效率而无视个体生命权诉求。当维系现有生命行为管理制度与满足人们的合理需求发生冲突时，社会管理者必须作出取舍和抉择。人的权利与人的需求应当被视为最根本也最重要的政策出发点，然而，当下社会中，以公权力为主导的社会主体偏向于维系现有的制度，而忽视了生命行为管理的人权本位。譬如印度、中国等国家实行的计划生育政策是基于诸多宏观人口、宏观经济增长假设关系而计算、推导形成的政策结果，计划生育政策以及相关的配套措施更关注政策的宏观社会效应，而较少注意政策对个体的微观影响。从宏观社会效应来看，在短时期内，限制公民生育数量在一定程度上有利于优化人口结构；但从微观社会效应来看，限制公民生育数目侵犯了个体的生育权与生育行为选择的自主权。

（二）管理低效：重程序合法，轻事实合法

公权力的掌控者介入与干预人的生命行为，首先应确认个体生命行为的正当性与合法性。为此，社会管理者制定了一系列法律文件与规章制度，以规定个体的生命行为必须遵循的相应程序。然而，在相关法律文件与规章制度的践行中，由于公权力的掌控者重程序合法甚于事实合法，导致政策的低效甚至无效。

生命行为管理“重程序合法、轻事实合法”的极端表现是，一些法律明令禁止的实质上非法的生命行为经过数次“公文旅行”与“公章开会”后，最终实现了程序性合法，结果这些不正当的违法性行为摇身一变成为形式上的合法行为。

譬如，伊朗的器官交易合法化政策，其本意是利用政府主导的人体交易供应链条取代人体交易黑市中的非法供应链，但由于管理过程中过度强调程序性，人体交易黑市中的非法供应链不仅没有被取缔，反而获得了程序上的合法性。掮客和中介商成为政府主导的人体交易供应链中的提供服务者，非法的人体交易行为变成接受政府监督的“合法”的人体交易行为。新的人体交易程序不仅没有使非法人体交易行为减少，反而使非法人体交易合法地进入公众视界，非法人体交易与合法人体交易的边界更加模糊，进一步增加了人体器官需求者的交易成本。

相似的非法人体交易行为"合法化"过程发生在印度。印度"器官移植授权委员会"的职责是确保所有的器官移植手术均属合法且没有金钱交易,委员会有权在第一时间监督及阻止肾脏诈骗的出现。然而实际情况是,委员会常常核准由掮客经手的违法器官移植手术。委员会的审理会议在器官卖家与器官买家双方都了解的"哑剧"中进行,当委员会认定交易合乎道德时,人体器官买卖便被遮上人体器官捐赠的"面纱",成为合乎道德并合乎法律的双方自愿行为。[①]

位于印度金奈的"马来西亚社会福利中心"(Malaysian Social Services)、法国的慈善机构"生命方舟"(Zoe's Ark)、美国犹他州的领养机构"聚焦儿童"(Focus on Children)……其中不乏世界上著名的慈善机构、领养机构。它们以慈善性质的领养儿童为名,实际上却从掮客们贩卖儿童的行为中获得利润,从而成为"出口儿童"这一产业链的重要中转站。以"领养"之名,贩卖儿童的行为转变为人们之间的志愿性、慈善性行为,成为符合程序合法性的所谓"合法"行为。

(三)规则失范:重市场逻辑,轻道德逻辑

人的生命价值可以分为工具性与内在性两类。生命的工具性价值即考量个体生命的作用与功效,或者说个体的生命能够为自身、他人与社会提供多少利益。若按照生命的工具性价值标准来衡量人的生命价值,那么只有那些能够增进自己、他人或者社会利益的生命行为才是有价值的。生命的内在性价值指的是排除了人的阶层、种族、地位、权势等一切外在因素之后,人仍然具有的那部分内在的生命价值。无论个体对自己、他人与社会的作用与功效是大是小,人都具有内在性的生命价值。而人拥有内在性的生命价值却不必然拥有生命的工具性价值。

在应然状态下,人的生命内在性价值优于人的生命工具性价值,基于这一理念而进行的生命行为管理应当以尊重与保护人的内在性生命价值为第一要旨。据此,当生命的内在性价值与生命的工具性价值发生矛盾与冲突时,以政府公权力为主导的社会主体应优先考虑生命的内在性价值而不是生命的工具性价值。

然而由于社会主体没有正确认知两者关系,在生命行为管理中出现了生命的工具性价值对生命的内在性价值的僭越,进而导致生命行为管理"重市场逻辑、轻道德逻辑"的规则失范,即生命行为管理的某些措施以市场原则介入一些本应当由道德逻辑主导的生命行为选择,甚至有时以市场逻辑取代道德逻辑。

---

① 参见[美]斯科特·卡尼:《人体交易》,姚怡平译,北京:中国致公出版社,2013年,第71、72页。

市场的“越界”成为生命行为管理规则失范的重要诱因与主要表现方式。生命行为管理的措施不乏用金钱衡量生命行为的计划或项目：譬如哈里斯倡导的“金钱换节育计划”、激励胖人减肥的“以磅换镑计划”等等，这些措施在一定程度上将人的生命行为视为可以物化的商品。在一些国家或地区（尤其是贫困国家或欠发达地区）受到目的明确的政策驱使的商业代孕行为、人体器官交易行为等正是生命行为管理规则失范的重要表现：商业代孕行为将妇女的身体和生育能力工具化，人体器官交易行为将人的身体部位视为毫无人性的可拆卸、可替换的人肉零件……从道德逻辑上看，以公权力为主导的社会主体应致力于遏制这些贬低人性、贬低生命内在性价值的有偿的生命行为。然而在市场逻辑的强大力量下，在某些国家的人体交易行为管理领域，上述将人体视为“商品”的情形不仅没有得到遏制反而在法律上“合法”，导致生命行为管理的道德逻辑让位于市场逻辑。

三、生命行为管理困境的成因

正如托夫勒嘲笑“试图以第二次浪潮的工具来管理第三次浪潮经济的人”所说的那样，（他们）无疑像一位大夫在一天早上给所有的病人，不管是摔断腿的，脾脏破裂的，长脑瘤的，还是得了足趾甲长入肉里的，统统开一份肾上腺素。① 随着第三次浪潮的来临，强调工具理性与标准化的工业社会治理模式受到挑战。当代生命行为管理之所以会陷入“价值偏移”“管理低效”及“规则失范”的困境，究其根本是生命行为管理仍部分地沿袭工业社会的治理模式，具体表现为三点：生命行为管理对工具理性的过度依赖、生命行为管理赖以施行的官僚制组织的僵化以及科学管理主义在生命行为管理过程中的扩张。

（一）工具理性的过度依赖

生命行为管理困境的成因之一是生命行为管理对工具理性的过度依赖，指政府主体以个体生命行为选择对国家利益或者群体利益的功效为指标，判断个体生命行为的限度，过度强调生命科学与科学技术、法律制度、市场机制等社会力量在实现生命行为管理中的有效性，其结果是一些生命行为管理措施漠视个体的生命权诉求，罔顾人的生命内在性价值，使人与人的生命行为沦为工具。

---

① 参见［美］阿尔温·托夫勒：《第三次浪潮》，朱志焱、潘琪、张焱译，北京：三联书店，1983 年，第 332 页。

生命行为管理对工具理性的过度依赖主要表现在三个方面：

第一，在当今法治社会中，社会管理者将法律作为生命行为管理的重要手段（有时甚至是唯一手段），并凭借国家意志强制执行，而不论法律是否合乎正义。

在一个既定的社会中，存在着种种改善人类生活的特殊可能性以及实现这些可能性的特殊方式和手段。① 现代法治社会以法律作为引导与干预个体生活与个体行为的重要方式和主要手段。在现代社会中，法律指向拥有立法权的国家机关依照立法程序制定和颁布的规范性文件。② 法律由国家的立法机关制定或者认可，可以说，法律是国家意志的体现，法律规范区别于其他社会规范的重要特征正是法律的国家意志性。法律的国家意志性又表现为法律的强制性，由国家暴力机构强制保证法律规范的实施。③ 然而法律有“良法”与“恶法”之分。所谓“良法”，指合乎正义的法律，包括法的实质正义与法的形式正义。法的实质正义指向实质上的合法性，蕴涵法的人文性、价值性、合理目的性，是自由、平等、秩序、权利、效率、公平、正义之载体。法的形式正义指向形式上的合法性或者称为合法律性，指执法过程中的程序公正或者形式公正。④ 在应然状态，社会管理者应禁止“恶法”，防止“恶法”对人权的僭越；在实然状态，由于工具理性的扩张，人在一定程度上被视为法治的工具，一些漠视人权甚至践踏人权的“恶法”被强制执行。

第二，在当今市场经济体制中，市场不仅作为组织生产活动的最重要工具，还将人视为社会性生产的工具，在一定程度上使人的身体与生命行为沦为商品。

工具理性的张扬造成人性的全面异化。弗洛姆敏锐地洞察到，在资本主义社会的社会化大生产中出现人性扭曲与人的全面异化：“在这种体验中，个人感到自己是陌生人，或者说，个人在这个个体中变得使自己疏远起来。他感觉不到自己就是他个人世界的中心，就是自己行动的创造者——他只觉得自己的行动及其结果成了他的主人，他只能服从甚至崇拜他们。”⑤人丧失了自我存在与自我意识，“他的声望、地位、成就，以及在他人眼里他所是的那个样子，替代了真正

① 参见[美]赫伯特·马尔库塞：《单向度的人——发达工业社会意识形态研究》，刘继译，上海：译文出版社，2008年，第2页。

② 参见朱贻庭主编：《伦理学大辞典》，上海：上海辞书出版社，2011年，第285页。

③ 参见朱贻庭主编：《伦理学大辞典》，上海：上海辞书出版社，2011年，第287页。

④ 参见朱贻庭主编：《伦理学大辞典》，上海：上海辞书出版社，2011年，第287页。

⑤ [德]埃里希·弗洛姆：《健全的社会》，欧阳谦译，北京：中国文联出版公司，1988年，第120、138、140页。

的同一感。这种情况使他完全依赖于别人对其看法，并使之继续扮演曾经使他获得成功的那个角色。假如我和我的力量被互相分离了，那我的自我确实已由我所能卖到的价格构成了”[①]。工具理性将人的身体视作生产的工具，将人视为实现社会利益的工具；这一错误的价值导向致使生命行为管理对人的生命行为的评价方式发生异化，令市场和市场价值愈来愈多地侵入本不该涉足的生命行为领域。

第三，在当今科学世界中，科学技术成为探索人类生命行为的有力工具。科学技术不为人的本真需求服务，而是服务于外在的目的，它悄然扩展到人类生活的每一处领域。人成为科学技术的奴役物，生命行为管理被异化的科学所裹挟。

（二）技术官僚政治的僵化

生命行为管理困境的成因之二是生命行为管理赖以施行的社会组织——技术官僚政治的僵化。现代性的理论先驱马克斯·韦伯曾经把资本主义看成对传统社会的宗教精神的一场空前“祛魅”。在追求利润最大化、资本增值的世俗需要面前，以往的一切价值都要退避三舍，一切神圣都变得微不足道。然而，我们的文明在现代性的世俗化的进程中发生了根本性的危机：资本主义社会的生活方式在对一切传统社会“祛魅”之后，迎来了一个人类不受任何精神约束的放纵欲望与技术无限膨胀的时代。[②] 在当下社会，以公权力为主导的社会多元主体之所以能够在一定程度上实现对个体生命行为选择的全面与全方位干预，主要依托的是马克斯·韦伯所提出的理想的行政组织体系系统，即官僚制组织结构。

理想的官僚制组织具有等级制、专业化、职业化、规则化、非人格化、纪律规制性等主要特征。在理论上官僚制组织具有种种优势，在实践中它也确实适应了工业社会的种种需求。在 20 世纪前半段，官僚制组织度过了它的全盛时期；到 20 世纪 60 年代，官僚制组织的弊端逐渐暴露。但是至今官僚制作为一种基本的组织形态的地位仍未被取代。可以预见的是，在现阶段以及可以预期的未来，官僚制组织仍将作为一种基本组织形态存在。[③] 官僚制组织甚至被视为社会管理的最佳组织形式。然而，在实践中官僚制组织并没有完全实现理想官僚制组织的优势，甚至官僚制的等级制、专业化、职业化、非人格化、规则化等标准出现功能失常与失范。

---

① ［德］埃里希·弗洛姆：《寻找自我》，陈学明译，北京：工人出版社，1988 年，第 17、94 页。

② 参见叶舒宪：《现代性危机与文化寻根》，济南：山东教育出版社，2009 年，第 6 页。

③ 参见刘馨蔚：《官僚制组织存在的合理性及生命力分析》，《政治文明》2012 年第 8 期。

官僚制的诸多原则表现出特有的病态：非人格化衍生出官僚制的冷漠和迟钝；等级制抑制官僚制组织内部个人的责任心和创新精神；规则化则演变为官僚制的僵化与公文旅行等。上述官僚制运行过程中的功能失常与失范形成了官僚政治的状态，简言之，官僚政治就是官僚制组织的等级制、专业化、职业化、规则化、非人格化等原则的反功能或者负功能的产生过程。① 从社会层面来看，在官僚政治下“政府权力把握于官僚手中，官僚有权侵夺普通公民的自由”，“官僚政治是专制政治的副产物和补充物”。从技术层面来看，官僚制组织中存在许多“官僚病”，例如“讲形式、打官腔、遇事但求形式上能交代，一味被动地刻板地应付，一味把责任向上或向下推诿”。技术官僚政治不仅在政府机构内部存在，而且在所有的官僚制组织中都有可能存在。技术官僚政治可以说是官僚制组织行为异化的外在表现。② 技术官僚政治的僵化，导致生命行为管理陷入困境。

总体而言，技术官僚政治的僵化在三个方面引发了生命行为管理的失灵：

第一，技术官僚政治易造成对人性的否定。

官僚制的非人格化指向官僚制的运行不以个人意志为转移，不受个人情感与价值的支配。官僚制的非人格化与人性相悖。技术官僚政治对人性的否定体现在生命行为管理中因过于强调生命行为管理的理性化与制度化而忽略了人性。科学主义和理性主义的思维方式导致人的生命的均质化、人性的泯灭和生命意义的丧失等一系列问题。③ 二战期间，纳粹德国政权以“种族卫生”为名，借着清除“污染基因”的理由对犹太人、吉卜赛人以及同性恋者、精神病患者与政治上的反对者实施大屠杀。从基因的角度来看并不存在所谓的“健康基因”与“疾病基因”或者说“优等基因”与“劣等基因”之分，种族屠杀所秉持的优生观点是没有根据，更是不符合人性的。④ 其本质就是技术官僚政治酿成的现代性大屠杀。

技术官僚政治对人性的否定“不仅限于社会的、经济的和技术的问题，而且涉及我们对人的定义和真正的理解。我们生活在一个我们自豪地称为‘文明’的社会中，但是我们的法律和机器却都享有了它们自己的生命，它们同我们的精神的和生理的生存相对立。……人学变成了政策科学即控制人的学问，完全背离

① 参见徐彬：《官僚政治、组织自我防御与社会主义民主政治——一种政治心理学的阐释》，《东南学术》2010年第6期。

② 参见王亚南：《中国官僚政治研究》，北京：中国社会科学出版社，1981年，第22～23页。

③ 参见李高峰：《生命与死亡的双重变奏——国际视野下的生命教育》，华东师范大学博士学位论文，2010年。

④ 参见白玄、柳郁编：《基因的革命》，北京：中央文献出版社，2000年，第305、309页。

了人的本性。不断增长的技术体系所产生的错误意识广泛流行，对人性构成了否定”①。技术官僚政治成为控制人的技术体系，从而否定了人的主体性地位与人性。

第二，技术官僚政治对个体差异性的部分否定。

在理想的官僚制组织中，一切关涉官僚制运行（包括官僚制组织的构成、组织目标、职位设置、分工安排、人事管理等）的方式与手段都是由正式或者非正式制度所明确规定的。其中，法律制度是规定官僚制组织运行方式的重要工具。法律具有普遍性、程序性与同一性的特征。官僚制组织成员必须遵循法律制度而行事，这就确保组织内部成员行为方式的趋同性。同时，组织成员的个人目标也被要求与组织的整体目标相统一。生命行为管理受技术官僚政治的影响，在其运行过程中将生命个体与生命群体的目标统一起来，在一定程度上生命群体的需求抑制了生命个体的需求，生命个体的生命行为选择方式趋向机械性与一致性。

在技术官僚政治几乎机械化式的反应中，个人与社会几乎达到直接的一致化。更为可怕的是，当个人认为自己同（社会）强加于他们身上的存在相一致并满足于现状时，这一现实构成了异化的更高阶段：异化了的主体被其异化了的存在所吞没。② 生产和分配的技术装备由于日益增加的自动化因素，不再作为脱离其社会影响和政治影响的单纯工具的总和，而是作为一个系统来发挥作用。在发达工业社会中，生产装备不仅决定着社会需要的职业、技能和态度，而且还决定着个人的需要和愿望。因此，它消除了私人与公众之间、个人需要与社会需要之间的对立。在这一意义上，技术构成社会控制和社会团结的新形式。③ 具体表现为生命行为管理在不同程度上漠视人的个性与人的差异性。

第三，技术官僚政治对人的本质需求的否认。

人们对于科学技术、法律制度及市场机制等维系社会运行与发展的有效工具的膜拜，逐渐抽空了公共话语的道德含义和公民力量，并且推动了技术官僚政

---

① 叶舒宪、彭兆荣、纳日碧力戈：《人类学关键词》，桂林：广西师范大学出版社，2006 年，第 29 页。

② 参见[美]赫伯特·马尔库塞：《单向度的人——发达工业社会意识形态研究》，刘继译，上海：译文出版社，2008 年，第 10 页。

③ 参见[美]赫伯特·马尔库塞：《单向度的人——发达工业社会意识形态研究·导论》，刘继译，上海：译文出版社，2008 年，第 6 页。

治的盛行。[①] 技术的进步使发达工业社会对人的控制可以通过电视、电台、电影、收音机等传播媒介而无孔不入地侵入人们的闲暇时间，从而占领人们的私人空间；技术的进步使发达工业社会可以在富裕的生活水平上，让人们满足于眼前的物质需要而付出不再追求自由、不再想象另一种生活方式的代价；技术的进步还使发达工业社会握有杀伤力更大的武器：火箭、轰炸机、原子弹、氢弹……简言之，由于技术进步的作用，人的本质需求被虚拟需求所掩盖。[②] 生命行为管理的本质需求是尊重与保障人权、实现人的尊严与人的生命内在性价值与促进人的全面发展，但由于技术官僚政治的扩张，生命行为管理有时因其他一些人的“虚假需求”而否认人的本质需求。人的生命的多样性决定了人的生命行为选择的多元性。生命行为管理应当是多向度的多维管理，而不是高度同一化的单向度的管理。

（三）科学管理主义的扩张

生命行为管理困境的成因之三为科学管理主义的扩张。科学管理的根本目的是追求最高效率，它将科学化与标准化视为实现最高效率的管理方法。科学管理主义将一切事务纳入科学管理与管理主义的范畴中，甚至包括人的生命。

现代社会的进步观将理性视为历史进步和人的解放的现代性信条，并且坚信人类理性会引领每一个人走向自由，并建立起一个繁荣、公正、平等的社会。[③] 人类对自然世界、客观世界及主观世界的理性认知程度越高，人们改造自然世界、客观世界及主观世界的程度越高，就越有可能促进社会进步与人的全面发展。然而人的理性是有限的并且人的理性行为常常背离理性行为的一系列假设，人的理性选择与理性行为可能导致非理性的结果。人的理性逻辑不必然导致人的理性行为；人的理性选择可能会导致次优结果，而不是理性逻辑认为的最优结果。

新型的科学合理性在其抽象性和纯粹性方面完全具有操作性，因为它是在工具主义领域内发展的。从科学合理性内在的工具主义特征来看，科学是一种

---

① 参见[美]迈克尔·桑德尔：《金钱不能买什么：金钱与公正的正面交锋·引言》，邓正来译，北京：中信出版社，2012年，第30页。

② 参见[美]赫伯特·马尔库塞：《单向度的人——发达工业社会意识形态研究》，刘继译，上海：译文出版社，2008年，第207页。

③ 参见[美]杰里·本特利，赫伯特·齐格勒：《新全球史：文明的传承与交流》，魏凤莲、张颖、白玉广译，北京：北京大学出版社，2007年，第696、697页。

先验的技术学和专门技术学的先验方法，是作为社会控制和统治形式的技术学。[①] 纯科学的合理性在价值上是自由的，它并不规定任何实践的目的，因而对任何从上面强加给它的外来价值而言，它都是“中立的”。但这一中立性是一种肯定性。科学的合理性之所以有利于某种社会组织，正是因为它设计出能够在实践上顺应各种目的的纯形式。形式化和功能化的最重要应用是充当具体社会实践的“纯形式”。科学使自然同固有目的相分离并仅仅从物质中抽取可定量的特性，与之相伴随，社会使人摆脱了人身依附的“自然”等级，并按照可定量的特性把他们相互联系起来，即把他们当作可按单位时间计算的抽象的劳动力单位。[②]

受科学管理主义的影响，生命行为管理视人的生命为理性管理与塑造的对象。生命行为管理中科学管理主义的扩张指的是以公权力为主导的社会管理者以科学化与标准化为个体生命行为的判断标准，以科学化、标准化的原则规范与约束个体的生命行为。科学管理主义的扩张在三个方面造成生命行为管理的失灵：

第一，科学的异化及科技风险的扩张。

科学作为一种巨大的独立力量一直在依据自身的发展规律开拓着无穷的发展空间，而法律也能为特殊的科学实践打开方便之门。以生殖性人体克隆为例，它不仅对人类的价值、伦理和道德等观念形成巨大冲击，同时也是对克隆技术本身的挑战，这些科学技术的发展必将导致人的社会观念、生活方式的改变。为此，至今世界上还没有国家认可生殖性克隆合法，并纷纷设立克隆人类的禁区。然而，各国及地区仅设置克隆人的伦理禁区，而没有关注到克隆人的科学禁区。科学自 200 多年前就成为强势文化，但其带来的负面效应几乎被人忽略不计。总体而言，人类对科学本身及其带来的异化认识并不全面。[③]

正如奥尔利欧・佩克奇指出的：“当今社会从事的科学，主要是为强者服务的。在很大程度上，科学的发明和使用都是为了增加强者的福利和财富，扩大其权力和威望，同时也服务于他们物质或所谓文化方面超级消费的需要。因此，科

① 参见[美]赫伯特・马尔库塞：《单向度的人——发达工业社会意识形态研究》，刘继译，上海：译文出版社，2008 年，第 126 页。

② 参见[美]赫伯特・马尔库塞：《单向度的人——发达工业社会意识形态研究》，刘继译，上海：译文出版社，2008 年，第 125 页。

③ 参见沈东：《生育选择引论：辅助生殖技术的社会学视角》，沈阳：辽宁人民出版社，2011 年，第 115 页。

学变得如此高贵，以至于穷人再也不能享用，这几乎成为工业化国家的专利。”[①]换言之，“现代科学的极大发展并不是为了优先解决人类重大问题，而是为了满足发达国家的利益，特别是那些特权阶层的利益，从中获取巨大收益”。当科学技术不是为了满足人的本真需求、实现人的全面发展，而是服务于一种“外在目的”时，如为占有、为资本增值等，就必然会引发科技风险的扩张；人类如若不堪自身实践所招致的风险后果，自身的生存就会受到根本性的严重威胁。[②]

第二，科学管理的标准化排除个体生命行为的选择自由。

科学管理以标准化为旨要，体现在生命行为管理中就是生命行为管理无视人的个性，漠视个体生命行为的差异性，无视科学合理化之外的其他价值观念。

马尔库塞将发达工业社会视为单向度的极权社会。在发达工业社会中，技术变成更有效统治的得力工具。在富裕和自由掩盖下的统治扩展到私人生活和公共生活的一切领域，从而使一切真正的对立一体化，使一切不同的抉择同化。[③]“公共运输和通讯工具，衣、食、住、行的各种商品等带给人们固定的态度和习惯，以及使消费者与生产者、进而与社会整体相联结的思想和情绪上的反应。这一思想灌输和操纵的过程，引起一种虚假的难以看出其为谬误的意识。作为一种生活方式，它阻碍着质的社会变化，由此出现一种单向度的思想和行为模式。在这一模式中，凡是其内容超越了已确立的话语和行为领域的观念、愿望和目标，不是受到排斥就是沦入已确立的话语和行为领域。”发达工业社会的“极权化”趋势可能与科学方法即物理学中的操作主义和社会科学中的行为主义的发展有关。[④]

科学的合理性作为本质上中立的东西而出现。人道主义者、宗教、道德观念只是“理想性的”；它们不会过分妨碍已确立的生活形式，不会因它们同商业和政治的日常需要所支配的行为相抵触这一事实而丧失合法性。这些缺乏客观性而成为社会凝聚的因素的所有观念，预先就已受到科学理性的拒斥。[⑤] 科学管理

---

① ［意］奥尔利欧·佩克：《世界的未来——关于未来问题一百页》，北京：中国对外翻译出版公司，1985年，第62页。

② 参见刘岩：《风险社会理论新探》，北京：中国社会科学出版社，2008年，第131页。

③ 参见［美］赫伯特·马尔库塞：《单向度的人——发达工业社会意识形态研究》，刘继译，上海：译文出版社，2008年，第16页。

④ 参见［美］赫伯特·马尔库塞：《单向度的人——发达工业社会意识形态研究》，刘继译，上海：译文出版社，2008年，第11页。

⑤ 参见［美］赫伯特·马尔库塞：《单向度的人——发达工业社会意识形态研究》，刘继译，上海：译文出版社，2008年，第117、118页。

的标准化将人权、人性等价值因素排除在外，科学管理主义的扩张促使生命行为管理否定人的差异性、排除个体的生命行为选择自由。生命行为管理若遵循科学管理的标准化，其最大的可能是不仅不能解决所有的生命行为问题，还有可能因漠视个体差异而消解人的多样化生命行为选择所体现出的人类社会的生物多样性。

第三，科学管理的科学化导致科学与人性分离。

马斯洛对现代心理学的反思着重于批判科学与人性分离、事实与价值分离的唯科学主义方法。他认为仅把自然科学视为人类唯一可靠的知识形态，以实证主义科学方法取代其他一切方法必将导致人类危机直至人种的毁灭。唯物理主义、机械主义是尊必将导致社会走向核战争、走向纳粹集中营那些危险境地。[①] 科学管理以科学化为旨要，体现在生命行为管理中，科学管理主义强调生命行为管理必须依循科学化的科学管理方法。当科学的管理方法与人性、人的尊严及人的生命权与生命价值发生冲突时，科学管理主义要求公权力的掌握者坚持科学管理方法，从而导致科学与人性相分离。

四、生命行为管理陷入困境的影响

生命行为管理应当基于一定的价值选择，它关涉个体的生命权诉求与社会利益之张力、个人与社会及权利与善的价值优先程度、人的生命内在性价值与生命工具性价值之优先度等等。技术官僚政治及科学管理主义要求政府管理保持价值中立，然而生命行为管理必须回应上述诸多价值观念的冲突与对抗。在实践中，普遍化、形式化与僵化的社会管理机制不能有效回应与治理生命行为管理的困境与问题，生命行为管理困境表现为生命行为管理的缺位、越位或者错位。公权力的掌控者不能及时或者有效回应社会成员的生命权诉求，致使社会群体过多地入侵社会个体的生命行为领域，并导致公权力错误或过度介入人的生命行为领域。

首先，生命行为管理的“缺位”指向公权力的掌控者对人的生命行为干预不力，社会主体不能及时或者有效回应社会成员的生命权诉求，生命行为管理的一些领域存在制度缺失。例如当下中国政府对同性恋者的同性婚姻合法化问题回

---

① 参见[美]亚伯拉罕·马斯洛：《动机与人格》，许金声等译，北京：中国人民大学出版社，2012 年，第238～244 页。

应不足。其次,生命行为管理的"越位"指向公权力的掌控者对人的生命行为干预过多,社会主体不能辨明个体选择与群体选择之界限,导致生命行为管理的扩张与自我膨胀。例如某些国家计生政策规定公民生育的固定限额,其实是误解了"计划生育"之初衷——由夫妻自行决定生育的间隔与数目等,过多干预人的生育行为。最后,生命行为管理的"错位"指向公权力的掌控者对人的生命行为实施错误的干预,在一定程度上造成侵犯人权以及其他许多负面问题。例如阿尔及利亚等阿拉伯国家规定同性恋是犯罪行为,并追究同性间性行为的刑事责任。

生命行为管理陷入困境令公民的生命权利得不到充分保障,生命行为与社会利益之关系得不到理顺,某些类型的多数群体或者少数群体利益得不到保障,甚至激化社会矛盾,导致社会撕裂,以至于社会整体福祉难于实现。具体而言,生命行为管理陷入困境有三方面的负面影响:其一,部分否定个体的生命权诉求;其二,部分排斥少数群体的权益;其三,相关价值判断的失灵。

第一,部分否定个体的生命权利诉求。

现代法制社会以法律作为引导与干预个体生活与个体行为的重要方式和主要手段。生命行为管理者对工具理性的过度依赖会导致这样的结果:以公权力为主导的社会主体将人视为实现法治的工具,一些制度与政策部分地甚至完全地否认人的生命权。这一理念认为法渊源于国家,是实现国家职能和任务的主要手段和工具;法律的本质属性为国家强制性,因此由国家立法机关制定或者认可的法律必须得到遵守,无论这一法律是否为合乎正义的"良法"。在这一理念的影响下,法律的国家意志性与国家强制性不断得到强化,法律应当蕴涵的道德价值与人文关怀被漠视。例如中国此前一直施行的独生子女政策在很大程度上就是将人视为政策的工具,它以国家强制力规定人的生育限额,并且以国家强制力保障独生子女政策的实施。

第二,部分排斥少数人或少数群体的权益。

生命行为管理对工具理性的过度依赖抑制了人的个性与差异性,使人的生存与生活方式同一化。正如福柯所说:"启蒙的理性神话是用'求全求同'的虚妄来掩饰和压制多元性、差异性和增殖性。"[①]达尔亦指出:"资本主义实质上是一种按照理性方法组织生产的尝试……这种理性的生产方法不仅改变了整个经济过程,而且改变了社会本身。劳动机械化、程序化和专业化的迅速发展,进一步

① [法]米歇尔·福柯:《性经验史·译者序》,佘碧平译,上海:上海人民出版社,2000年,第5页。

从技术上增加了资本主义生产的理性特征，使反复无常的个人行为和个人差异服从于生产过程的秩序的要求。”①法律制度作为社会管理的方式与手段，它的实质是一种工具，在应对多数群体与少数群体间多元化的生命行为与多样化的生命价值选择时出现失灵。例如中国卫生部明令严禁一切形式的代孕，其理由是“真正必须通过代孕才能实现生育的人很少，对此禁止影响不大”。这一理由排斥了那些必须通过代孕手段才能实现生育的少数群体，实质上是对生育少数群体的生育权的排斥。

第三，相关价值判断的失灵。

“先进的法律制度往往倾向于限制价值论推理在司法过程中的适用范围，因为以主观的司法价值偏爱为基础的判决，通常要比以正式或非正式的社会规范为基础的判决表现出更大程度的不确定性和不可预见性。”②进行价值判断是所有法律的首要目标，但这一艰巨的任务并不总能完成。在生命行为管理中，由于涉及人的生命权与生命价值判断，生命权的冲突实质蕴含生命价值的冲突，生命行为管理无法也不能回避相应的价值判断。然而，社会管理者很难在生命权的冲突、生命价值的歧义之间寻求一个统一性的立法解决方案，也很难以法律的形式确认“仁慈”“慈善”等超乎法律之外的价值。

总体而言，生命行为管理仅确认了法律、市场、科技作为生命行为管理方式的有效性，而没有意识到并且回应三种工具在一定程度上否认人权、贬低人的生命价值的负面效应。生命行为管理将工具理性作为判断个体生命的优劣及个体生命行为限度的标准，而忽视了价值理性的内在性作用。生命行为管理在个体的生命权诉求与群体的社会利益需求之张力间，倾向于以普遍化、标准化、一致性的标准规范个体的生命行为选择，要求个体的生命行为选择服从于社会群体的需求，结果导致有意或者无意地压抑个体生命行为选择的多元性与差异性。

第二节　生命行为管理若干要素考量

生命行为管理在不同国家与不同领域中呈现出不同的态势，不同国家公权

---

① ［美］罗伯特·达尔：《公共行政科学：三个问题》，彭和平等编译：《国外公共行政理论精选》，北京：中共中央党校出版社，1997年，第156页。

② ［美］E.博登海默：《法理学——法律哲学与法律方法》，邓正来译，北京：中国政法大学出版社，1999年，第504页。

力的掌控者采取不同的手段介入与干预人的生命行为。罔顾不同国家与地区的具体国情而制定“放之四海而皆准”的生命行为管理运行机制，无疑是不现实的。

然而从一个综合的视角来看，生命行为管理应当遵循与秉承的若干基本要素，即生命行为管理的核心理念、基本原则与评价依据应是一致的，在应然层面上，这些生命行为管理的基本要素不因具体国情及不同领域而发生变化。

生命行为管理的核心理念在于确定群体选择与个体选择之边界，强调生命权与生命行为的正当性、保障生命权与生命行为的优先性、承认生命权与生命行为的有限性；生命行为管理的基本原则在于人本原则、正义原则与生物多样性原则；生命行为管理的评价依据在于评估生命行为管理是否违背人性、生命行为管理是否合乎正义以及生命行为管理是否有利于消解个体选择与群体选择之张力。

一、生命行为管理的核心理念

生命行为既是个人行为，同时也是一种社会现象。在社会发展的早期阶段，人的生命及其生命价值更多表现为社会所有，生命行为的载体是个人，但是掌控个人生命行为的却是社会或者说生命群体的控制者。进入现代文明社会后，人的自然合法性及人的自然权利逐步以法律的形式确定下来。人的生命权在宪法学视野中得到确立，并被视为人类享有的最基本、最根本的权利，构成法治社会的理性与道德基础。然而，近现代社会中社会机制的力量还不够壮大，国家机制与市场机制的发育程度相对较高。当个体的生命权诉求与社会利益的优化需求发生冲突时，面对个体权利与公共的善的张力，社会管理者往往采取有利于优化社会利益的措施或手段，而忽视个体的生命权诉求。这从功利主义的角度来看是正确的做法；但从道义论的角度来看，人的生命权诉求不应被视为手段，而应被视为目的。

在个体的生命权诉求与群体优化社会利益的需求之间，过度强调任何一者都有可能导致生命行为管理的功能失常或无效。无论是在个人层面上的个体生命行为选择，还是在社会层面上群体对个体生命行为的干预，均应当并且必须遵循一定的限度。自然权利的绝对性与人类对共同福祉的要求，决定了两个冲突的价值观之间始终存在紧张关系。权利不是绝对的，而是相对的、有限制的，其限制标准是对他人和社会的责任与义务。然而问题在于，实践中权利何时应该受到限制、在多大程度上予以限制却是人言人殊。例如，妇女的堕胎权与胎儿的生命权之间的争论不休，而公共利益的含混不清在面对具体问题时更是容易导致冲突和混乱。①

生命行为管理的核心理念在于确认群体选择与个体选择之边界，具体而言就是确认生命行为管理中个体的生命行为限度及公权力主体（群体）的职能边界。

人们至今仍然警惕20世纪上半叶德国、美国、加拿大等国家性的“优生运动”的负面影响。自19世纪中叶联合国发布《世界人权宣言》至今已近两个世纪，而今世界上的大多数国家已达成共识：人的生命权应当被视为最基本与最重要的人权，国家与政府应当尊重与保障人权与人的尊严，尤以维护与保障人的生命权为执政之要旨与施政之纲要。生命行为管理的根本宗旨为保障人的生命权，尊重与承认社会成员的多样化生命行为方式，倡导社会成员的多元生命行为选择，维护社会成员实质上平等的生命权利。为实现这一宗旨与目标，一方面，生命行为管理要求公权力主体（群体）尊重与承认人的生命权的正当性，保障与促进个人实现其生命权的优先性，抵制或终止将生命群体凌驾于生命个体之上的恶法，警惕因生命群体优化社会福祉之需求而漠视生命个体的生命权诉求的现象。另一方面，生命行为管理要求社会成员（个体）深化关于生命权与生命行为的认知，承认人的生命权的有限性，强化个体的自我管理，防止个体的生命行为侵害他人与社会权益或是损害社会的整体福祉。生命行为管理的核心理念即统筹群体选择与个体选择，明确群体抉择的限度与个体选择的界限，以及两者之间的边界。

二、生命行为管理的基本原则

生命行为管理是基于人们对生命行为的限度及生命行为与社会之间关系的认知，以消解生命行为的矛盾和冲突，协调理顺生命行为所影响的社会利益关系而进行的管理活动。生命行为管理的关键与核心在于确认群体选择与个体选择之边界，在生命行为管理过程中必须坚持人本原则、正义原则以及生物多样性原则。

（一）生命行为管理的人本原则

生命行为管理的人本原则，即生命行为管理须以保障人的生命权为旨要，生

① 参见钟丽娟：《自然权利制度化研究》，山东大学博士学位论文，2008年。

命行为管理应积极回应人的生命权诉求。具体表现为：第一，尊重与保障人权；第二，尊重与维护人的尊严；第三，保障与弘扬人的生命价值。

1. 尊重与保障人权

生命权是最基本也最重要的人权。生命权的宪法价值是现代宪法学的重要命题，构成了宪政体制存在的基础。维护人的尊严与生命权价值是宪法学逻辑体系的出发点，任何法律制度、公共政策的制定，都应回归到宪法价值的本源之中，充分体现人的生命的意义。关怀每个人的生命价值，扩大生命权价值的保护范围，维护和发展生命权价值，是现代宪法学存在与发展的价值基础。[①] 随着社会的进步与发展，生命权的法律保障不断得到强化，但在许多国家尤其是经济欠发达国家，囿于社会保障体系的缺失或不完善，法律意义上的生命权保障仍停留在理论层面，在践行过程中并不能真正有效保障个体的生命权。

2. 尊重与维护人的尊严

"具有文明识礼的社会是这样一个社会，在这个社会中，成员们在行事时彼此体谅，承认个人基于其人性以及作为政治共同体成员而获得的尊严，这种承认在制度上得到体现并受到制度的保障。"[②]人权的基本依据即为人的尊严。正如《世界人权宣言》所强调的那样："鉴于对人类家庭所有成员的固有尊严及其平等的和不移的权利的承认，乃是世界自由、正义与和平的基础。"在人类社会开始介入与干预人的生命行为之后，生命行为管理存在部分忽视人的尊严或者漠视人的部分尊严这一误区。简而言之，人的尊严可以区分为人格尊严、人性尊严以及身体尊严。自人类文明史以来，人们一直沉浸于这样的观念之中：人是理性的动物，身体则是动物性的存在。囿于人的身体与人的意识二元对立这一错误认知，人的身体尊严被人性尊严、人格尊严所遮蔽，而没有获得应有的哲学注视。[③] 具体而言，人的尊严主要包括以下四个方面的内容：第一，人的尊严与人本身固有的价值紧密联系，强调人内在的个体价值，意指普遍意义上的尊严；第二，人的尊严与人权思想相联系，强调人的尊严的权利属性，强调尊严主体的普遍性，譬如人格尊严；第三，人的尊严与人的思想品性、行为节操等相联系，强调人的精神价值和行为规范，意指有差别的个人道德修养，例如仪表、尊严；第四，人的尊严与

---

① 参见韩大元：《生命权的宪法逻辑》，南京：译林出版社，2012 年，第 7 页。

② 邓正来、亚历山大编：《国家与市民社会——一种社会理论的研究路径》，北京：中央编译出版社，1999 年，第 37 页。

③ 参见韩德强：《论人的尊严》，山东大学博士学位论文，2006 年。

人的出身、地位、身份、权势、财富等因素相联系，注重人的自然特征和外在的社会价值，强调尊严的等级秩序性。[①] 人的秩序性尊严与人的身份、地位、权势与财富等外在条件相关联，人的非秩序性尊严则是排除了一切外在条件之后人仍然应当具有的内在性尊严。在以往的生命行为管理中，存在人格尊严与人性尊严抑制人的身体尊严，以及人的秩序性尊严凌驾于非秩序性尊严之上的乱象。生命行为管理须警惕人的秩序性尊严对人的非秩序性尊严的僭越，并调和人的身体尊严与人性尊严及人格尊严等方面的关系。

3.保障与弘扬人的生命价值

“唯有人及其生存的价值才是人的价值的根基，是它们的根据和基准”，人及其生命存在的尊严，是把人的社会性价值和个体性价值“从根本上统一起来、构成人的价值的真正内容的最高原理”。[②] 人的生命价值可以区分为对他者的价值与对生命自身的价值：对他者的价值的基本内涵是风险，即把个体生命同化于他者生命、群体生命之中，以促进他者、群体的生命之实现为价值理念；对生命自身的价值的基本内涵是幸福，即增进个体生存状态本身的完美。[③] 生命自身的价值是其他一切价值的基础，同时也是其他一切价值的归宿，人生的价值最终落实在个体生命自身价值的完整与个体生命的实现。生命对于他者的价值可称为社会性价值，对于自身的价值可以称为人格性价值。人的生命不仅是一种肉身的存在，而且是一种人格的存在，是一种有着人格尊严的存在。作为一种有着人格尊严与价值的存在，每一个生命都弥足珍贵，每个人的生命都是独一无二，每个人的生命价值都是平等的，都不可相互替代，每个人的生命价值都神圣不可随意剥夺。[④] 生命行为管理需统合生命的个人性价值与生命的社会性价值，协调生命行为的自然效应与社会效应。

(二)生命行为管理的正义原则

生命行为管理的正义原则，即生命行为管理应推进社会公正与平等，尊重与倡导社会成员实质上平等的生命价值。具体表现为两个方面：第一，生命行为管

---

① 参见韩德强：《论人的尊严》，山东大学博士学位论文，2006年。

② 参见[日]岩崎允胤主编：《人的尊严、价值及自我实现》，刘奔译，北京：当代中国出版社，1993年，第22页。

③ 参见刘铁芳：《生命与教化——现代性道德教化问题审视》，湖南师范大学博士学位论文，2003年。

④ 参见[美]约翰·罗尔斯：《政治自由主义》，万俊人译，南京：译林出版社，2000年，第296页。就人自身的价值而言，一切人都是相等的，人的价值是不可分等的，否则人就可能有不同等级的尊严，一部分人就可能成为另一部分人的工具或者手段。

理应促进社会成员的实质平等;第二,生命行为管理应更加强调人的生命内在性价值。

在当下社会中,人的生命价值出现异化的趋势或状态。呈现异化趋势的生命价值主要体现在两个方面:第一,生命的工具性价值凌驾于生命的内在价值之上;第二,人的生命价值在形式上平等,但在实质上却不平等,人的阶层、种族、权势与社会地位等外在条件导致人的生命价值的差等状态。生命行为管理需警惕生命的工具性价值对生命的内在性价值的僭越,并且防止生命价值的实质不平等。

在人们认知进而改造主客观世界的过程中,人的理性逻辑与理性选择表现出两个维度:第一种维度是考量为实现人的某种目标需要选择的手段以及这一手段可能导致的后果,为达成人的目的而追求人类行为的效用最大化;第二种维度是将人本身作为目的,相信人类行为中蕴含着无条件的终极价值,不论手段与后果如何都要完成这一行为。理性的两个维度分别代表理性的不同偏向。马克斯·韦伯针对理性的不同特征,将第一种维度的理性归纳为工具理性,将第二种维度的理性归纳为价值理性。在应然状态,工具理性与价值理性作为人类理性的两个侧面,不可分割,人的实践活动应当兼顾工具理性与价值理性;但在实然状态下,随着科学技术的进步与社会化大生产的实现,工具理性与价值理性之间的关系出现"失调"。工具理性不断彰显而价值理性逐渐衰落,人的理性偏向偏离合理的尺度。

工具理性的主导地位突显甚至压倒价值理性,工具理性与价值理性逐渐走向分离,甚至出现工具理性与价值理性的断裂。工具理性与价值理性的断裂导致诸多社会病态现象的发生,使现代社会产生现代性危机。工具理性应当解决"怎么做"的问题,价值理性则回答"做什么"的问题;然而,在现实生活中,社会主体视工具理性为圭臬。工具理性取代价值理性,成为现代性的信条与现代人的信仰。现代社会将工具理性视为信仰,将科学技术、法律制度、市场机制视为解决一切问题的灵丹妙药。随着工具理性的过度膨胀,法律、市场、技术等工具出现"目标替代"或者说"目标置换",由人类解放的工具异化为统治人类的工具。

(三)生命行为管理的生物多样性原则

生命行为管理的生物多样性原则,即生命行为管理应当承认个体差异性,并且承认基于个体差异性而存在的人的生命行为的多样性,尊重社会成员的多元生命行为选择方式,尊重与回应少数群体的生命权诉求。

人们对自然和生物多样性有着最基本的物质、情感和思维依赖;人类的个性与满足,在很大程度上要依赖于生物多样性价值观的圆满表达。[①] 从生物学和遗传学角度来看,人类世界中的生物多样性表现为种族、基因等方面的人类生物多样性。事实上,人类生物性兼有高度同一性与多样性的双重特征。人类基因组计划揭示了人类的生命密码:所有人类都具有 99.9%的相同基因,人的生物性差异只占据基因密码总量的不到 1%。[②] 每个个体的生命价值都具有其独特性,人们实现自身的生命价值的方式亦是多样的。

生命行为管理应遵循生物多样性原则,以延续人类族群、保持人的生物多样性为旨要,倡导并尊重与保障社会成员多元化的生命价值选择。

例如,以色列政府认为不能承认同性婚姻合法的主要原因在于同性婚姻的对象不能够生育子女。随着新家庭形式的出现以及家庭结构的变迁,人们认识到婚姻并非构建家庭、实现生育的先决条件与必要条件。人类史上无婚姻的生育要早于婚内生育。从婚姻制度的源头来看,婚姻内生育的宗旨是确立双系抚育,而现代社会发展早已证明双系抚育虽然是一种较好的抚育方式,但并非唯一的抚育方式。生育的需要决定着婚姻家庭的合理,而不是婚姻家庭的存在决定了生育的正当性。社会发展至今,人们对于婚姻和生育的观念已经改观:缔结婚姻并不意味着必须生育;反之,放弃婚姻不代表放弃生育。在经济、文化和技术上都可行的非婚生育,如果在法律上一味拒绝承认,就会造成法律与社会的脱节。[③] 以色列等国家的同性婚姻禁令是对同性恋群体的同性婚姻需求的漠视。假设同性恋者已经同居,在事实上已达成缔结婚姻的必需条件,那他们的同居婚姻在应然层面就具有实质上的合法性。

当人类一步步走进生物技术世纪,当生物工程逐步改造人类生活,人们不禁思考:生物技术的迅猛发展,会不会将人类导向赫胥黎《美丽新世界》中所描绘的优生文明社会?生命是自然的恩赐还是技术的产品?人生道路需要遵循自然的选择还是依赖于人为制造出的完美?自遗传工程问世起,人类基因筛查、基因治

① 参见[美]S. R. 凯勒特:《生命的价值——生物多样性与人类社会》,王华、王向华译,北京:知识出版社,2001 年,第 7、10 页。

② 目前,关于人类基因的相似率,科学家们存在争执。也有一种观点认为,尽管人类 DNA 的 99.9%是相同基因,但每个人体内都存在独一无二的 DNA 片段重复和缺失,进而导致 DNA 片段发生变异,即“复制变异”(CNV)。而这种复制变异至少占据了 12%的基因组,意味着人类差异性基因由 0.1%上升至 10%。

③ 参见周平:《生育与法律:生育权制度解读及冲突配置》,北京:人民出版社,2009 年,第 64～69 页。

疗等基因改良技术与人类追求完美的需求相结合，已创造出巨大的经济效益。然而，遗传工程技术与优生这一议题间的天然相关性，使得人类实践已经部分地影响或者威胁到人的生物多样性。20 世纪上半叶在西方兴起的、造成了巨大悲剧的“优生学”运动，不仅从人道主义的角度看是错误的，而且与现代遗传学的观点也是格格不入的。它错误地认定人类存在一种单纯的优良遗传，优生运动试图消灭“劣质”的遗传基因，却造成部分遗传多样性的丧失，进而导致遗传质量的下降。[①] 当代转基因、克隆等生命科学技术的滥用，同样有可能威胁人的生物多样性。尽管一些生命科学技术已在实验中取得阶段性成果或在某一方面的研究有所突破，并已部分应用于医疗保健领域，但其对人类社会的长期影响犹未可知。

三、生命行为管理的评价依据

（一）生命行为管理是否违背人性

倘若生命行为管理措施侵犯人权、使得人的生命内在性价值被生命的工具性价值所僭越，或者贬低人的尊严与人格，这就是生命行为管理背离人性的具体情形。

以人体交易行为中的买卖肾脏为例。有两种观念反对以市场逻辑支配个体的生命行为：第一种观念是基于公平的反对意见，它所关注的是市场选择有可能导致的不平等现象；第二种观念是基于生命价值遭到腐蚀的反对意见，它所关注的是市场关系有可能侵蚀或消解的规范和态度。在人体组织或器官交易中，第一种观念认为，市场会对贫困者构成掠夺，因为穷人选择出售他们的肾脏有可能并非出于真正自愿的公平理由。第二种观念认为，市场会促使人们把人贬低为客体（指人体组织或器官）的集合体。

基于公平的反对意见和基于腐蚀的反对意见对市场的理解不同。前者并不会因为某些物品是珍贵的、神圣的或无价的而反对把它们市场化；它反对的是“在那种严重到足以产生不公平议价条件的不平等情形中”买卖物品。这种观念认为在一个具有公平背景条件的社会中，人们可以自由将一些物品（例如人的肾脏、性行为）商品化。与之不同的是，基于腐蚀的反对意见所关注的是物品本身的性质以及应当用来调整这些物品的规范。这一观念认为，即使在一个不存在

---

① 参见方舟子：《正视人类的多样性》，2000 年 7 月 26 日，http://www.gmw.cn/01ds/2000-07/26/GB/2000%5E310%5E0%5EDS2209.htm.

能力和财富不公平差异的社会中仍有一些东西不能够、也不应当通过金钱来购买。因为市场价值观会把一些值得人们关切的非市场规范排挤出去。①

（二）生命行为管理是否合乎正义

正如罗尔斯所言："正义是各种社会制度的首要美德。"②生命行为管理必须遵循社会正义原则，社会管理者对个体生命行为选择的干预程度，或者说社会管理者对个体生命行为选择设置的限度应当是一致的。然而，由于受到个体的阶层、种族、社会地位等外在条件的影响，生命行为管理仅在形式上平等，而没有实现实质上平等。生命行为管理对个体生命行为选择的差等限度具体表现为两个方面。

第一，生命行为管理反映出个体生命价值实质上的不平等。

人的出身、地位、身份、权势、财富等外在性的条件使人的生命价值在实质上仍然呈现差等状态。某些领域的生命行为管理政策甚至加剧了个体生命价值实质上的不平等。例如在印度，受到个体的经济地位、社会地位、种族地位等因素影响，人体交易只有可能是穷人卖给富人，而不可能相反。根据 2008 年密里曼(Milliman)公司精算师计算出的各种器官移植费用，肾脏移植费用为 259000 美元，肝脏移植费用为 523400 美元，胰腺移植费用为 275000 美元，肠移植费用为 1200000 美元。在许多情况下，只有富人或享有政府超级保单的人才能考虑进行器官移植。③ 个体拥有财富的多少客观上"决定"个体生命价值的高低，富人的生命行为选择权限往往比穷人大得多。这样的生命行为管理不符合正义原则。

由于支付能力的差异，人体交易往往是经济发达国家的公民购买（人体组织或器官）、而经济欠发达国家的公民出售（人体组织或器官），或者同一国家与地区中富人购买、穷人出售。一些经济发达国家制定相应政策规定社会成员在本国内的人体交易非法，但却没有规定本国公民在国外的人体交易非法。当社会成员无法在本国内获得人体组织或器官时，他们往往选择在没有法律限制并且价格低廉的其他国家进行人体交易行为。类似的生命行为管理政策造成部分社会成员的生命价值贬值，还加剧了不同国家之间公民的生命价值的差等状态。

① 参见[美]迈克尔·桑德尔：《金钱不能买什么：金钱与公正的正面交锋》，邓正来译，北京：中信出版社，2012 年，第 120～123 页。

② 转引自宋希仁主编：《西方伦理学思想史》，长沙：湖南教育出版社，2006 年，第 708 页。

③ 参见[美]斯科特·卡尼：《人体交易》，姚怡平译，北京：中国致公出版社，2013 年，第 72、73 页。

第二，生命行为管理对不同个体生命权诉求的回应程度不同。

考量个体生命权诉求的实现，可从积极的生命权诉求与消极的生命权诉求两方面来讨论。积极的生命权诉求指个体主动行使其生命权，要求社会管理者回应其诉求；消极的生命权诉求指个体的生命权受到侵害后，个体要求通过相应的救济措施获得补偿。社会管理者针对不同个体的出身、地位、身份、权势、财富等外在因素，有选择地以不同方式回应个体的生命诉求。譬如中国的计划生育政策规定了中国公民的生育限额，针对中国公民“超生”收取一定数额的社会抚养费。若明星名流、富豪等社会地位较高或者财富较多的个体超生，他们可以选择缴纳社会抚养费，实际上是以权势或者金钱购买超生指标。若家庭贫困者超生，当无法缴纳社会抚养费时，他们就有可能面临强制引产或者超生子女无法上户口等惩罚手段。尽管政府制定的管理措施对所有社会成员都同样有效，但由于个体的外在条件不同，实际上个体的生命权诉求不能得到公正、平等的回应与满足。

（三）生命行为管理是否有利于消解个体选择与群体选择之张力

随着工业社会日益发展的一体化，“社会”“个人”“阶级”“私人”“家庭”正在丧失独立思考、意志自由和政治反对权的批判性功能、批判性内涵，而趋于变成描述性、欺骗性或操作性的术语。① 在马尔库塞看来，从政治领域看，当代工业社会实现了政治对立面的一体化；从生活领域看，发达工业社会使人的生活方式同化；从文化领域看，高层文化与现实相同一；从思想领域看，实证主义、分析哲学的流行标志着单向度思考方式与单向度哲学的胜利。② 在技术的支配与统治之下，发达工业社会成为一个单向度的社会，甚至一个极权主义社会。

马尔库塞的社会异化理论指向发达工业社会中，人的真实需求被虚拟需求所取代。在生命行为管理中，当社会群体优化社会利益的需求这一极的力量超过个体的生命权诉求这一极的力量时，就有可能出现生命行为管理对人的生命权的“隐蔽性侵犯”，使得个人满足生命需求的生命权诉求为优化社会利益的需求所取代。生命行为管理对人的生命权的隐蔽性侵权，指向社会管理者将社会需要“移植”成个人需要，并通过这样的方式对个体的生命行为进行控制。

---

① 参见[美]赫伯特·马尔库塞：《单向度的人——发达工业社会意识形态研究·导论》，刘继译，上海：译文出版社，2008年，第5页。

② 参见[美]赫伯特·马尔库塞：《单向度的人——发达工业社会意识形态研究》，刘继译，上海：译文出版社，2008年，第205～207页。

在这一过程中，人的真实需求——个体对生命权与生命内在性价值的诉求，为人的虚假需求所取代。譬如婚姻制度的目的原本指向人的价值体现，包括人生观、家庭观等等，而如今婚姻制度成为约束个体婚姻行为的手段。“人通过婚姻真正需要获得的是什么”这一问题被社会主体忽视了。人通过婚姻行为所诉求的应当是情感的慰藉、家庭价值的实现，但是婚姻制度蒙蔽了人的真实需要，社会管理者通过婚姻制度对个体的婚姻行为授予许可或者不予承认，使人们直观认为婚姻行为是为了获得某种合法性。婚姻制度模糊了人对婚姻的真实需要与虚拟需要，一定程度上造成隐蔽性的侵权。

第三节　优化生命行为管理：主体与路径

生命行为管理是以公权力为主导的社会多元主体，基于对生命行为的限度及生命行为与社会之间关系的认知，以消解生命行为的矛盾和冲突，协调理顺生命行为所影响的社会利益关系，从而保障和促进社会的生物性与社会性生产与再生产的良性运行为宗旨，通过依法推进制度建构、政策设计和实施介入干预等举措来规范、引导与约束社会成员的生命行为的管理活动。

一、政府在生命行为管理中的地位与作用

生命行为管理以公权力为主导，政府主体在生命行为管理中处于主导地位，它是其他社会主体的“兄长”，起到引导与促进其他社会组织及公民共同参与生命行为管理的作用。政府主体在生命行为管理中的作用可从观念与价值层面，以及制度建设层面来阐述。

第一，在观念与价值层面，政府应当转换观念，推进社会成员对生命权的认知，尊重与承认社会成员的生命价值的多元实现方式，积极回应人的生命权诉求。目前，世界上的绝大多数国家已将人权视为国家的核心利益，并且将人的生命权视为第一人权。这些国家以尊重与保护人权为施政旨要。在这些国家里，以公权力为主导、以政府为核心的社会主体通过法律政策、制度建设的方式保障人权与人的生命权。然而社会主体对生命权的认知还不够深化。其一，社会主体尚没有正确认识个体的生命权诉求与社会利益之间的张力关系。这导致社会管理者对个体的生命行为的干预出现缺位、越位或者错位。其二，社会主体尚没

有正确认识人的生命权的限度。这导致个体的生命行为"越界",有可能侵犯他人与社会的利益。在这些国家或地区,政府主体应当推进与深化社会成员对于生命权与生命价值的认知,推动生命权入宪以及有关生命权的法律的有效执行。

在少数国家中长期存在人权问题,由于经济欠发达、政治民主程度较低、个体生命权利意识不足等原因,社会管理者漠视与践踏人权,致使人权状况持续恶化。在这些漠视人权的国家里,社会个体的生命权诉求完全让位于社会整体的发展需要。在这些国家或地区,政府主体必须首先更新人们关于生命权与生命价值的观念及认知,在法律层面承认生命权是人的最基本的人权。

在当下中国社会,人们已经认识到人的生命权应当受到法律保护,侵犯他人的生命权要受到法律制裁。这一认知总体上正确但是仍然存在不足,具体表现为人们对生命权的正当性、优先性和有效性认知还不够深化。

生命行为管理应遵循最基本的人权导向,最重要的是要深化社会成员对生命权的认知以及推动生命权入宪。总体而言,深化生命权认知要做到:第一,明确公权力主体的责任,维护生命权的正当性;第二,协调社会主体间的利益冲突,确保生命权的优先性;第三,审视公民生命行为的限度,承认生命权的有限性。

随着后工业社会的来临,人们认识到只有承认平等的生命价值,才不会出现一种社会阶层的生命价值凌驾于其他阶层之上的生命价值差等的社会现象,才能尊重每个人不同的生命行为选择,进而尊重社会中多样性、多元化的生命文化。在现实生活中,新生命科学与生物技术、新的家庭形式等社会因素也在客观上丰富了人的生命价值的实现方式。在不侵犯他人与社会利益、不错误评价生命行为方式的前提下,人拥有生命行为选择的自由,实现个人的生命价值可以有多种选择方式。政府主体应倡导并且尊重社会成员生命价值的多元实现方式。

第二,在制度建设层面,政府应当确认生命权入宪的合法性,积极推动生命权入宪;应当在建构和完善生命行为管理的法律保障、组织建设等方面锲而不舍地作出努力。在现代社会中,随着科学技术的发展以及自然环境的恶化和各种新型社会问题的出现,只有国家积极作为才能真正保障生命权。世界各国现行宪法对生命权的具体规定不尽相同,通过对全球 161 部现行宪法有关生命权的内容进行分析可知,世界各国宪法所规定的生命权主要涉及以下几项内容:一、生命权的享有,例如规定"人人享有生命权";二、国家对生命权的尊重义务,例如规定“不得任意剥夺生命”；三、国家对生命权的保护义务，例如规定“生命受法律或国家的保护”；四、死刑的废除或限制；五、合法使用武力剥夺生命的范围；六、胎儿的生命权；七、克隆人的禁止。[①] 生命权的宪法价值是现代宪法学的重要命题，构成了宪政体制存在的基础。因此，政府主体应当发挥生命行为管理的主导作用，推动生命权入宪，肯认生命权入宪的合法性。

从个人层面来看，每个人都有选择自己的生活方式与行为方式的自由与权利。基于一定的生命权与生命行为限度，以公权力为主导、以政府为核心的社会主体应当回应个体的生命权诉求与尊重个体的生命行为选择，个体的合理的生命行为选择不应受到公权力的禁止或者约束。然而，权利的实现必须以制度保障为基础，人的生命行为选择权利与自由必须通过制度安排才能够得到保障。尤其是人的生命行为存在矛盾与冲突——个体的生命权诉求与优化社会利益的需求之张力，只有通过制度设计与制度安排，才能够保障人的生命权利并消弭生命行为可能带来的一些价值冲突。例如南茜·薛柏-休斯在《全球人体器官交易》中指出，真正短缺的并非器官，而是移植患者缺乏足够的渠道来购买器官。[②] 制度的缺失使政府合法授权和警方优先处理的事务之间形成空白状态，医疗黑市借此发展壮大，引发生命行为管理的混乱与无序。

生命行为管理之制度建构与创新，一方面应尊重与保障人的生命权，另一方面应在合理的限度内规范与约束个体的生命行为选择。具体而言，生命行为管理的制度建设包括如下三个方面：第一，生命行为管理的法律保障；第二，生命行为管理的组织建设；第三，生命行为管理的监督与救济。

第一，生命行为管理的法律保障。目前世界上的许多国家已经推动生命权入宪，规定国家或任何机构不得侵犯公民的生命权、自由权、隐私权等，公民可以依据宪法保障其行使生命行为的选择权。生命行为管理的法律规范要求促进生命权入宪，通过宪法从源头上确立生命行为管理的基本准则，同时制定基本法律、行政法规、地方性法规和各项规章，规定生命行为管理实施的具体细则。

第二，生命行为管理的组织建设。例如设立全国性与地域性的生命行为管理协调机构、专门的伦理与科研机构以及保障社会主体获取信息的平台或渠道。专门的伦理与科研机构主要指向生命伦理委员会，其职能是制定统一的技术准入制度与评价标准以及设立专门的医疗与研究机构。生命伦理委员会与生命伦

---

① 参见上官丕亮：《宪法与生命：生命权的宪法保障研究》，北京：法律出版社，2010年，第98页。

② 参见[美]斯科特·卡尼：《人体交易》，姚怡平译，北京：中国致公出版社，2013年，第71、72页。

理医疗研究机构，不仅为政府日常的生命行为管理提供伦理框架，还为各地区、各医疗机构突发的生命行为事件或者案例提供伦理援助。[①]

第三，生命行为管理的监督与救济机制。政府主体鼓励社会多元主体参与生命行为管理的相关法律政策的制定过程，并积极监督生命行为管理相关法律政策的执行。第三方机构的参与能够有力地促进以公权力为主导、以政府为核心的生命行为管理趋向公开化与透明化，在一定程度上敦促政府实现对生命行为管理政策中的少数群体的救济。例如我国的独生子女政策造成许多“失独家庭”，面对失独老人，政府应当施以救济措施；我国的婚姻制度避而不谈同性婚姻的合法化问题，因而导致中国式“同妻婚姻”现象，政府同样应当救济“同妻”群体。

二、其他社会组织与公民的责任与义务

生命行为管理的主体包括政府、非政府组织、研究机构、社会成员等多元主体。事实上，面对生命行为管理这一极具挑战性的任务，任何单一的社会主体都不能够有效回应与治理生命行为问题。生命行为管理应实现社会多元主体间的合作共治，构建政府主导下的生命行为管理之多元主体合作共治模式。

尽管政府主体在生命行为管理中承担许多责任，并且政府主体作为生命行为管理的主导者在生命行为管理的制度建设中发挥重要与关键作用，但是由于生命行为管理对工具理性的过度依赖、生命行为管理赖以施行的官僚制组织的僵化以及科学管理主义的扩张，生命行为管理呈现价值偏移、管理低效与规则失范之困境。以工具理性为主导价值的工业社会治理模式无力应对与回应生命行为管理的困境，从这一意义上看政府主体主导的生命行为管理出现“失灵”。从社会多中心治理的维度来看，为破解生命行为管理的政府失灵，除政府主体的生命行为管理外，还需要其他社会组织与公民以多维管理方式介入与干预人的生命行为。

印度及美国媒体所关注的马来西亚社会福利中心（位于印度金奈）与波格特领养服务中心（位于美国威斯康星州）儿童领养丑闻，是现行生命行为管理机制中政府失灵的一个有力例证：印度贫民窟的儿童遭人绑架，随即被贩卖至附近的

① 参见胡庆澧、陈仁彪、沈铭贤、丘祥兴：《关于设立国家生命伦理委员会的建议》，《中国医学伦理学》2005年第2期。

孤儿院，由孤儿院与国外相关儿童领养机构联系后，通过国际领养业务“合法”地进入全球领养渠道。一些印度妇女在不知情的状况下签署儿童监护权放弃书，当她们尝试重新取回监护权时，才发现儿童已被其他家庭领养。尽管很多孤儿院与领养机构的确参与、涉及名为领养儿童、实为贩卖儿童的犯罪活动，但由于很难辨识相关证明文件（包括监护权放弃书、领养协议书、确认抚养的法律文件等）的真伪，以及很难追踪儿童究竟来自何处，行政机关没有足够的证据与权限判定孤儿院、领养机构等代理机构有罪，很多时候无力帮助失去儿童的家庭找回他们的孩子。[①] 一般而言，只要领养儿童的相关文件有效，领养机构通常不会再深入调查被领养儿童的身份，也不会注意被领养儿童是以什么渠道获得的。2007 年由美国制定的《海牙跨国领养公约》（The Hague Convention）至今已获得 50 个国家签约，但《海牙公约》的内容存在一大缺陷，即被领养儿童的相关信息获得全部依赖于输出国，而这往往不能确保领养儿童的途径：是被遗弃、抑或被贩卖。[②]

其他社会组织与公民参与生命行为管理的方式是多样的，譬如由第三部门设立，或者由第三部门与政府部门合作设立生命行为管理的协调机构。伊朗的人体器官移植协调机构（透析与移植患者联合会）与新加坡的第三方慈善基金会（国家肾脏基金会）等即为生命行为管理的协调机构。具体而言，相关社会主体可以通过两种主要的方式或者途径推进与优化生命行为管理：其一，构筑生命行为管理的公共领域；其二，培育生命行为管理的公共精神。

（一）构筑生命行为管理的公共领域

哈贝马斯所谓的“公共领域”指“政治权力之外，作为民主政治基本条件的公民自由讨论公共事务、参与政治的活动空间”，指向国家与社会之间的公共空间。生命行为管理的公共领域指的是除公权力主体之外，其他社会多元主体关于生命行为管理的讨论及参与。在现实生活中，亚文化群体以及亚文化群体的反对者均参与构筑生命行为管理的公共领域。一方面，亚文化群体指向人类生命共同体中的少数人，他们的行为方式、价值信仰构成社会的亚文化。亚文化群体参与生命行为管理的主要目的是维护自身的生命权，呼吁社会成员对亚群体的生命权诉求的关注。另一方面，亚文化群体的反对者秉持与亚文化群体截然不同的行为方式与价值信仰。亚文化群体的反对者参与生命行为管理的主要目的是

---

① 参见[美]斯科特·卡尼：《人体交易》，姚怡平译，北京：中国致公出版社，2013 年，第 78～90 页。

② 参见[美]斯科特·卡尼：《人体交易》，姚怡平译，北京：中国致公出版社，2013 年，第 82、83 页。

反对或者阻止少数群体行使其生命权，呼吁社会成员回归与支持多数群体的行为方式与价值信仰。

（二）培育生命行为管理的公共精神

公共精神是社会成员对社会公共利益的确认、维护和奉献的理念，是把公共利益视为优于、高于、先于个人利益的道德取向，是在社会公共生活中对社会成员共同生活所要求的行为准则、规范认可和遵从的信念。公共精神包括民主精神、法治精神、公正精神、公共服务精神、自律精神、担当精神和奉献精神等要素。公民精神则是公共精神的具体体现，是现代社会的公民所应当秉持和坚守的价值取向与道德伦理，其主要内涵包括对公平、正义、民主、自由、权利、法治、秩序、公德等价值的信念与践行，体现为对公共事务的积极关注与参与，对公共秩序的遵循与维护，对公共利益的担当与奉献等方面。[①] 培育生命行为管理的公共精神，就是鼓励社会成员积极参与生命行为管理，弘扬社会成员的志愿性精神。

三、区分不同类型生命行为实施分类治理的方略

由于各国具体国情的不同，不同领域或者不同类型的生命行为管理方式在不同的情境下有可能发生变化。例如关于胎儿性别诊断的规定，在欧美等国以及中国存在不同的规定。在英国、美国等国家，在医院等场所进行胎儿性别鉴定是合法行为，体现政府保障夫妻对于胎儿性别的知情权。政府所发挥的作用主要是引导与规范胎儿性别鉴定技术的发展，并且规定胎儿性别鉴定的场所及从业人员必须具备的资格。在中国，非医学需要的胎儿性别鉴定是非法行为。我国《人口与计划生育法》第 36 条明文禁止“进行非医学需要的胎儿性别鉴定或者选择性别的人工终止妊娠”，并规定“构成犯罪的将依法追究刑事责任”。上述关于胎儿性别鉴定的不同规定，在不同国家内均是有必要的。在英国、美国等欧美国家，政府关于胎儿性别鉴定的治理，主要起到引导与规范作用；在中国，政府关于胎儿性别鉴定的治理，主要起到遏制与打击非法的非医学胎儿性别鉴定之作用。这主要因为中国重男轻女的传统思想仍然影响胎儿性别鉴定行为，非法的胎儿性别鉴定有可能使准父母因胎儿的性别问题故意堕胎，可能造成社会整体的性别比例失调，最终阻碍人口结构的良性发展。由此可见，即使是同一种类的生命行为现象，在不同的国家或地区以及不同的文化情境中，亦有可能采取不同

① 参见黄健荣主编：《公共管理导论》，南京：南京大学出版社，2013 年，第 409 页。

的管理措施。

正如前文所述，虽然生命行为管理在不同国家与不同领域中呈现不同态势，但从优化与推进生命行为管理的总体方略来看，生命行为管理的可行路径仍然有迹可循。总体而言，生命行为管理要求依据不同类型的生命行为，实施分类治理之方略，具体包括三类：第一，治理必须禁止或限制的生命行为现象；第二，治理需要激励或救济的生命行为类型；第三，治理应当引导与规范的生命行为范畴。

（一）治理必须禁止或限制的生命行为现象

在应然层面，无论人的身份、社会地位、权势与财富等等外在条件是否平等，无论人所属的社会或群体是否存在差异（例如性别差异、种族差异），每个人作为社会群体中的一员的人格与权利与其他社会成员无异，所有人都同样适用于公正、平等的权利与道德评判价值，每个公民都享有实质上平等的公民身份与公民权利。为确保普遍性的公民权利不受侵犯，在总体上，一些生命行为现象必须禁止或者限制。

社会主体应当禁止或者限制可能侵犯他人权利或者降低社会福祉的生命行为类型。这类生命行为现象具体包括：第一，可能贬低人性或人的正当性，致使人的生命权与生命价值实质上不平等的背离正义价值的生命行为，例如人的克隆、有偿的器官交易行为；第二，侵犯人权的非法生命行为，例如人体交易黑市以武力或者其他方式胁迫他人转让身体组织或器官，从而破坏他人的身体完整性，或者胁迫他人卖淫、贩卖儿童、拐卖妇女、买卖婚姻等。

（二）治理需要激励或救济的生命行为类型

人的生物差异性决定了个体生命行为的独特性。每个人的生命都作为一个独特的世界而存在。从肉身到精神，每个人的生命素质、生命境遇都是不同的，差异性是人的生命存在的客观事实，人总是作为有差异的个体而不是作为标准件而生活着；生命的个体性意味着多样，正因为每个人的独特性、差异性的存在，这个“人类”的“生命世界”才成了一个丰富多彩而非千篇一律的“生活的世界”。[①] 生命行为的差异性倡导更多元、更加包容与更加尊重个体意愿的生命行为管理。

需要激励或救济的生命行为类型具体包括：

---

① 参见刘铁芳：《生命与教化——现代性道德教化问题审视》，湖南师范大学博士学位论文，2003年。

第一，激励不同的社会成员或社会群体因行为方式、价值取向不同而采取的多元化的生命行为。例如异性婚姻或同性婚姻、节育或生育、同居或结婚、未婚生育或者已婚生育等等。社会管理者应平等对待社会成员的多样生命行为选择，尊重社会成员生命行为的自主权利。

第二，基于多数群体与少数群体之间可能的矛盾与对抗，生命行为管理的多元主体应当救济边缘化的生命行为与生命现象。例如因异性恋群体对同性恋群体的歧视或者偏见，在我国有许多男同性恋者选择与女异性恋者结婚，女异性恋者在知情或者不知情的情况下成为“同妻”，即与男同性恋者缔结婚姻的妻子的角色。中国式“同妻婚姻”就需要生命行为管理的多元主体采取救济措施。

第三，由于生命行为管理政策的负向排斥性而导致部分人或者少数群体成为政策的受害者，生命行为管理应当救济此类生命行为。例如当下中国社会中因独生子女政策的长期累积效应出现许多“失独家庭”，政府须建构针对“失独父母”的专门补偿与救济机制；再如部分社会成员未婚生子或者迫于经济压力等遗弃婴儿，政府同样应当救济这种面临“生而不养”困境的弃婴，保障其最基本的成长。

（三）治理应当引导与规范的生命行为范畴

生命科学与生物技术的研发与应用可能加速人类社会的进化，也有可能将人类社会导引向错误的进化方向。基于新型智能技术发展的基础之上的一些生命行为，一方面有可能帮助人们强身健体与优化个人的身体机能，另一方面可能导致许多潜在的社会问题。生命科学技术恰如人类进化过程中所使用的武器，它能够帮助人们更完美、更快地进化，也有可能反噬人类本身。

人类曾坚信，只要及时考察社会对新技术的承受能力并采取预防性的控制措施，就能在新技术的形成阶段减少其过激性并使之成为毫无危险的经济增长因素。[①] 这一观念的拥趸者认为，科学技术进步的速度将远超过社会产生问题的速度。假设这一理念成为现实，许多生命行为管理的问题就将不复存在。

例如辅助生殖技术及其衍生技术或关联技术的发展前景，可能为解决生命行为管理困境提供有力的技术支撑。2007 年英国纽卡斯尔大学科学家发布的一项前沿研究显示，他们能够利用骨髓组织制造精子细胞。该研究的最终目的是研究干细胞是否可以分化为其他有用的身体组织。2009 年美国斯坦福大学

① 参见[德]克劳斯·科赫：《自然性的终结——生物技术与生物道德之我见》，王立君、白锡堃译，北京：社会科学文献出版社，2005 年，第 170 页。

研究小组进一步证明，在某种“鸡尾酒”培养环境下人类胚胎干细胞能够转变成生殖细胞，从而在实验室里培育出原始的精子和卵子。一旦人造精子、人造卵子技术成熟并投入使用，那么单身男女或同性恋伴侣等不能经由传统两性方式生育的“生育少数群体”就能够完成与自己有血缘传承关系的“亲生子女”的生育。①

再如人造荷尔蒙、人造子宫、人造组织与器官、激发人体自我疗愈能力的再生药物……未来的成熟型人工制品有可能为解决人体交易市场的乱象带来希望，甚至人类生育的社会化、工业化生产均有可能实现。技术的进步为人们描绘了美好的前景，然而，正如前文所述，科学发展必须设立禁区，直至人类能够控制生命科学技术可能造成的不可逆的负面影响。随着生命科学技术的进一步发展，它给人类社会带来的潜在风险愈发明晰。生命科学技术的影响作用愈大，人们预测或判断生命科学技术潜在影响的能力愈强，是否应当设置生命科学技术研发、应用的禁区这一问题就愈发凸显出重要性。

以公权力为主导、政府为核心的社会主体应当引导与规范可能对社会造成不可逆影响的生命科学技术及基于生命科学技术的发展与进步而出现的生命行为。一方面引导那些为解决生命行为问题提供技术帮助的生命行为，例如通过3D打印机“批量生产”器官移植所需要的人体组织与器官；另一方面规范可能给人类生产与再生产造成不良影响的生命行为，例如人造子宫的大规模应用等。

需要引导与规范的生命行为范畴还包括由政府以外的其他社会主体倡导或者参与的生命行为现象。譬如为缓解人体器官供需的巨大缺口，部分社会成员及非政府组织成立器官捐赠网络，为需要器官移植的社会成员提供相应信息，并且充当器官捐献者与器官接受者之间的中介渠道，为器官捐赠双方提供保障。政府主体应当培育生命行为管理的公共领域与公民精神，积极引导此类体现和传递正能量的生命行为。

小结　推进与优化生命行为管理：探索与前行

总体而言，当代生命行为管理在不同国度与不同领域里呈现多样化态势。

① 参见沈东：《生育选择引论：辅助生殖技术的社会学视角》，沈阳：辽宁人民出版社，2011年，第115～117页。

由于社会成员的生命权利意识觉醒程度不一，以及公权力的掌控者在生命行为管理过程中所体现出的对人的生命权的不同态度，生命行为管理的运行机制、指导理念与执行方式等呈现不同的特点。由于各国具体国情的不同及生命行为管理政策的偏好不同，在一些领域能够实现较为优化的生命行为管理，在另一些领域则相反。

各国具体国情与政策环境不同，英国、美国、印度、伊朗及中国等国家现行生命行为管理的困境侧重于不同的方面或者不同的程度：在某些国家，以公权力为主导的社会主体无法有效回应社会成员的生命权诉求，在一定程度上侵犯了个体的生命权或贬低了个体的生命内在性价值；在另一些国家，以公权力为主导的社会主体根本没有意识到社会成员的生命权诉求，他们过度干预或者错误干预个体的生命行为选择，所施行的生命行为管理政策严重践踏了个体的生命权。

当代生命行为管理存在价值偏移、管理低效与规则失范困境，这一困境导致生命行为管理部分否定了个体的生命权诉求、部分排斥了少数群体的权益，并且存在相关价值判断的失灵。破解生命行为管理之困境与优化当下生命行为管理，要求以公权力为主导的社会相关主体合作共治，以生命行为管理的人本原则、正义原则与生物多样性原则为基准，区分不同类型的生命行为现象并实施分类治理之方略。生命行为管理要求公权力主体尊重与承认人的生命权的正当性，保障与促进人的生命权的优先性，要求社会成员承认人的生命权的有限性。生命行为管理的核心理念就在于明确群体抉择的限度与个体选择的界限以及两者之间的边界，从而保障和促进社会的生物性与社会性生产与再生产的良性运行。

第七章　结论与展望

生命行为管理就是以公权力为主导的社会多元主体，基于对生命行为的自主权利、限度及生命行为与社会之间关系的认知，以消解生命行为产生的矛盾和冲突，协调理顺生命行为所影响的社会利益关系，从而保障和促进社会的生物性与社会性生产与再生产的良性运行为宗旨，通过依法推进制度建构、政策设计和实施介入干预等举措来规范、引导与约束社会成员的生命行为的管理活动。

本书围绕生命行为管理的概念、内涵、性质与范畴以及生命行为管理的基本尺度展开论述，探析不同历史时期生命行为管理模式嬗变之因由，论析生命行为演进流变所导致的对现代进步观的质疑及其主要论争，对比当代若干国家或地区不同领域的生命行为管理实践之优长与缺失，审视1949年以来中国在不同领域的生命行为管理存在的问题与争议，得出结论：生命行为管理的内在张力体现为生命个体的生命权诉求与生命共同体优化群体利益需求之间的矛盾，人的生命权与生命行为权利有其限度，生命行为管理亦有其边界。生命行为管理应遵循符合社会正义的理念、基本原则与评价依据，区分不同类型的生命行为并采取分类治理的方略。

第一节　关于生命行为管理的若干辨析

伴随着一个新概念的提出，往往一些新的问题也随之突显。关于“生命行为管理”这一概念，有以下疑问可能会被提出：

第一，生命行为管理是不是意味着群体对个体的管理与约束进一步强化？一些社会成员直觉地认为在社会发展的早期阶段（例如原始社会）人们的生命行为（譬如性行为、生育行为）所受约束较少，而相反到了现代社会却受到愈来愈多和愈严密的规制。其实不然。在现代社会中，由于技术变迁、观念变迁及政策变迁等因素的影响，生命行为管理的主体趋向多维化，生命行为管理的方式更加多元。从形式上看，与传统社会相比，当下社会中的生命行为管理以更加多元的方式与手段介入个体的生命行为选择，在一定意义上可以说强化了对个体生命行为的管理与约束。然而，当代生命行为管理对个体生命行为的管理与约束和维护与保障个体的生命行为权利并不矛盾。生命行为管理的核心理念强调，个体的生命权以及生命行为是有限度的，社会管理者对于个体生命行为的介入与干预同样存在一定的不可逾越的边界。生命行为管理并非单向度地制约个体的生命行为选择，而是旨在实现在生命行为问题上社会成员个人权利与社会共同体总体利益的平衡。

第二，生命行为管理追求其统一与完美吗？生命行为管理能够提出具体的普世性对策吗？上述追问实质上是要回答“生命行为管理是否存在统一的标准”这一问题。由于不同国家的具体国情，包括制度构架、传统文化、风俗习惯乃至宗教信仰等方面存在差异性，即便在理论上能够提出完美的、无懈可击的生命行为管理方式与运行机制，在不同的国家与地域中也难以同样施行。在现实社会中，并不存在“放之四海而皆准”的生命行为管理方式与运行机制。提出生命行为管理概念，其重要意义在于警示与敦促世人直面而不是回避这一问题，并积极思考应对的路向与方式。在很大程度上，本书仅阐述生命行为管理的路向以及提出不同类型生命行为领域中的分类治理之方略，而没有提出具体对策即缘于此。

第三，生命行为管理要实现什么样的目标与宗旨？生命行为管理以消解生命行为的矛盾和冲突，协调理顺生命行为所影响的社会利益关系，从而保障和促进社会的生物性与社会性生产与再生产的良性运行为宗旨。与前工业社会中统治者以单向度的极端方式干预人的生命及生活，工业社会中社会管理者以工具理性为主导价值介入人的生命行为的理论及实践相比，本书所倡导的生命行为管理是一种更为进步的观念与实践。生命行为管理的进步性并非体现在以自然科学的进步与人类理性的作用为核心的现代文明的衡量标准中，而是体现在社会管理更触及人生命的本真、本质，并以生命的内在价值超越生命的工具性价值的维度。在生命行为管理中，必须坚持人本原则、正义原则以及生物多样性原则。

第二节 基本结论

本书的主要结论可归纳为如下七个方面：

一、生命行为管理的内在张力为生命个体的生命权诉求与生命共同体优化群体利益的需求之间的矛盾。人的生命权与生命行为之权利有其限度，生命行为管理亦有其边界。在人的生命历程中，人们主动或被动地进行各种生命行为选择，基于个体利益的选择与基于群体利益的选择构成人类生命行为的基本驱动力。生命行为管理的内在张力就在于生命行为中的矛盾关系，即尊重与保障生命个体的生命权利与生命行为权利，与生命共同体优化群体利益的需求之间的矛盾关系。

在个体的生命权诉求与群体的优化社会利益需求之间，过度强调任何一者都会导致生命行为管理失衡与社会失范。社会管理者过度干预个体的生命行为选择、或苛求个体生命行为的规范性与一致性，有可能损害个体的自由与权利，削弱个体生命行为的差异性，使个体生命行为的多样性丧失。生命个体过度强调其生命权诉求与生命行为的自主权，则有可能侵犯他人与社会的权益。调节生命个体与生命群体间的冲突、调和个体生命权诉求与群体优化社会利益的需求之间的张力，需要明确个体生命权与生命行为的限度以及生命行为管理之边界。

二、从生命行为管理的内在张力——个体的生命权利与社会利益之张力来考量，确认生命行为的限度具有三方面的判断标准：其一，个体的生命行为是否侵犯其他人的自由与权利；其二，个体的生命行为是否会造成社会整体福祉的减少；其三，个体的生命行为是否符合正义的价值。若个体的生命行为没有侵犯他人自由或权益、没有降低社会福祉，个体评价生命行为的方式正确，那么社会管理者就不得干预个体的生命行为选择。若个体的生命行为侵犯他人自由或权益，或者尽管个体生命行为没有蓄意侵犯他人权益与自由、但却造成社会福利的净损失，社会管理者就应干预个体的生命行为、并规定个体生命行为的限度。最后也最底线的原则是，即便个体生命行为没有侵犯他人权益也没有降低社会整体福利，若个体的生命行为不符合正义价值，社会管理者就应规范该生命行为选择。

三、生命行为管理在人类进入文明时代之后就已经逐渐形成，但在不同的历史发展阶段具有不同表现。总体趋势是，随着社会文明的发展进步，人们对生命行为的权利和边界的认知不断深化，生命行为管理亦在不断进步。囿于技术水平、价值观念等诸多因素的限制，前工业社会中的“生命行为管理”野蛮而无序，工业社会中的生命行为管理较前工业社会有所进步，但在某些生命行为领域，因工具理性的过度支配而误入歧途。随着后工业社会的来临，基于生命科学与生物技术的进步、人类社会对生命价值认知的深化以及社会形态由群体社会向非群体社会的嬗变，得益于知识的传播与发展、技术的进步与社会成员认知的深化，人的生命权价值遭遇前所未有的挑战，并引发公权力与社会对既往与当下社会现象与公共政策的重新思考。生命行为的新思维拷问以自然科学的进步与人类理性的作用为核心的现代社会进步观，亦促使人们以新的理念和视野观察和思考生命行为问题。

当代生命行为管理呈现出新的特点，总体上表现为对社会成员的生命行为的权利予以更多的尊重和包容、相关法规制度建设的长足进步以及多元主体及多维方式管理。

四、当下生命行为管理在不同国度与不同领域中呈现不同态势。从生命行为管理的不同国家来看，在较少尊重与保障人权的国家与地区，生命行为管理仍沿袭相对传统与狭隘的执行方式；在从立法和实践层面均尊重与保障人权的国家或地区，生命行为管理运行机制则体现出更多的宽容和理性。从生命行为管理的不同领域看，在一些生命行为领域能够实现较高层次的生命行为管理，而在某些生命行为领域还存在不同程度的生命行为管理之困境。具体是指，由于政府主体在不同程度上误判人的生命权与生命行为的限度，或是政府主体无力回应复杂的生命行为问题争论，或是政府主体虽然在应然层面上能够认识生命行为论争的焦点所在，但囿于官僚组织的内在缺陷或者官员操作不当而在实然层面上背离其尊重与保障人权的执政理念，现行的生命行为管理运行机制在某些领域和在不同程度上陷入“价值偏移”“管理低效”与“规则失范”的困境。

五、当下生命行为管理困境的主要成因，是生命行为管理对工具理性过度依赖、生命行为管理赖以施行的技术官僚政治的僵化以及科学管理主义的扩张。生命行为管理的“缺位”指向公权力的掌控者对人的生命行为干预不力，社会主体不能及时或者有效回应社会成员的生命权诉求，生命行为管理的一些领域存在制度缺失；生命行为管理的“越位”指向公权力的掌控者对人的生命行为干预过多，社会主体不能辨明个体选择与群体选择之界限，导致生命行为管理的扩张与自我膨胀；生命行为管理的“错位”指向公权力的掌控者对人的生命行为实施了错误的干预，在一定程度上生命行为管理措施已部分地侵犯人权，并造成许多负面问题。生命行为管理呈现“缺位”“越位”及“错位”之失灵，并陷入“价值偏移”“管理低效”与“规则失范”困境之根本因由是当代生命行为管理所依循的工业社会治理模式，不能有效回应实践中的生命行为问题。只要生命行为管理仍沿袭统治行政或管理行政的社会治理模式，生命行为管理的困境就无法得到破解。

六、从应然层面，生命行为管理的核心理念为确认个体选择与群体选择之边界，生命行为管理的基本原则为人本原则、正义原则与生物多样性原则，生命行为管理的评价依据为生命行为管理是否违背人性、是否合乎正义以及是否有利于消解个体选择与群体选择之张力。不同国家或地区以及不同领域中的生命行为管理虽具有不同特点，但从一个综合的视角来看，在应然层面，生命行为管理应当遵循与秉承的若干基本要素，即生命行为管理的核心理念、基本原则与评价依据应是一致的，这些基本要素不因具体国情及不同领域而发生变化。生命行为管理的核心理念在于确定群体选择与个体选择之边界，强调生命权与生命行为的正当性，保障生命权与生命行为的优先性，承认生命权与生命行为的有限性，确认生命行为管理中个体的生命行为限度及公权力主体的职能边界。

七、推进与优化生命行为管理，要求以公权力为主导的社会相关主体合作共治，区分不同类型生命行为并施行分类治理之方略。破解生命行为管理之困境与优化当下生命行为管理，要求以公权力为主导的社会相关主体合作共治，以生命行为管理的人本原则、正义原则与生物多样性原则为基准，区分不同类型的生命行为现象并实施分类治理之方略。以公权力为主导的社会主体须对三种生命行为类型，即必须禁止或限制的生命行为、需要激励或救济的生命行为以及应当引导与规范的生命行为施以不同的治理措施。唯有如此，方能兼顾当代生命行为管理的多样态势，统筹与优化当下生命行为管理的多维度运行方式。

第三节　研究展望

生命行为管理研究似“万丈高楼平地起”，以一己之力研究这样一项宏大的课题，深感力之不逮。生命行为管理研究是一个极为厚重的研究论题，学科的交叉性对研究者的学术素养提出较高要求。关于人类生命行为及习惯的讨论，主题广泛、细节纷繁，相关的学术文献数量惊人。例如研究西方性习俗，需要融会贯通古今，探索从古希腊到现代北美、欧洲以及南美等地人们的性行为与性习惯，还涉及古希腊和罗马、正统犹太—基督教传统、宗教改革以及启蒙运动对传统性习俗的破坏、20 世纪的性革命以及当今社会的性行为研究等等。

本书试图从公共管理的维度审视与思考生命行为问题，回应生命行为的演进与流变对当代公共管理的严峻挑战。然而囿于篇幅的限制以及本人的学力学养的局限，目前拙作所展示的生命行为管理的研究内容与分析构架仍存在粗疏之处：尚未提出具体领域的生命行为管理应对之策；同时，相关问题的研究深度不够。展望未来，本研究的进一步任务包括：

第一，探究在各主要领域构建一套行之有效的生命行为管理机制。即定性分析具体领域中的不同生命行为，并针对不同领域的生命行为探讨相应对策思路，从而为决策部门提供更好的政策建议。

第二，寻求优化当下中国生命行为管理之基本思路与具体路径。在全球化的时代背景下，当下中国生命行为管理的理论与实践不仅要借鉴它山之石，从中汲取国外若干领域生命行为管理的成功经验，更应聚焦于生命行为管理的中国语境。探索符合当下中国具体国情的生命行为管理的具体路径，是本研究最终的落脚点。

参考文献

1. 中文译著类

[1][古希腊]柏拉图:《理想国》,顾寿观译,长沙:岳麓书社,2010年。

[2][德]赫尔穆特·施密特:《全球化与道德重建》,柴芳国译,北京:社会科学文献出版社,2001年。

[3][德]埃里希·弗洛姆:《健全的社会》,欧阳谦译,北京:中国文联出版公司,1988年。

[4][德]埃里希·弗洛姆:《寻找自我》,陈学明译,北京:工人出版社,1988年。

[5][德]乌尔里希·贝克:《风险社会》,何博闻译,南京:译林出版社,2004年。

[6][德]克劳斯·科赫:《自然性的终结——生物技术与生物道德之我见》,王立君、白锡堃译,北京:社会科学文献出版社,2005年。

[7][德]马克思:《1844年经济学哲学手稿》,中共中央马克思恩格斯列宁斯大林著作编译局译,北京:人民出版社,1979年。

[8][德]马克斯·韦伯:《经济与社会》,阎克文译,上海:上海人民出版社,2010年。

[9][德]鲁道夫·奥伊肯:《生活的意义与价值》,万以译,上海:译文出版社,1997年。

[10][法]弗朗索瓦·德·桑格利:《当代家庭社会学》,房萱译,天津:天津人民出版社,2012年。

[11][法]埃米尔·迪尔凯姆:《自杀论》,冯韵文译,北京:商务印书馆,1996年。

[12][法]阿尔贝特・史怀泽著,[德]汉斯・瓦尔特・贝尔编:《敬畏生命》,陈泽环译,上海:上海社会科学院出版社,1992年。

[13][法]米歇尔・福柯:《性经验史》,佘碧平译,上海:上海人民出版社,2000年。

[14][法]乔治・米诺瓦:《自杀的历史》,李佶、林泉喜等译,北京:经济日报出版社,2003年。

[15][法]亨利・阿特朗、马克・奥热、米雷耶・戴尔马-马尔蒂、罗歇-波尔・德鲁瓦、纳迪娜・弗雷斯科:《人类克隆》,依达、王慧译,北京:社会科学文献出版社,2003年。

[16][加]安格斯・麦克拉伦:《二十世纪性史》,黄韬、王彦华译,上海:上海人民出版社,2007年。

[17][美]罗纳德・德沃金:《生命的自主权——堕胎、安乐死和个人自由的辩论》,郭贞伶、陈雅汝译,北京:中国政法大学出版社,2013年。

[18][美]白维康、[美]劳曼、王爱丽、潘绥铭:《当代中国人的性行为与性关系》,北京:社会科学文献出版社,2004年。

[19][美]迈克尔・桑德尔:《金钱不能买什么:金钱与公正的正面交锋》,邓正来译,北京:中信出版社,2012年。

[20][美]迈克尔・桑德尔:《公正该如何做是好》,朱慧玲译,北京:中信出版社,2012年。

[21][美]迈克尔・桑德尔:《公共哲学——政治中的道德问题》,朱东华、陈文娟、朱慧玲译,北京:中国人民大学出版社,2013年。

[22][美]迈克尔・桑德尔:《反对完美——科技与人性的正义之战》,黄慧慧译,北京:中信出版社,2013年。

[23][美]雅克・蒂洛、基思・克拉斯曼:《伦理学与生活》,程立显、刘建等译,北京:世界图书出版公司,2008年。

[24][美]杰里米・里夫金:《生物技术世纪——用基因重塑世界》,付立杰、陈克勤、昌增益译,上海:上海科技教育出版社,2000年。

[25][美]杰里・本特利、赫伯特・齐格勒:《新全球史:文明的传承与交流》,魏凤莲、张颖、白玉广译,北京:北京大学出版社,2007年。

[26][美]路易斯・亨利・摩尔根:《古代社会》,杨东莼、马雍、马巨译,北京:中央编译出版社,2007年。

[27][美]奥尔多·利奥波德:《沙乡的沉思》,侯文蕙译,北京:经济科学出版社,1992年。

[28][美]蕾切尔·卡逊:《寂静的春天》,吕瑞兰、李长生译,长春:吉林人民出版社,1997年。

[29][美]巴里·康芒纳:《封闭的循环:自然、人和技术》,侯文蕙译,长春:吉林人民出版社,1997年。

[30][美]亚伯拉罕·马斯洛:《动机与人格》,许金声等译,北京:中国人民大学出版社,2012年。

[31][美]亨利·欧内斯特·西格里斯特:《疾病的文化史》,秦传安译,北京:中央编译出版社,2009年。

[32][美]史蒂文·瓦戈:《社会变迁》,王晓黎等译,北京:北京大学出版社,2007年。

[33][美]大卫·诺克斯:《情爱关系中的选择——婚姻家庭社会学入门》,金梓译,北京:北京大学出版社,2009年。

[34][美]H. T. 恩格尔哈特:《生命伦理学基础》,范瑞平译,北京:北京大学出版社,2006年。

[35][美]托马斯·A. 香农:《生命伦理学导论》,肖巍译,哈尔滨:黑龙江人民出版社,2005年。

[36][美]阿尔温·托夫勒:《第三次浪潮》,朱志焱、潘琪、张焱译,北京:三联书店,1983年。

[37][美]赫伯特·马尔库塞:《单向度的人——发达工业社会意识形态研究》,刘继译,上海:译文出版社,2008年。

[38][美]卡尔·博格斯:《知识分子与现代性危机》,李俊等译,南京:江苏人民出版社,2002年。

[39][美]休斯顿·史密斯:《人的宗教》,刘安云译,海口:海南出版社,2002年。

[40][美]安德鲁·金伯利:《克隆人——人的设计与销售》,新闻编译中心译,海拉尔:内蒙古文化出版社,1997年。

[41][美]保罗·库尔兹:《21世纪的人道主义》,肖锋译,北京:东方出版社,1998年。

[42][美]E. 博登海默:《法理学——法律哲学与法律方法》,邓正来译,北

京:中国政法大学出版社,1999 年。

[43][美]S. R. 凯勒特:《生命的价值——生物多样性与人类社会》,王华、王向华译,北京:知识出版社,2001 年。

[44][美]罗伯特·赖特:《道德动物》,周晓林译,北京:中信出版社,2013 年。

[45][美]理查德·A. 波斯纳:《超越法律》,苏力译,北京:中国政法大学出版社,2001 年。

[46][美]格雷戈里·E. 彭斯:《医学伦理学经典案例》,聂精保、胡林英译,长沙:湖南科学技术出版社,2009 年。

[47][美]理查德·A. 波斯纳:《性与理性》,苏力译,北京:中国政法大学出版社,2002 年。

[48][美]凯特·斯丹德利:《家庭法》,屈广清译,北京:中国政法大学出版社,2004 年。

[49][美]斯科特·卡尼:《人体交易》,姚怡平译,北京:中国致公出版社,2013 年。

[50][英]伯特兰·罗素:《性爱与婚姻》,文良文化译,北京:中央编译出版社,2009 年。

[51][英]马尔萨斯:《人口原理》,朱泱、胡企林、朱和中译,北京:商务印书馆,1992 年。

[52][英]亚当·斯密:《国富论》,郭大力、王亚南译,上海:中华书局,1936 年。

[53][英]芭芭拉·亚当、[英]乌尔里希·贝克、[英]约斯特·房·龙编著:《风险社会及其超越:社会理论的关键议题》,赵延东、马缨等译,北京:北京出版社,2005 年。

[54][英]保罗·霍普:《个人主义时代之共同体重建》,沈毅译,杭州:浙江大学出版社,2010 年。

[55][英]密尔:《论自由》,许宝骙译,北京:商务印书馆,1998 年。

[56][英]阿道斯·伦纳德·赫胥黎:《美妙的新世界》,孙法理译,南京:译林出版社,2010 年。

[57][英]约翰·格雷:《伯林》,马俊峰、杨彩霞、路日丽译,北京:昆仑出版社,1999 年。

[58][英]以赛亚·伯林:《自由论》,胡传胜译,南京:译林出版社,2003年。

[59][英]达尔文:《人类的由来》,潘光旦、胡寿文译,北京:商务印书馆,1986年。

[60][英]杰弗瑞·威克斯:《20世纪的性理论和性观念》,宋文伟、侯萍译,南京:江苏人民出版社,2002年。

[61][日]岩崎允胤主编:《人的尊严、价值及自我实现》,刘奔译,北京:当代中国出版社,1993年。

[62]宋健、[韩]金益基:《人口政策与国情:中韩比较研究》,北京:光明日报出版社,2009年。

[63]中共中央马克思恩格斯列宁斯大林著作编译局:《马克思恩格斯选集》,北京:人民出版社,1995年。

[64]中共中央马克思恩格斯列宁斯大林著作编译局、教育部社会科学研究与思想政治工作司:《马克思主义经典著作选读》,北京:人民出版社,1999年。

[65]《圣经·旧约·玛拉基书》,《旧约全书》,中国基督教三自爱国委员会印制。

[66]《圣经·旧约·诗篇》,《旧约全书》,中国基督教三自爱国委员会印制。

2. 中文专著类

[1]刘长秋:《生命科技法比较研究——以器官移植法与人工生殖法为视角》,北京:法律出版社,2012年。

[2]张书琛:《西方价值哲学思想简史》,北京:当代中国出版社,1998年。

[3]翟晓梅、邱仁宗主编:《生命伦理学导论》,北京:清华大学出版社,2005年。

[4]倪慧芳、刘次全、邱仁宗主编:《21世纪生命伦理学难题》,北京:高等教育出版社,2000年。

[5]王荣发、朱建婷编:《新生命伦理学》,上海:华东理工大学出版社,2011年。

[6]邱仁宗:《生命伦理学》,北京:中国人民大学出版社,2010年。

[7]林春逸:《发展伦理初探》,北京:社会科学文献出版社,2007年。

[8]刘岩:《风险社会理论新探》,北京:中国社会科学出版社,2008年。

[9]叶舒宪、彭兆荣、纳日碧力戈:《人类学关键词》,桂林:广西师范大学出版

社,2006 年。

[10]黄健荣主编:《公共管理学》,北京:社会科学文献出版社,2008 年。

[11]邹文雄主编:《生命的密码:解读人类生命基因工程的秘密》,北京:中医古籍出版社,2000 年。

[12]李异鸣编:《人类灭亡的 10 种可能》,北京:新世界出版社,2004 年。

[13]冯友兰:《三松堂全集》,郑州:河南人民出版社,1986 年。

[14]刘达临:《中国当代性文化——中国两万例"性文明"调查报告》,上海:上海三联书店,1992 年。

[15]刘达临、鲁龙光主编:《中国同性恋研究》,北京:中国社会出版社,2005 年。

[16]刘达临:《浮世与春梦:中国与日本的性文化比较》,北京:中国友谊出版公司,2005 年。

[17]潘绥铭:《性的社会史》,郑州:河南人民出版社,1998 年。

[18]樊新民:《生育革命:对基因工程时代人类选择生育的社会学探讨》,北京:中国社会科学出版社,2003 年。

[19]沈东:《生育选择引论:辅助生殖技术的社会学视角》,沈阳:辽宁人民出版社,2011 年。

[20]胡宏霞:《欢情与迷乱:中国与罗马的性文化比较》,呼和浩特:远方出版社,2008 年。

[21]江晓原:《性张力下的中国人》,上海:华东师范大学出版社,2011 年。

[22]张华夏:《现代科学与伦理世界》,北京:中国人民大学出版社,2010 年。

[23]朱贻庭主编:《伦理学大辞典》,上海:上海辞书出版社,2011 年。

[24]韩大元:《生命权的宪法逻辑》,南京:译林出版社,2012 年。

[25]徐显明主编:《人权研究》,济南:山东人民出版社,2010 年。

[26]邓正来、[英]J. C. 亚历山大编:《国家与市民社会——一种社会理论的研究路径》,北京:中央编译出版社,1999 年。

[27]熊晓红、王国银等:《价值自觉与人的价值》,北京:人民出版社,2007 年。

[28]周平:《生育与法律:生育权制度解读及冲突配置》,北京:人民出版社,2009 年。

[29]费孝通:《生育制度》,北京:商务印书馆,2008 年。

[30]张千帆:《西方宪政体系》,北京:中国政法大学出版社,2000 年。

[31]任东来、陈伟、白雪峰等:《美国宪政历程:影响美国的 25 个司法大案》,北京:中国法制出版社,2004 年。

[32]黄丁全:《医疗、法律与生命伦理》,北京:法律出版社,2004 年。

[33]吕建高:《死亡权及其限度》,南京:东南大学出版社,2011 年。

[34]吴兴勇:《论死生》,武汉:湖北人民出版社,2011 年。

[35]高崇明、张爱琴:《生命伦理学十五讲》,北京:北京大学出版社,2004 年。

[36]上官丕亮:《宪法与生命:生命权的宪法保障研究》,北京:法律出版社,2010 年。

[37]徐玉麟、赵炳礼主编:《社会抚养费征收管理办法》,北京:中国人口出版社,2002 年。

[38]中国法制出版社编:《中华人民共和国婚姻法配套解读与案例注释》,北京:中国法制出版社,2013 年。

[39]杨魅孚、梁济民、张凡:《中国人口与计划生育大事要览》,北京:中国人口出版社,2001 年。

[40]彭珮云主编:《中国计划生育全书》,北京:中国人口出版社,1997 年。

[41]国家计划生育委员会办公厅政策研究室:《计划生育文件汇编》,北京:中国人口出版社,1984 年。

[42]王利明:《人格权法新论》,长春:吉林人民出版社,1994 年。

[43]张俊浩:《民法学原理》,北京:中国政法大学出版社,1991 年。

[44]杨立新:《人身权法论》,北京:人民法院出版社,2002 年。

[45]李显冬:《人身权法案例重述》,北京:中国政法大学出版社,2007 年。

[46]梁慧星:《民法总论》,北京:法律出版社,1996 年。

[47]梁慧星:《中国民法典草案建议稿》,北京:法律出版社,2003 年。

[48]杨立新:《中国人格权法立法报告》,北京:知识产权出版社,2005 年。

[49]崔以泰、黄天中:《临终关怀学的理论与实践》,北京:中国医药科技出版社,1992 年。

[50]唐凯麟主编:《西方伦理学经典命题》,南昌:江西人民出版社,2009 年。

[51]叶舒宪:《现代性危机与文化寻根》,济南:山东教育出版社,2009 年。

[52]王亚南:《中国官僚政治研究》,北京:中国社会科学出版社,1981 年。

[53]白玄、柳郁编:《基因的革命》,北京:中央文献出版社,2000 年。

[54]孟磷:《组织胚胎学》,上海:中国人民解放军第二军医大学出版社,1996 年。

[55]彭和平:《国外公共行政理论精选》,北京:中共中央党校出版社,1997 年。

3. **中文期刊类**

[1]联合国教育科学及文化组织科学与技术伦理司:《指南 1. 建立生命伦理委员会》(第 VI 部分),《中国医学伦理学》2007 年第 3 期。

[2]联合国教科文组织:《世界生命伦理与人权宣言》,《中国医学伦理会》2010 年第 6 期。

[3]黄健荣:《当下中国公共政策差等正义批判》,《社会科学》2013 年第 3 期。

[4]邱仁宗:《生命伦理学——一门新学科》,《求是》2004 年第 3 期。

[5]舒国滢:《权利的法哲学思考》,《政法论坛》1995 年第 3 期。

[6]阎海琴:《生育政策的哲学思考》,《贵州社会科学》1993 年第 2 期。

[7]杨胜万、陶意传:《对联合国文件中有关计划生育概念的分析与评价》,《人口研究》1996 年第 2 期。

[8]张燕玲:《论代孕母的合法化基础》,《河北法学》2004 年第 6 期。

[9]刘喜珍:《老年人的临终需求及其临终关怀的伦理原理》,《中国医学伦理学》2007 年第 4 期。

[10]罗灿辉、谢啸平、冯梅:《200 例住院临终患者的心理特征与护理需求》,《中华医院管理杂志》1997 年第 12 期。

[11]张庆国、曹志勇:《老年人临终关怀的现状与需求——以济南市为个案的调查报告》,《新余高专学报》2003 年第 4 期。

[12]黎群武、黎妮晓宇:《关于进化论的生命科学质疑》,《医学与哲学》2008 年第 5 期。

[13]林君桓:《人类进化与人体美》,《福建师范大学学报》(哲学社会科学版)2003 年第 2 期。

[14]李训仕:《人类进化与人类的新进化评析》,《医学与哲学》2013 年第 5 期。

[15]张之沧:《技术进步与人类进化》,《上海交通大学学报》(哲学社会科学版)2004 年第 3 期。

[16]高宇、侯小娜、孙日瑶:《从不确定性到模糊性:人类选择行为不确定性理论的演进及其展望》,《山东行政学院学报》2012 年第 1 期。

[17]魏春雷:《伯林的人性观——伯林思想的现代性价值》,《中国矿业大学学报》(社会科学版)2011 年第 1 期。

[18]王海明:《人性是什么?》,《上海师范大学学报》(哲学社会科学版)2003 年第 5 期。

[19]刘彩红:《人性、人的本质与人的本性探析》,《内蒙古农业大学学报》(社会科学版)2008 年第 4 期。

[20]杨心恒、刘豪兴、周运清:《论社会学的基本问题:个人与社会》,《南开学报》(哲学社会科学版)2002 年第 5 期。

[21]郑杭生、杨敏:《论社会学元问题与社会学基本问题——个人与社会关系问题的逻辑结构要素和特定历史过程》,《华中科技大学学报》(社会科学版)2003 年第 4 期。

[22]周晓红:《唯名论与唯实论之争:社会学内部的对立与动力——有关经典社会学发展的一项考察》,《南京大学学报》(哲学·人文科学·社会科学)2003 年第 4 期。

[23]国家计生委课题组:《中国未来人口发展与生育政策研究》,《人口研究》2000 年第 3 期。

[24]刘春梅:《论身体权的保护》,《暨南学报》(哲学社会科学版)2011 年第 2 期。

[25]张良:《浅谈对尸体的法律保护》,《中外法学》1994 年第 3 期。

[26]刘馨蔚:《官僚制组织存在的合理性及生命力分析》,《政治文明》2012 年第 8 期。

[27]徐彬:《官僚政治、组织自我防御与社会主义民主政治——一种政治心理学的阐释》,《东南学术》2010 年第 6 期。

[28]睢素利:《关于平衡我国性别比的法律思考》,《中国医学伦理学》2007 年第 2 期。

[29]胡庆澧、陈仁彪、沈铭贤、丘祥兴:《关于设立国家生命伦理委员会的建议》,《中国医学伦理学》2005 年第 2 期。

4. **外文文献**

[1]Abraham H. Maslow(1954), *Motivation And Personality*. New York: Harper&Row, p. 59.

[2]Brian Salter, Mavis Jones(2002), "Human Genetic Technologies, European Governance and the Politics of Bioethics," *Nature Reviews Genetics*, Vol. 3, Issue 10, pp. 808-814.

[3]Ana Iltis(2011), "Bioethics and the Culture Wars," *Christian Bioethics*, Vol. 17, Issue 1, pp. 9-24.

[4]Lisa Cahill(2003), "Bioethics, Theology, and Social Change," *Journal of Religious Ethics*, Vol. 31, Issue 3, pp. 363-398.

[5]B. R. Sharma, N. Gupta, N. Relhan (2007), "Misuse of Prenatal Diagnostic Technology for Sex-selected Abortions and its Consequences in India," *Public Health*, Issue 121, pp. 854-860.

[6]Herbert Gottweis(2002), "Stem Cell Policies in the United States and in Germany: Between Bioethics and Regulation," *Policy Studies Journal*, Vol. 30, Issue 4, pp. 444-469.

[7]Andy Miah(2005), "Genetics, Cyberspace and Bioethics: Why Not a Public Engagement with Ethics?" *Public Understanding of Science*, Vol. 14, No. 4, pp. 409-421.

[8] Patricia Marshall (2005), "Cultural Pluralism, and International Health Research," *Theoretical Medicine and Bioethics*, No. 26, pp. 529-557.

[9]Kenneth Goodman(1999), "Philosophy as News: Bioethics, Journalism and Public Policy," *Journal of Medicine and Philosophy*, Vol. 24, No. 2, pp. 181-200.

[10]James B. Pritchard(1955), *Ancient Near Eastern Texts Relating to the Old Testament*. Princeton: Princeton University Press, pp. 171-172.

5. **学位论文**

[1]李高峰:《生命与死亡的双重变奏——国际视野下的生命教育》,华东师范大学博士学位论文,2010 年。

[2]上官丕亮:《生命权的宪法保障》,苏州大学博士学位论文,2005 年。

[3]葛明珍:《论权利冲突》,中国社会科学院研究生院博士学位论文,2002年。

[4]赵雪纲:《论人权的哲学基础——以生命权为例》,中国社会科学院研究生院博士学位论文,2002年。

[5]李冬:《生育权研究》,吉林大学博士学位论文,2007年。

[6]肖君华:《现代生育伦理问题研究》,湖南师范大学博士学位论文,2004年。

[7]王淇:《关于生育权的理论思考》,吉林大学博士学位论文,2012年。

[8]康茜:《代孕关系的法律调整问题研究——以代孕契约为中心》,西南政法大学博士学位论文,2011年。

[9]赵合俊:《作为人权的性权利——一种人类自由的视角》,中国社会科学院研究生院博士学位论文,2002年。

[10]王森波:《同性婚姻法律问题研究》,复旦大学博士学位论文,2011年。

[11]温静芳:《安乐死权研究》,吉林大学博士学位论文,2008年。

[12]刘长林:《自杀如何被赋予社会意义(1919～1928)》,上海大学博士学位论文,2008年。

[13]邹寿长:《优雅的生——人类辅助生殖技术的伦理思考》,湖南师范大学博士学位论文,2003年。

[14]刘铁芳:《生命与教化——现代性道德教化问题审视》,湖南师范大学博士学位论文,2003年。

[15]史军:《权利与善:公共健康的伦理研究》,清华大学博士学位论文,2007年。

[16]韩德强:《论人的尊严》,山东大学博士学位论文,2006年。

[17]王定功:《人的生命价值研究》,北京交通大学博士学位论文,2012年。

[18]廖亚立:《生命价值的动态评估方法与实证研究》,中国地质大学博士学位论文,2007年。

[19]洪娜:《中国计划生育利益导向政策研究》,华东师范大学博士学位论文,2011年。

[20]肖君华:《现代生育伦理问题研究》,湖南师范大学博士学位论文,2004年。

图书在版编目(CIP)数据

论生命行为管理 / 李玲著. —济南：山东大学出版社，2019.5

ISBN 978-7-5607-6333-0

Ⅰ.①论…　Ⅱ.①李…　Ⅲ.①生命科学—管理学
Ⅳ.①Q1-0

中国版本图书馆 CIP 数据核字(2019)第 086251 号

策划编辑:刘森文
责任编辑:李艳玲
封面设计:张　荔

出版发行:山东大学出版社
社　址　山东省济南市山大南路 20 号
邮　编　250100
电　话　市场部(0531)88363008
经　销:新华书店
印　刷:济南巨丰印刷有限公司
规　格:720 毫米×1000 毫米　1/16
19 印张　320千字
版　次:2019 年 5 月第 1 版
印　次:2019 年 5 月第 1 次印刷
定　价:68.00 元

版权所有,盗印必究

凡购本书,如有缺页、倒页、脱页,由本社营销部负责调换